Fachberichte
Messen · Steuern · Regeln

Herausgegeben von M. Syrbe und M. Thoma

9

Sehr fortgeschrittene Handhabungssysteme

Ergebnisse und Anwendung

Herausgegeben von P.-J. Becker

Springer-Verlag
Berlin Heidelberg New York Tokyo

Herausgeber:
Priv.-Doz. Dr. Peter-Joachim Becker
Fraunhofer-Institut für Informations-
und Datenverarbeitung IITB
Sebastian-Kneipp-Straße 12/14
7500 Karlsruhe 1

CIP-Kurztitelaufnahme der Deutschen Bibliothek
Sehr fortgeschrittene Handhabungssysteme:
Ergebnisse u. Anwendung / hrsg. von Peter-Joachim Becker. –
Berlin; Heidelberg; New York; Tokyo: Springer, 1984.
(Fachberichte Messen, Steuern, Regeln; 9)
NE: Peter-Joachim Becker [Hrsg.]; GT

ISBN-13:978-3-540-13594-4   e-ISBN-13:978-3-642-82315-2
DOI: 10.1007/978-3-642-82315-2

<u>Vorwort des Herausgebers</u>

Das Erschließen neuer Einsatzgebiete für Industrieroboter setzt
nicht zuletzt Fortentwicklungen auf den Gebieten Steuerung/Programmie-
rung, Regelungstechnik und Sensorik voraus. Zum Erreichen fortgeschrittener, praxisbezogener Ergebnisse ist hierbei das Zusammenwirken von
Roboter-Herstellern, -Anwendern und wissenschaftlichen Instituten
sowie die Unterstützung des Bundesministeriums für Forschung und
Technologie zur Abdeckung der mit neuen Technologien verbundenen
Risiken notwendig.

Das Projekt "Sehr fortgeschrittene Handhabungssysteme", das das
Fraunhofer-Institut für Informations- und Datenverarbeitung (IITB),
Karlsruhe, zusammen mit dem Fraunhofer-Institut für Produktionstechnik
und Automatisierung (IPA), Stuttgart, in Zusammenarbeit mit verschiedenen Industrieformen bearbeitete, hatte zum Ziel, neue Lösungen auf
den oben genannten Gebieten zu finden und in die Praxis umzusetzen.

Im vorliegenden Band sind die wissenschaftlichen Ergebnisse bei Pro-
jektende zusammengestellt; er ergänzt den Band 4 der Fachberichte
"Messen, Steuern, Regeln" des Springer-Verlages, in dem Zwischenergeb-
nisse des Projektes vorgestellt wurden. Die praktische Relevanz der
Ergebnisse zeigt sich schon an dem bisherigen Umfang der angelaufenen
Umsetzung in die industrielle Praxis durch Lizenzvergaben sowie durch
Technologietransfer, insbesondere auch an mittlere Unternehmen über
Entwicklungsvorhaben von Steuerungen und über den Entwurf aufgaben-
angepaßter Regelungsverfahren.

Auch das vor allem für kleinere und mittlere Unternehmen wichtige
schnelle Umsetzen des erarbeiteten Know hows in verkaufsfähige Produkte
konnte an einem Beispiel demonstriert werden: Zwischen der Auftragser-
teilung für die Erweiterung einer bestehenden Punkt-zu-Punkt-Roboter-
Steuerung zu einer Bahnsteuerung und dem Verkauf des fertigen Systems
an den Endkünden vergingen weniger als sechs Monate. Weitere Vorhaben
mit Industriefirmen, in denen die Ergebnisse dieses Projektes umgesetzt
werden, sind zum Teil schon abgeschlossen, zum Teil in der Bearbeitung
oder Projektierung.

Unser besonderer Dank gilt den Projektträgern HdA und PFT, die die
Förderung des Projektes im Auftrag des Bundesministeriums für Forschung
und Technologie begleiteten (Förderkennzeichen 01 VV027-Zk-TAP0010
und ab 01.07.79 02 VV027, KA-SYR/22). Durch ihr besonderes Engagement
haben sie geholfen, das Projekt auch über kritische Phasen hinwegzu-
führen und die industrielle Umsetzung der Ergebnisse einzuleiten.

Die Firma KUKA stellte dankenswerterweise zur Demonstration der
Sensoranwendung "Griff in die Kiste" und für den Anwendungsfall
"Präzisionsbearbeitung von Gußteilen" geeignete Industrieroboter
mietfrei zur Verfügung. Nicht zuletzt sei den Mitarbeitern des IITB
und des IPA für ihren Einsatz herzlich gedankt, der den Erfolg des
Projektes erst ermöglicht hat. Dem Springer-Verlag gilt unser Dank
für die Möglichkeit, die Ergebnisse in der vorliegenden Form einer
breiteren Öffentlichkeit zugänglich zu machen.

Karlsruhe, im Sommer 1984   P.-J. Becker

INHALTSVERZEICHNIS / CONTENTS

Ziele und Ergebnisse des Projektes
"Sehr fortgeschrittene Handhabungssysteme"

Aims and Results of the Project
"Very advanced Industrial Robots"

P.-J. Becker, M. Syrbe

Fraunhofer-Institut für Informations- und Datenverarbeitung (IITB)
7500 Karlsruhe

Summary

The goal of this project was the development of new methods for the
control, feedback control and programming of industrial robots as well
as of optical and tactile sensors. These form the basis for new and
advanced applications of 3rd generation industrial robots. The methods
have been implemented on multi-mikroprocessor-systems and demonstrated
in combination with the sensors on some prototype applications: gripping
of non-ordered parts from a fast moving conveyor belt and milling of
complex surfaces on cast stainless steel parts with a robot.

1. Zusammenfassung

Das mit Mitteln des BMFT durchgeführte Vorhaben "Sehr fortgeschrittene Handhabungssysteme" hatte eine Laufzeit vom 01.08.1977 bis zum 31.12.'82. Es wurde am Fraunhofer-Institut für Informations- und Datenverarbeitung (IITB), Karlsruhe, in Zusammenarbeit mit dem Fraunhofer-Institut für Produktionstechnik und Automatisierung (IPA), Stuttgart, durchgeführt.

Das Vorhaben ist gegliedert in eine erste Phase bis 15.04.1979 und eine zweitePhase bis Mitte 1981. In einer dritten Phase bis Ende 1982 wurde ein industrieller Einsatzfall vorbereitet. Die beiden letzten Phasen liefen in Abstimmung mit den Arbeiten der Arbeitsgemeinschaft Handhabungssysteme.

Im Rahmen des Projektes wurden einerseits neue Verfahren zur Regelung, Steuerung und Programmierung, andererseits optische und taktile Sensoren für Industrieroboter entwickelt,die die Voraussetzung bilden für die Erschließung neuer und anspruchsvoller Einsatzgebiete für Industrieroboter der dritten Generation. Die Verfahren wurden auf Mehrrechner-Mikroprozessorsystemen implementiert und zusammen mit den Sensoren an an einigen prototypischen Einsatzfällen - Greifen von ungeordneten Teilen von einem schnell laufenden Band, Fräsen von komplex geformten Edelstahl-Gußteilen mit einem Roboter - demonstriert.

Die Projektleitung am IITB hatten

   bis 1979   Dr.E. Freund

   nach Wegberufung von Professor Freund an die Fernuniversität Hagen

   bis Sept. 1981 Dr. H. Steusloff

   ab Sept 1981   Priv.-Doz. Dr.P.-J. Becker

2. Ziele und Ergebnisse

Das Hauptziel des Vorhabens war die Entwicklung sehr fortgeschrittener Handhabungssysteme zur Erschließung neuer Einsatzgebiete von Industrierobotern.

Die wesentlichen Arbeitspakete waren

a) Anforderungsprofil an sehr fortgeschrittene HHS

b) Entwicklung von intelligenten Sensoren (optisch und taktil) und Einbindung in die Steuerung

c) Entwicklung verbesserter Regelungs- und Steuerungsverfahren

d) Benutzerangepaßte Programmierung von IR durch bildschirmgestützte Programmierung und Anpassung von Teach-in-Verfahren an komplexere Aufgaben

e) Optimierung der Sicherheit und Zuverlässigkeit durch Antikollisions-

und Überwachungssysteme auch mit Bildwandler-Sensoren
f) Informationsverarbeitung in integrierten Systemen, d. h. Entwicklung
   von Rechner- und Programmsystemen zur Implementierung der Steuerungs-,
   Regelungs- und Sicherheitsverfahren mit externen Sensoren
g) Demonstration der industriellen Verwertbarkeit durch die Realisierung
   prototypischer Einsatzfälle.

Das Projekt war gegliedert in drei Phasen:

1. Phase 08.77 bis 04.79
Erarbeiten von Grundwissen und Aufbereitung für die Projektziele

2. Phase 04.79 bis 02.81
Aufbau von Demonstrationsobjekten und Verbreiten der Erkenntnisse

3. Phase 03.81 bis 12.82
Labormäßiger Aufbau des industriellen Piloteinsatzes.

2.1   1. Phase - Grundlagen

Die Ergebnisse der ersten Phase wurden in einer 1. Zwischenpräsentation
am 02./03.04.1979 einer breiteren Öffentlichkeit vorgestellt. Die noch
stark auf das Erarbeiten von Basiswissen orientierten Arbeiten zu den
Arbeitspaketen a) - f) sind in einem Band des Springer-Verlages
"Wege zu sehr fortgeschrittenen Handhabungssystemen" /1/ zusammenfassend
dargestellt.

2.2   2. Phase - Transfer zu Anwendungen

Die Einzelzielsetzungen ändern sich naturgemäß in einem Projekt mit
einer Laufzeit von mehreren Jahren. So stand als Ziel-Anwendungsfall
zunächst das "Greifen von Werkstücken an bewegten Hängebahnen mit IR,
die über zwei oder mehr koordinierte Arme verfügen". Im Lauf der Arbeiten zeigte sich, daß das "Greifen ungeordneter Teile von einem schnell
laufenden Band" als Ziel-Anwendungsfall größere Praxisrelevanz besitzt,

Die Arbeiten in der zweiten Phase zielten auf eine Demonstration der
zuvor gewonnenen Erkenntnisse. So wurde in der 2. Zwischenpräsentation
am 03.02.1981 an dem Demonstrationsobjekt "Greifen ungeordneter Teile
von einem schnell laufenden Band" wesentliche Ergebnisse zu den einzelnen Arbeitspaketen vorgeführt. Fortschritte gegenüber dem Stand der
Technik wurden u. a. erzielt durch

- Bildwandler-Sensorsystem zur Analyse von Binärbildern. Spezielle
  Hardwarekomponenten im Sensor erlauben die extrem schnelle Auswertung
  komplexer Szenen (≈ 100 ms).

- Modulares taktiles Greifer/Sensorsystem mit nachgiebiger Aufhängung
  in sechs Achsen zur Automatisierung von Fügevorgängen bei der Montage.
- Kopplung von intelligenten Bildwandler-Sensoren an eine Robotersteuerung, mit denen der Roboter Bewegungen ausführen kann, die vorher nicht in Detail einprogrammiert sind.
- Entwicklung fortgeschrittener digitaler Regelungsverfahren basierend
  auf der Methode der Entkopplung mit inversem System und unter Berücksichtigung unterschiedlicher praktisch relevanter Randbedingungen.
- Realisierung bildschirmgestützter Programmierung mit on-line Änderung
  eines Ablaufprogrammes.
- Aufbau einer Mehrrechner-Robotersteuerung mit schnellen Sensor-Reak-
  tionszeiten.
- Greifen verschiedener ungeordneter Teile vom Band nach Auswerten der
  Sensorsignale bei Bandgeschwindigkeiten bis 0,6 m/s, insbesondere
  auch bei variablen Bandgeschwindigkeiten.
- Optische Erkennung und Umgehung von Hindernissen durch den Industrieroboter auf der Basis eines Abstandspotentials um on-line erkannte
  oder programmierte verbotene Zonen.
- Demonstration der Wirkungsweise taktiler Sensoren mit passiver Nachgiebigkeit.

Einzelheiten zu diesen Ergebnissen sind in den folgenden Beiträgen dieses
Bandes dargestellt.

2.3   3. Phase - Realisierung eines Einsatzfalles

Die Arbeiten in der 3. Phase zielten auf die Vorbereitung des industriellen Einsatzfalles "Bearbeiten von Gußrohlingen mit einem Roboter".

Die wesentlichen, über den Stand der Technik hinausgehenden Ergebnisse
sind:

- Erhöhen der absoluten Positioniergenauigkeit eines großen Roboters
  (KUKA IR 250) auf ca. $\pm$ 0,1 mm durch zusätzliche Meßgeber.
- Realisierung eines Regelungsverfahrens für elastische Roboter, mit
  dem die Bewegungen mit der geforderten Genauigkeit auch beim Auftreten
  variabler Bearbeitungskräfte eingehalten wird unter Einbeziehen der
  zusätzlichen Meßgeber zur Messung der elastischen Verformung.
- Entwicklung eines aufgaben- und bedienerangepaßten Programmierver-
  fahrens mit Bedienerführung über Bildschirm.
- Realisierung der Steuerung auf einem Mehrrechner-Mikroprozessorsystem
  mit modularem Aufbau der Programme, die vollständig in der höheren

Programmiersprache   PEARL geschrieben sind, mit Taktzeiten der Regelung, < 10 ms.

- Anpassung des Bearbeitungsverfahrens an die Eigenschaften des IR.

- Realisierung eines roboterunabhängigen Meßsystems zum dynamischen
  Vermessen der Lage der Roboterhand mittels automatisierter Laser-
  Triangulation.

- Bearbeiten von Edelstahl-Gußteilen mit dem IR 250.

Die fachlichen Ergebnisse wurden bei der Abschlußpräsentation am
25.03.1983 vorgestellt und werden in den folgenden Beiträgen beschrieben.

3. Stand der industriellen Verwertung

Die in dem Projekt erarbeiteten Lösungsmethoden und Ergebnisse sind
in zahlreiche Industrieprojekte eingeflossen. Bild 1 zeigt
mit Stand Ende 1983 eine Übersicht der bisher verwendeten Mittel,
wobei der Teil der Industrie durch die geplanten folgenden Vorhaben
noch am zunehmen ist.

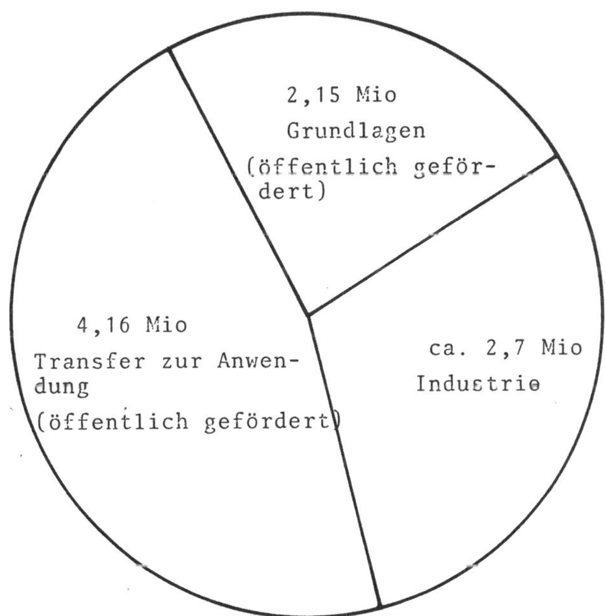

Bild 1: Kostenanteile und Einnahmen zum Projekt "Sehr fortgeschrittene
        Handhabungssysteme" - Stand Dezember 1983.

Schwerpunkte der industriellen Vorhaben liegen auf dem Bau von Mehr-
rechner-Steuerungen für Roboter und andere Maschinen, auf dem Entwurf
von Regelungsverfahren für unterschiedliche mechanisch und nicht-
mechanische Systeme, auf dem Einsatz der entwickelten Sensorsysteme
sowie auf der Realisierung komplexer neuer Einsatzfälle von Robotern
unter Berücksichtigung externer Sensorsignale.

4. Literatur

1. H. Steusloff (Ed.): Wege zu sehr fortgeschrittenen Handhabungssystemen. Fachberichte Messen, Steuern, Regeln, Band 4, Springer-
   Verlag Berlin, Heidelberg, New York (1980).

<u>Einsatz regelungstechnischer Verfahren</u>
<u>für typische Roboteranwendungen</u>

<u>Introduction of closed-loop control techniques</u>
<u>for typical robot applications</u>

H.-B. Kuntze, W. Patzelt
Fraunhofer-Institut für Informations- und Datenverarbeitung (IITB)
7500 Karlsruhe

<u>Summary</u>

The paper gives a survey of closed-loop control algorithms developed
in the course of the project "very advanced industrial robots". In
line with the original objectives, a modular system of efficient algorithms has been obtained, which can be adapted with low effort to
a wide manifold of existing and future manipulation problems, robot
configurations and hardware components (servo and sensor systems).
The basic approach to the design of a joint control algorithm which
is tailored for a special manipulation problem will be provided by
the inverse system principle. Because it warrants both the joint decoupling and a global system linearization, the option is obtained of
introducing a controller separately for each joint which optimally
satisfies special performance requirements (e. g. time optimality, no
overshoot) and hardware conditions. The efficiency of the developed
algorithms for typical classes of manipulation problems will be de
monstrated by investigations and practical case studies carried through
at the Fraunhofer-Institute IITB.

1. Einführung

Ein wesentliches Ziel des Projektes "Sehr fortgeschrittene Handhabungssysteme" bestand darin, für Industrieroboter (IR) ein leistungsfähiges
Steuerungs- und Regelungssystem zu entwickeln, das den anspruchsvollen
Aufgaben der achziger Jahre gerecht wird und weitestgehend flexibel
ist bezüglich

- anstehender Handhabungsaufgaben (HH-Aufgaben),
- verfügbarer IR-Typen und
- Funktionskomponenten (Stell- und Sensorsysteme) [1, 2, 24].

Die Forderungen nach

- hoher Leistungsfähigkeit einerseits und
- großer Flexibilität andererseits

führten zwangsläufig dazu, die Bemühungen nicht auf einen "Breitband"-
Algorithmus zu konzentrieren, dessen Implementierungsaufwendungen heute
möglicherweise noch zu teuer sind. (Diese kostenbedingte Einschränkung
könnte zukünftig durch die Einführung von "vorkonfektionierten" Schalt-
kreisen in kundenspezifischer VLSI-Technik ihre heutige Bedeutung ver-
lieren [25].) Es wurde deshalb angestrebt, ein modulares System von
Algorithmen zu entwickeln, die sich mit relativ geringem Implementie-
rungsaufwand an ein breites Spektrum existierender bzw. zukünftiger
Handhabungsprobleme anpassen lassen.

Den zentralen Zugang zum Entwurf problemspezifischer Regelungsalgorithmen vermittelt dabei das Prinzip des inversen Systems [7, 9, 13].
Durch Achsenentkopplung und globaler Linearisierung schafft es die Voraussetzungen, um für die Randbedingungen und Güteforderungen der jeweiligen Handhabungsaufgaben die geeigneten problemspezifischen Reglerstrukturen einsetzen zu können. Das in Bild 1 dargestellte Struktur-
diagramm veranschaulicht dies für die im Rahmen des Projektes untersuchten Problemkreise.

Besteht z. B. die Forderung, eine vorprogrammierte bzw. eingelernte,
gespeicherte Bahn mit hoher Genauigkeit zu fahren, so stellt
eine lineare Zustandsregelung der entkoppelten Achsen die beste Lösung
dar. Ist es darüber hinaus erforderlich, die Geschwindigkeitsregelung
analog zu realisieren, so wird es zweckmäßig sein, eine Kaskadenregelung mit PI-P-Struktur einzuführen.

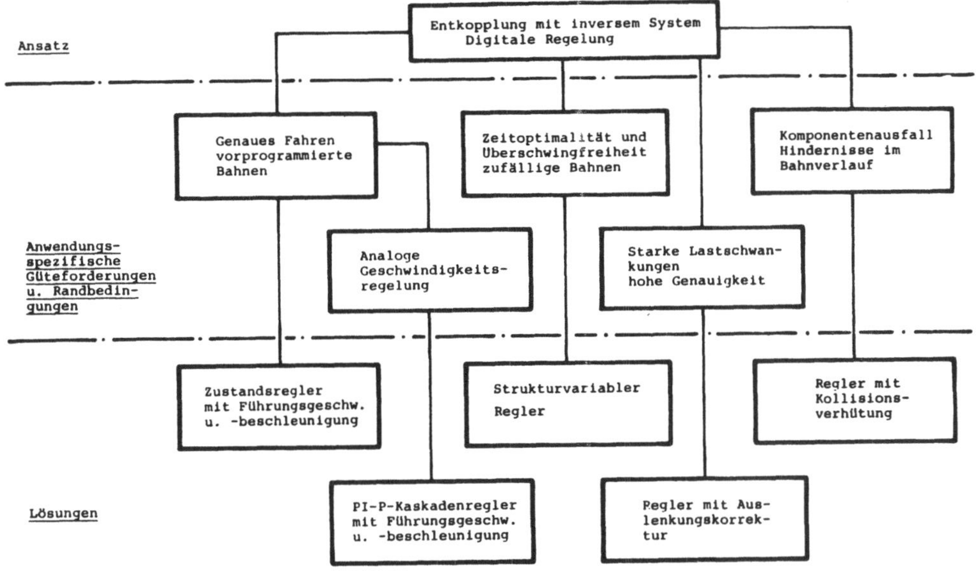

<u>Bild 1:</u> Modulare Lösungen für anwendungsspezifische Güteforderungen und Randbedingungen

Bei Handhabungsaufgaben mit unterschiedlichen Güteforderungen wird stets ein strukturvariabler Regler die günstigste Lösung darstellen. Für die Verfolgung von Zielobjekten, die sich auf zufälligen Bahnen bewegen (z. B. lose Werkstücke auf einem schnell bewegten Förderband), wird es sinnvoll sein, für jede entkoppelte Achse einen strukturvariablen Regler zu verwenden, der Zeitoptimalität im Weitbereich, aber Genauigkeit und Überschwingfreiheit im Nahbereich gewährleistet.

Bei Handhabungsaufgaben, bei denen die IR-Hand starken Lastschwankungen ausgesetzt ist und dennoch eine genaue Bahntreue gefordert wird (z. B. beim Fräsen von Hartmetallwerkstücken), ist es zweckmäßig, einen Regler mit Auslenkungskorrektur einzuführen.

Zur Lösung anspruchsvoller Handhabungsaufgaben mit hohem Sicherheitsrisiko (z. B. bei Montage- und Fertigungsprozessen) werden zukünftig in stärkerem Maße auch Regelungsalgorithmen mit Kollisionsverhütung praktische Bedeutung erlangen.

Ein wesentliches Anliegen dieses Beitrages besteht darin, anhand von realisierten bzw. untersuchten Fallbeispielen zu den o. g. Problemkreisen den Charakter und die Leistungsfähigkeit der entwickelten Regelungsalgorithmen zu demonstrieren.

2. Struktur des Gesamtsystems

Die im Rahmen des Projektes entwickelten bzw. untersuchten Regelungsalgorithmen lassen sich in ein IR-Steuerungssystem einbinden, das sich
in drei hierarchisch gegliederte Ebenen unterteilen läßt (Bild 2). Die
Funktionen jeder Ebene werden von einem oder mehreren Mikrorechnern
bzw. -prozessoren übernommen, die untereinander über ein BUS-System
gekoppelt sind.

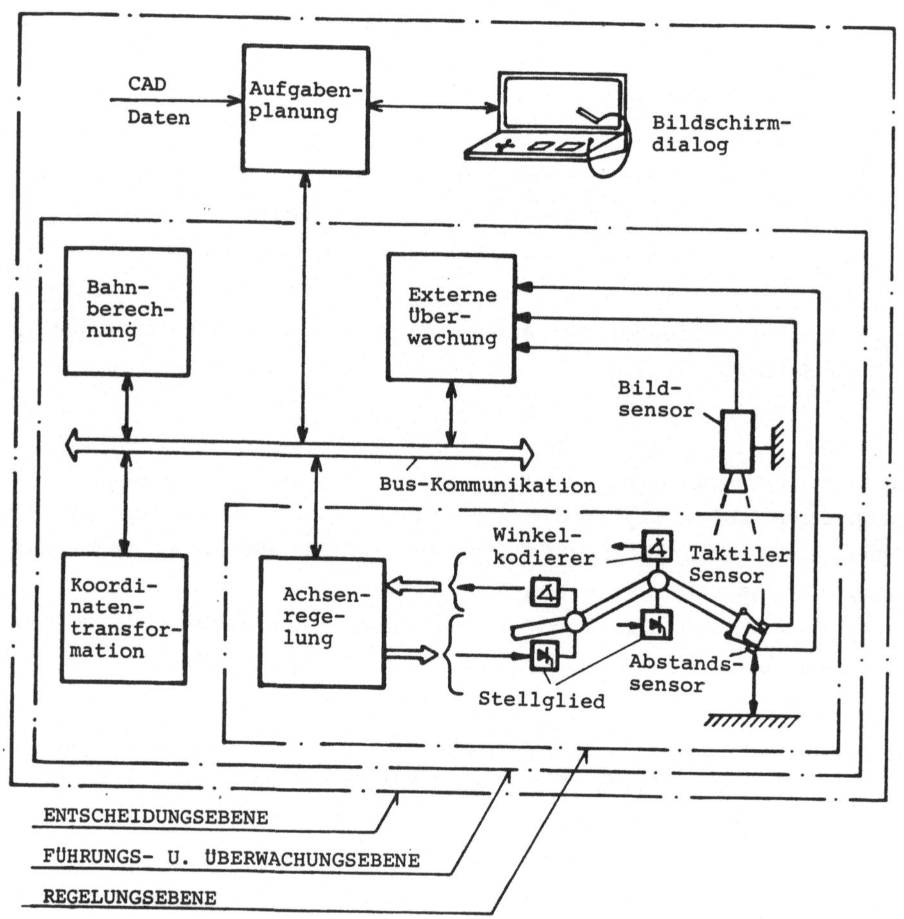

Bild 2: Drei-Ebenen-Struktur der gesamten IR-Steuerung und -Regelung

Die Planung der Handhabungsaufgaben auf der Grundlage interaktiver
Dialogeingabe durch den menschlichen Operator sowie verfügbarer CAD-Daten
vollzieht sich in der obersten ENTSCHEIDUNGSEBENE [26].

Der mittleren FÜHRUNGS- UND ÜBERWACHUNGSEBENE kommen zwei wesentliche
Funktionen zu:

- die Berechnung der Führungstrajektorie der IR-Hand und deren Transformationen in IR-Achsenkoordinaten [3, 17] und

- die Überwachung der Umgebung des IR mit Hilfe taktiler bzw. visueller Sensoren [20-22].

Die unterste REGELUNGSEBENE übernimmt schließlich die Aufgabe, die Bewegung der IR-Achsen, deren Position bzw. Geschwindigkeit mit Hilfe geeigneter Sensoren (z. B. Winkelkodierer bzw. Tachogeneratoren) gemessen wird, so zu regeln, daß die IR-Hand der Führungstrajektorie möglichst gut folgt.

Die Wahl des Regelungsalgorithmus wird also wesentlich vom Charakter
der Handhabungsaufgabe, aber auch von der IR-Mechanik und der verfügbaren Stell- und Sensor-Hardware beeinflußt.

3. Regelungsalgorithmen

Die im Rahmen des Projektes am IITB untersuchten bzw. realisierten Fallbeispiele lassen sich vier typischen Klassen von HH-Aufgaben zuordnen:

- Fahren entlang vorprogrammierter Bahnen,
- Fahren entlang zufälliger Bahnen,
- Fahren von Bahnen unter starker Wechselbelastung und
- kollisionsfreies Bahnfahren.

Einen allgemeinen Zugang zur Lösung der damit verbundenen Regelungsprobleme vermittelt dabei das Entkopplungsprinzip des inversen Systems.

3.1 Entkopplung durch das inverse System

Bei Annahme einer starren Mehrkörperstruktur des IR besteht zwischen
dem internen und externen Systemzustand, der durch die Positionen
und Geschwindigkeiten $i = 1, \ldots, n$ der Achsen

$$(\underline{q}^T, \underline{\dot{q}}^T) = (q_1, \ldots, q_n, \dot{q}_1, \ldots, \dot{q}_n) \tag{1}$$

bzw. durch die Positions- und Orientierungskoordinaten
(Bild 3) sowie deren erste Ableitung nach der Zeit

$$(\underline{p}^T, \underline{\dot{p}}^T) = (r_x, r_y, r_z, \alpha, \beta, \gamma, \dot{r}_x, \dot{r}_y, \dot{r}_z, \dot{\alpha}, \dot{\beta}, \dot{\gamma}) \tag{2}$$

beschrieben wird, eine transzendente Beziehung

$$\underline{p}(t) = \underline{p}(\underline{q}(t)) \tag{3}$$

deren Rücktransformation i. a. nicht trivial lösbar ist [3-5]. Diese starke, kinematisch bedingte Nichtlinearität hat zur Folge, daß die Bewegung des IR, die durch die n Bewegungsgleichungen

$$\underline{F} = \underline{\underline{M}}(\underline{q})\ddot{\underline{q}} + \underline{\underline{H}}\dot{\underline{q}} + \underline{f}(\underline{q},\ \dot{\underline{q}}) + \underline{g}(\underline{q}) \tag{4}$$

beschrieben wird, durch eine störende dynamische Kopplung der IR-Achsen gekennzeichnet ist. In (4) kennzeichnen:

$\underline{\underline{M}}(\underline{q})$ die (nxn) - Massenmatrix

$\underline{\underline{H}}$ die (nxn) - viskose Reibungs-Diagonalmatrix

$\underline{f}(q,\dot{q})$ die Coriolis-und Zentrifugalkräfte

$\underline{g}(\underline{q})$ die Gravitationskräfte und

$\underline{F}$ die Antriebskräfte bzw. -momente als Steuervariable.

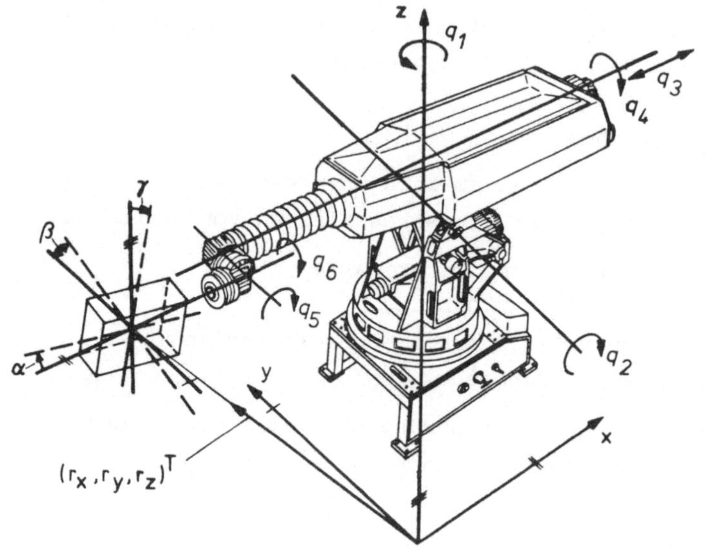

<u>Bild 3:</u>   Sechsachsiger Industrieroboter VW R30

Um die negativen Systemeigenschaften des IR, die die Positionsregelung beeinträchtigen, zu kompensieren, ist es sinnvoll, vor die Regelstrecke ein Entkopplungsfilter zu schalten, in dem das reale Systemverhalten vollständig invertiert wird. Die Beziehungen für dieses inverse System sind jedoch gerade die nichtlinearen Bewegungsgleichungen des Systems

$$\underline{F} = \underline{\underline{M}}^{*}(\underline{q})\ \ddot{\underline{q}} + \underline{\underline{H}}^{*}\dot{\underline{q}} + \underline{f}^{*}(\underline{q},\ \dot{\underline{q}}) + \underline{g}^{*}(\underline{q}) \qquad , \tag{5}$$

die auf analytischem Wege rechnergestützt bestimmbar sind [6]. (Zur Unterscheidung gegenüber den realen Systemparametern werden die Modell-parameter mit * gekennzeichnet.)

Wird das inverse Systemmodell entsprechend dem in Bild 4 dargestellten
Signalflußbild vor das reale System geschaltet, so vereinfacht sich
die Regelstrecke im Idealfall zu n entkoppelten Doppelintegrierern.
Das System wird also sowohl global linearisiert als auch vollständig
entkoppelt.

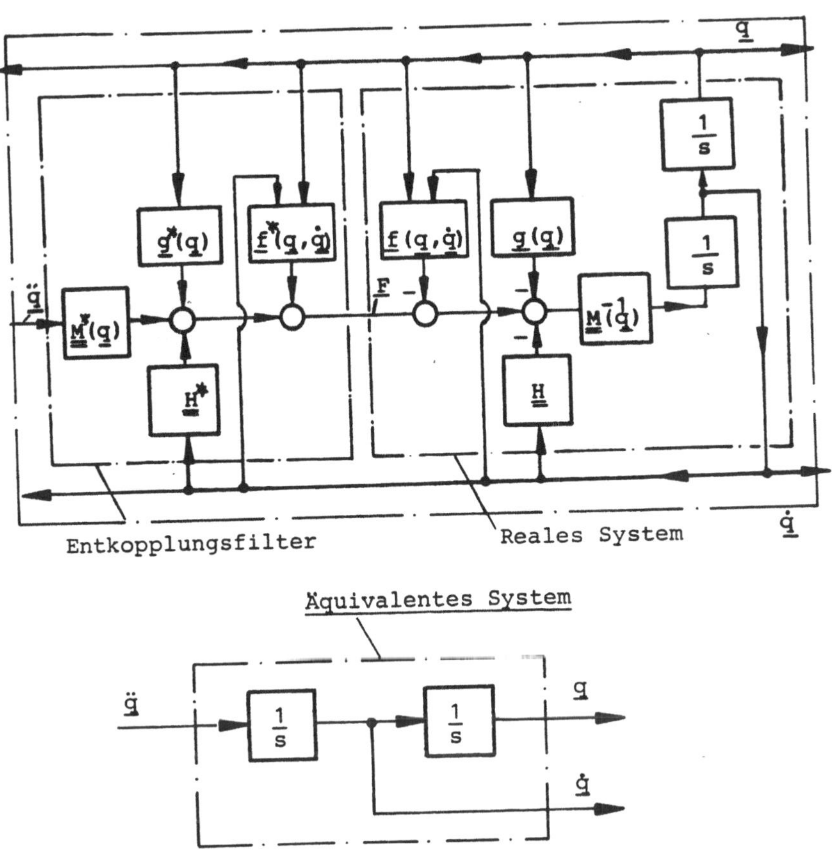

<u>Bild 4:</u>   Prinzip der Entkopplung durch das inverse System

Ist es erforderlich (z. B. aufgrund einer starken Wechselbelastung der
Hand), anstatt von einer starren von einer elastischen Mehrkörperstruktur des IR auszugehen, so läßt sich das Prinzip des inversen Systems
gleichfalls anwenden. Wird jede Achse durch zwei Massen und eine Feder
approximiert, so vereinfacht sich das entkoppelte System zu n voneinander unabhängigen Vierfachintegrierern [7, 8].

Neben den in den Bewegungsgleichungen berücksichtigten kinematischen
Nichtlinearitäten lassen sich auch prinzipiell andere nichtlineare
Einflüsse, wie z. B. Stellbegrenzungen oder Gleitreibung, nach dem
Prinzip des inversen Systems kompensieren, sofern deren statische Kenn-
linie eindeutig und apriori bekannt ist [7, 9].

Eine vollständige Inversion wird im Realfall aufgrund des erheblichen,
on-line zu bewältigenden Rechenaufwandes sowie der Parameterempfindlichkeit des inversen Systemmodells auf Schwierigkeiten stoßen. Allerdings ist eine ideale Inversion praktisch nicht erforderlich, da im
inversen Systemmodell nur diejenigen Terme zu berücksichtigen sind,
die bei dem jeweiligen Anwendungsfall ins Gewicht fallen. Bei lang-
samen Handhabungsaufgaben, z. B. beim Fräsen von Werkstücken, wird
man z. B. Coriolis- und Zentrifugalterme vernachlässigen können.

Durch die Entkopplung wird die Option eröffnet, für jede Achse separat
beliebige Regler einzuführen. Entsprechend der jeweiligen Handhabungsaufgabe bzw. Aufgabenklasse wird man natürlich solche Regelungsalgorithmen einsetzen, die den problemspezifischen Anforderungen und Randbedingungen optimal gerecht werden. Einen anschaulichen Eindruck hierzu sollen die im folgenden vorgestellten Fallbeispiele vermitteln.

3.2 Fahren entlang vorprogrammierter Bahnen

Beim Fahren von Bahnen, die sich vor Prozeßbeginn berechnen bzw. einlernen und abspeichern lassen (z. B. beim Lackieren von Karosserien mit
Hilfe eines IR) erweist es sich am zweckmäßigsten, lineare Regler für
die entkoppelten Achsen $i = 1, \ldots, n$ einzuführen. Zur Verbesserung
des Führungsverhaltens ist es darüber hinaus sinnvoll, neben der
Führungsposition $q_{ri}(t)$ noch die Führungsgeschwindigkeit $\dot{q}_{ri}(t)$ und
die Führungsbeschleunigung $\ddot{q}_{ri}(t)$ in die Regelung einzubeziehen, die
sich z. B. durch numerische Differentiation bestimmen lassen (Bild 5).

Bei der Wahl des Regelungsalgorithmus bieten sich zwei strukturell
unterschiedliche Lösungskonzeptionen an:

- die Zustandsregelung [5, 7, 13]   oder
- die Kaskadenregelung [5, 10-12]

der entkoppelten Achsen.

Geht man von der Zustandsregelung einer entkoppelten Achse i aus, entsprechend dem Algorithmus

$$\ddot{q}_i = a\ddot{q}_{ri} + (b\dot{q}_{ri}-\dot{q}_i)v_{0i} + (q_{ri}-q_i)\, p_{0i}+p_{1i}\!\int(q_{ri}-q_i)dt \qquad (6)$$

und der Führungsübertragungsfunktion mit $e_i = q_{ri} - q_i$

$$\frac{\mathcal{L}\{e_i(t)\}}{\mathcal{L}\{q_{ri}(t)\}} = \frac{E_i(s)}{Q_{ri}(s)} = \frac{(1-a)s^3 + (1-b)v_{0i}s^2}{s^3 + v_{0i}s^2 + p_{0i}s + p_{1i}} \tag{7}$$

so wird ersichtlich, daß unabhängig von der Wahl der Reglerparameter p_{0i}, p_{1i}, v_{0i} ein ideales Führungsverhalten ($e_i \equiv 0$) erzielt wird, wenn sowohl $\dot{q}_{ri}$ als auch $\ddot{q}_{ri}$ ($a = b = 1$) in die Regelung einbezogen werden. Stehen $\ddot{q}_{ri}$ bzw. $\dot{q}_{ri}$ ($a = 0$ bzw. $b = 0$), z. B. aufgrund eines zu hohen Rechenaufwandes, nicht mehr zur Verfügung, so verschlechtert sich erwartungsgemäß das Führungsverhalten. Bei Führungssignalen zweiter bzw. dritter Ordnung treten bleibende Regelabweichungen auf (Tafel I).

Bezüglich der Wahl der Eigenwerte s_{1i}, ..., s_{3i} des charakteristischen Polynoms (vgl. (7))

$$\prod_{j=1}^{3}(s - s_{ij}) = s^3 + v_{oi}s^2 + p_{0i}s + p_{1i} = 0 \tag{8}$$

die sowohl das Stör- als auch das Führungsverhalten prägen, gibt es offenbar keine Einschränkung. D. h. prinzipiell läßt sich jedes gewünschte Einschwingverhalten durch Wahl der Reglerparameter p_{oi}, p_{1i}, v_{oi} innerhalb der Stellgrenzen vorgeben [5, 7, 10, 13].

Wird zur Regelung der entkoppelten Achsen i das traditionelle Konzept der Kaskadenregelung [11, 12] angewendet, das davon ausgeht, die Geschwindigkeitsregelung der Positionsregelung kaskadenförmig entsprechend der Führungsübertragungsfunktion

$$\frac{E_i(s)}{Q_{ri}(s)} = \frac{(1-a)s^2 + (1-b)G_{vi}(s)s}{s^2 + G_{vi}(s)s + G_{vi}(s)G_{pi}(s)} \tag{9}$$

zu unterlagern, so ist zu unterscheiden, ob mit

$$G_{vi}(s) = v_{oi} + \frac{v_{1i}}{s} \quad ; \quad G_{pi}(s) = p_{0i} \tag{10}$$

eine P-Positions- und PI-Geschwindigkeitsregelung (P-PI-Struktur) mit

$$G_{vi}(s) = v_{0i} \quad ; \quad G_{pi}(s) = p_{0i} + \frac{p_{1i}}{s} \tag{11}$$

eine PI-Positions- und P-Geschwindigkeitsregelung (PI-P-Struktur) wählt wird.

Wird (10) bzw. (11) in (9) eingesetzt, so ist ersichtlich, daß das Führungsverhalten der PI-P-Struktur erheblich besser ist, als das der P-PI-Struktur. Wie bei der Zustandsregelung treten bleibende Regelabweichungen bei der PI-P-Struktur erst bei Signalverläufen zweiter (a = b = 0) bzw. dritter (a = 0, b = 1) Ordnung auf, während bei der P-PI-Struktur bereits Führungssignale konstanter Geschwindigkeit permanente Schleppfehler (a = b = 0) verursachen (Tafel I). Ein mit $e_i \equiv 0$ ideales Führungsverhalten läßt sich nur bei der PI-P-Struktur erzielen, wenn sowohl $\dot{q}_{ri}$ als auch $\ddot{q}_{ri}$ in die Regelung einbezogen werden (a = b = 1), da durch den I-Anteil des Geschwindigkeitsreglers $G_{vi}(s)$ der P-PI-Struktur keine unmittelbare Beeinflussung der Achsenbeschleunigung $\ddot{q}_i$ möglich ist.

Führungs-signal $q_r(t)$	Zustandsregler		Kaskadenregler			
			P-PI-Struktur		PI-P-Struktur	
	ohne $\dot{q}_{ri}$	mit $\dot{q}_{ri}$	ohne $\dot{q}_{ri}$	mit $\dot{q}_{ri}$	ohne $\dot{q}_{ri}$	mit $\dot{q}_{ri}$
Sprung q_{ro}	0	0	0	0	0	
Rampe $q_{r1}t$	0	0	$\dfrac{q_{r1}}{p_{0i}}$	0	0	
Parabel $\dfrac{q_{r2}t^2}{2}$	$\dfrac{q_{re}V_{0i}}{p_{1i}}$	0	∞	0	$\dfrac{q_{r2}}{p_{1i}}$	
$\dfrac{q_{r3}t^3}{6}$	∞	$\dfrac{q_{r3}}{p_{1i}}$	∞	$\dfrac{q_{r3}}{p_{0i}V_{1i}}$	∞	$\dfrac{q_{r3}}{V_{0i}p_{1i}}$
$\dfrac{q_{r4}t^4}{24}$	∞	∞	∞	∞	∞	∞

<u>Tafel I:</u> Bleibende Regelabweichung bei der linearen Regelung des entkoppelten Systems

Bezüglich der Vorgabe des Einschwing- bzw. Stabilitätsverhaltens durch die Wahl der Eigenwerte ergeben sich bei der P-PI-Struktur gegenüber der PI-P-Struktur erhebliche Einschränkungen. Die Überlegenheit der PI-P-Kaskadenstruktur ist nicht weiter verwunderlich, wenn berücksichtigt wird, daß sich diese Struktur durch geeignete Parameterwahl formal in die Struktur des Zustandsreglers identisch überführen läßt (vgl. (6), (9), (10)). Bemerkenswert ist diese Überlegenheit allerdings insofern, als die P-PI-Kaskadenstruktur im Bereich der Werkzeugmaschinentechnik häufig bevorzugt wird [11, 12].

Das bessere Führungsverhalten der Zustandsregelung bzw. PI-P-Kaskaden-
regelung gegenüber der P-PI-Kaskadenregelung wird durch das in Bild 6
dargestellte Simulationsbeispiel veranschaulicht. Untersucht wird
das Führungsverhalten des in Bild 3 dargestellten IR bei der Bewegung
der Hand auf einer kartesischen Kreisbahn mit einer konstanten Führungsgeschwindigkeit von 1,2 m/s. Um vergleichbare Bedingungen zu schaffen,
wurden die Reglerparameter so gewählt, daß bei beiden Reglerstrukturen
die gleichen Eigenwerte ($s_1 = -2\ s^{-1}$; $s_2 = s_3 = -8\ s^{-1}$) für alle
Achsen auftreten. Einfachheitshalber wurde eine beliebige Handorientierung zugelassen, so daß die Beteiligung der Hauptachsen 1, 2 und 3 an
der Handbewegung ausreicht. Das Simulationsergebnis zeigt eindrucksvoll,
daß die PI-P-Regelung mit Aufschaltung von $\dot{q}_{ri}$ und $\ddot{q}_{ri}$ ($a = b = 1$)
keine erkennbare Regelabweichung verursacht. Selbst ohne Einbeziehung
von $\ddot{q}_{ri}$ und $\dot{q}_{ri}$ ist die PI-P-Struktur mit einem maximalen Schleppfehler
von 5 cm gegenüber der P-PI-Struktur mit einem maximalen Schleppfehler
von 40 cm deutlich überlegen (näheres vgl. [7, 9]).

Die Einführung einer linearen Regelung mit vollständiger Entkopplung
setzt die Implementierung auf einem Digitalrechner bzw. -system voraus
(Bild 5). Aus gerätetechnischen Gründen ist es jedoch häufig erforderlich, die lineare Regelung zu unterteilen in eine unterlagerte analoge
Geschwindigkeits-Momentenregelung und eine übergeordnete digitale
Positionsregelung [10-12]. D. h. die Kaskadenstruktur der Regelung ist
in diesem Fall durch die Hardware bereits festgelegt. Prinzipiell läßt
sich nun wieder eine Entkopplung im Digitalrechner realisieren, wobei
nun jedoch der Geschwindigkeitsregler in das inverse Systemmodell einzubeziehen ist.

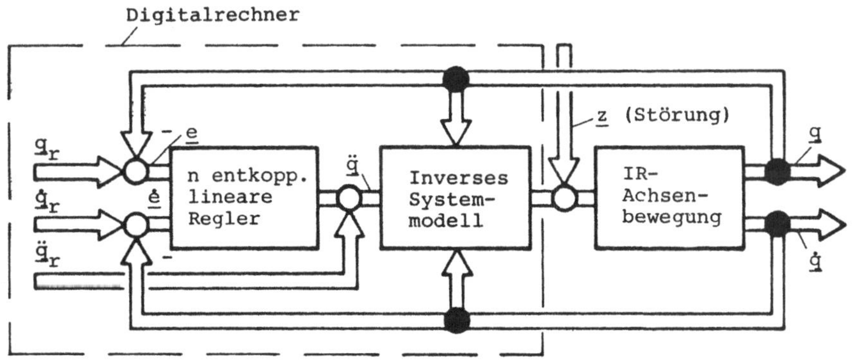

<u>Bild 5:</u> Lineare digitale Regelung des entkoppelten IR-Systems

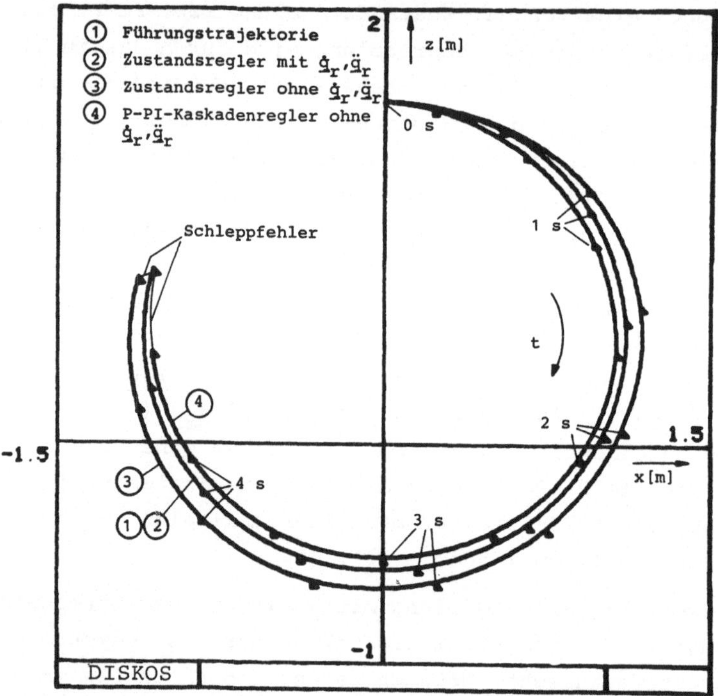

Bild 6: Führungsverhalten linearer Reglerstrukturen auf kartesischer
Kreisbahn

Auf die Entkopplung kann verzichtet werden, wenn von der praktisch
häufigen Annahme ausgegangen wird, daß die Koppelkräfte gemessen an
anderen stochastischen Störungen z_i vernachlässigbar klein sind (Bild
7). Auch in diesem Falle erweist sich die PI-P-Struktur der traditionellen P-PI-Struktur überlegen, wie sich z. B. anhand des algorith-
mischen Amplitudenfrequenzganges der Übertragungsfunktion mit $s = j\omega$

$$\frac{E_i(s)}{Q_{ri}(s)} = \frac{\dfrac{m_i T_i}{V_i} s^3 + (\dfrac{m_i}{V_i} - a)s^2 + (1-b) G_{vi}(s)s}{\dfrac{m_i T_i}{V_i} s^3 + \dfrac{m_i}{V_i} s^2 + G_{vi}(s)s + G_{pi}(s)G_{vi}(s)} \tag{12}$$

zeigen läßt (Bild 8). Dabei wird mit m_i die Masse, mit V_i die Stell-
verstärkung und mit T_i die Stellgliedzeitkonstante gekennzeichnet.

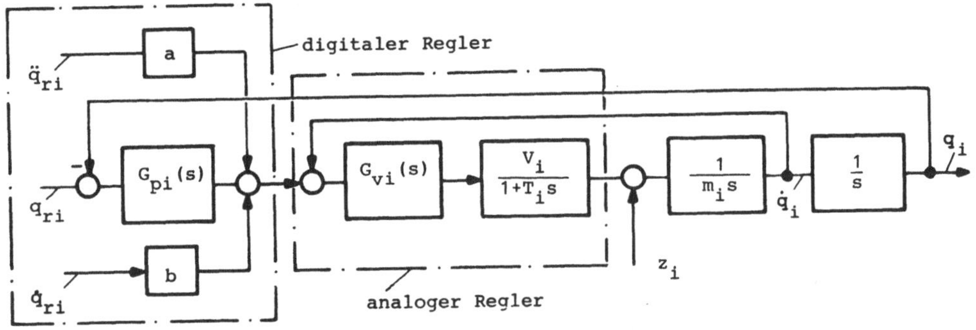

Bild 7: Analog-digitale Kaskadenregelung

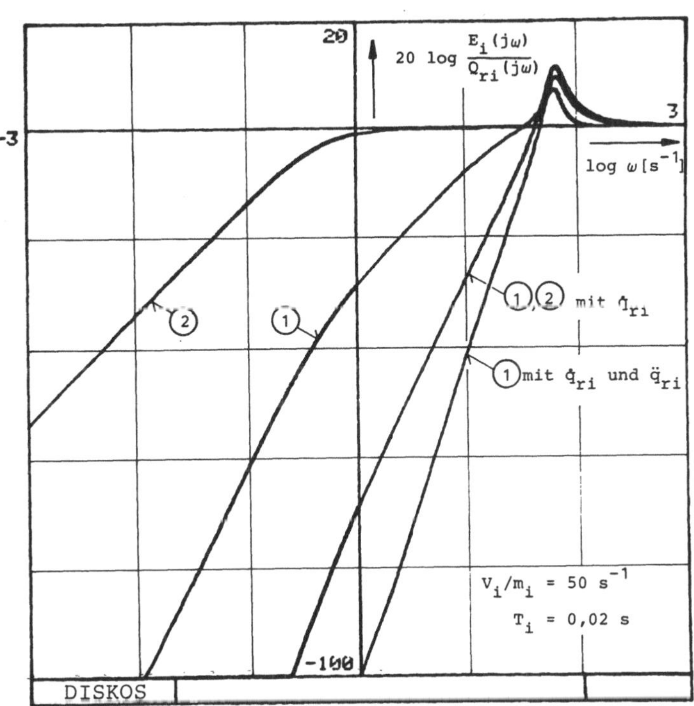

Bild 8: Führungsfrequenzgang für Kaskadenregelung mit PI-P-Struktur ① und P-PI-Struktur ②

Um von vergleichbaren Bedingungen ausgehen zu können, wurden die
Paramter beider Reglerstrukturen so gewählt, daß gleiche Eigenwerte
(s_1 = -0,5 s^{-1}; s_2 = -28,6 s^{-1} ; $s_{3,4}$ = -10,5 $\pm$ j65,3s^{-1}) gewährleistet sind, deren Güte durch die Einschränkungen der P-PI-Struktur
allerdings nur begrenzt sein kann.

Aus dem Frequenzgang wird ersichtlich, daß die PI-P-Struktur unter
Einbeziehung von $\dot{q}_{ri}$ und $\ddot{q}_{ri}$ (a = m_i/V_i; b = 1) das beste Führungsverhalten erzielt. Gegenüber der entkoppelten PI-P-Regelung läßt sich
der Schleppfehler e_i jedoch nicht vollständig unterdrücken. Auch ohne
$\dot{q}_{ir}$ und $\ddot{q}_{ir}$ (a = b = 0) garantiert die PI-P-Struktur sowohl eine
größere Bandbreite als auch ein   erheblich geringeres e_i bis zur Band-
bereichsgrenze von $\omega \approx$ 100 s^{-1}. Auch bezüglich des Störverhaltens
ist die PI-P-Struktur der P-PI-Struktur überlegen, da sie die freizü-
gigere Wahl der Eigenwerte gestattet (vgl. [11-13]).

3.3 Fahren entlang zufälliger Bahnen

Die Wirksamkeit der eben beschriebenen linearen Führungsregelung
setzte voraus, daß sich die Regelabweichungen im Kleinsignalbereich
bewegen. Dies wird durch einen determinierten Sollbahnverlauf gewährleistet, der vor Prozeßbeginn in analytischer oder numerischer Form
abrufbar gespeichert ist. Diese Voraussetzung wird nicht mehr erfüllt
bei einem qualitativ anderen Handhabungsproblem, das am IITB untersucht und realisiert wurde [1, 2, 7].

Ein Sortiment unterschiedlicher Werkstücke, die in unregelmäßiger Folge
und beliebiger Position auf ein schnell bewegtes Förderband gelegt
werden, sind von dem in Bild 3 dargestellten IR während der Bewegung
weich und überschwingfrei zu ergreifen, um sie danach auf sortiment-
spezifischen Paletten geordnet abzulegen (Bild 9). Zur Lösung dieser
Aufgaben wurde am IITB ein rechnergesteuerter Bildsensor entwickelt,
der den Typ, die Position und die Orientierung sowie die Geschwindigkeit der aufgelegten Werkstücke ermittelt. Ein weiterer Bildsensor ver-
mißt die Lage der Ablagepaletten. In Verbindung mit der meßbaren Bewegung des Förderbandes kann nun die Bewegungstrajektorie jedes Teiles
bestimmt und dem Führungsrechner mitgeteilt werden. Dieser transformiert die Hand-Solltrajektorie in eine Achsen-Solltrajektorie und stellt
sie dem Regelungsrechner zur Verfügung [23].

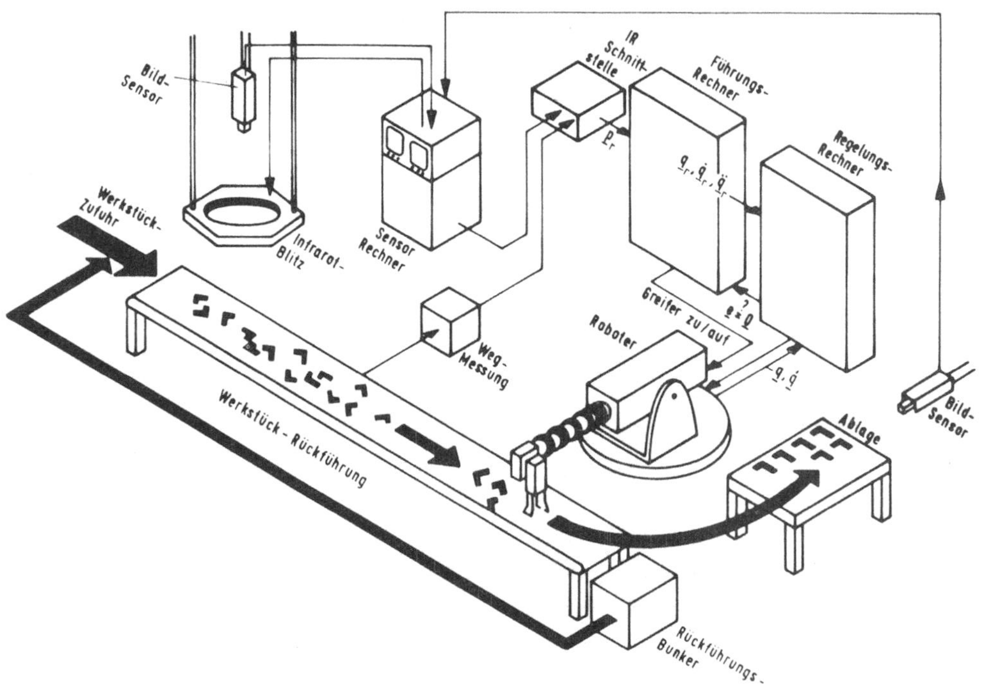

Bild 9: Das Greifen von Werkstücken auf einem bewegten Förderband durch einen IR

Das Regelungsproblem unterscheidet sich von dem vorherigen nicht nur dadurch, daß die Führungstrajektorie zufälligen Charakter hat, sondern auch dadurch, daß qualitativ unterschiedliche Güteforderungen an die Regelung gestellt werden.

(1) Einerseits soll der Greifer das Zielobjekt möglichst schnell erreichen (Zeitoptimalität),

(2) andererseits soll er das Werkstück weich und überschwingfrei ergreifen, da andernfalls die Gefahr einer Kollision auftritt.

Die Lösung des Regelungsproblems geht wieder davon aus, zunächst eine Entkopplung der Achsen nach dem Prinzip des inversen Systems herbeizuführen, wobei die Coriolis und Zentrifugalterme des inversen Systemmodells vernachlässigt werden können.

Zur Befriedigung der dualen Güteforderungen (1) und (2) wurde für jede entkoppelte Achse ein strukturvariabler Regler eingeführt, der

- im Großsignalbereich (Phase des Annäherns an das erkannte Objekt),
  Zeitoptimalität und

- im Kleinsignalbereich (Vorbereitungsphase zum Greifen) lineare über-
  schwingfreie Regelung

gewährleistet.

Veranschaulicht wird das Regelverhalten in dem am IR gemessenen Über-
gangsvorgang (Bild 10). Aufgezeichnet wurde der Wegfehler über dem Ge-
schwindigkeitsfehler der Achse 1, wobei von einer Anfangsabweichung
von e_1 = 3 rad ausgegangen wird. Aus dem Verlauf der Phasentrajektorie
wird deutlich, daß zunächst ein fast zeitoptimaler Übergangsprozeß ein-
setzt. In der Nähe des Ursprungs, d. h. in Objektnähe setzt anschlies-
send ein linearer Übergangsprozeß ein, der völlig überschwingfrei ver-
läuft, wie besonders aus dem Zeitverlauf deutlich wird. Die Leistungsfähigkeit des Regelungsalgorithmus ist dadurch gekennzeichnet, daß bei
einer Tastrate des Regelungsrechners von 10 ms die Teile auf Förderband bis zu 60 cm/s ergriffen werden können, wobei Beschleunigungen,
z. B. Anhalten des Bandes, die Leistungsfähigkeit nicht beeinträchtigen.

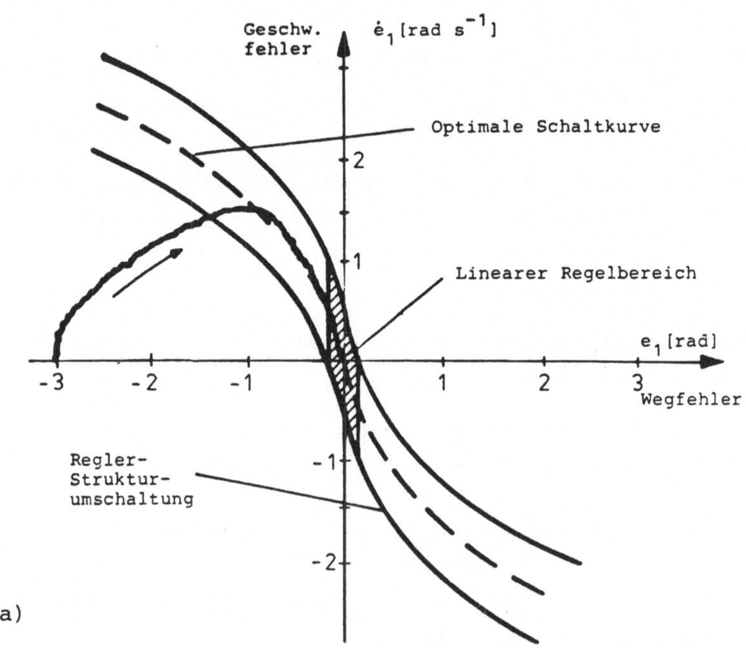

(a)

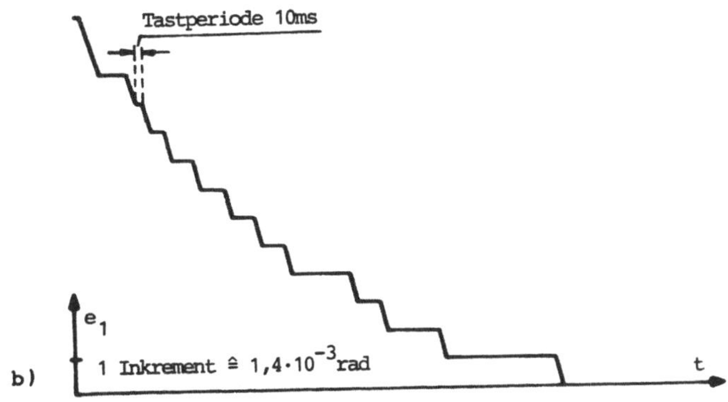

Bild 10: Gemessener Phasenverlauf (a) und Zeitverlauf (b) einer Sprungantwort an IR-Achse 1

3.4 Bahnfahren unter starker Wechselbelastung

Zahlreiche Handhabungsaufgaben sind dadurch gekennzeichnet, daß während
eines vorgegebenen Bewegungsverlaufes starke Wechselbelastungen auf
die IR-Hand einwirken bzw. von der Hand auf die Umwelt auszuüben sind.
Ein typisches Anwendungsbeispiel hierfür ist die zerspanende Bearbeitung von komplizierten Hartmetalloberflächen mit hoher Genauigkeit (zu-
lässige Toleranz von + 0,1 mm bei ca. 2m Werkstückdurchmesser [16]).
Geht man davon aus, daß die meisten herkömmlichen IR, insbesondere aufgrund elastischer Getriebeeigenschaften, weitaus nachgiebiger als Werkzeugmaschinen sind, so erscheint es notwendig, beim Regelungsentwurf
von einem elastischen Mehrkörpermodell auszugehen.

Zur Realisierung des Projektes "IR als Werkzeugmaschine" wurde am IITB
ein fünfachsiger Portalroboter des Typs KUKA 250 eingesetzt, dessen
sechste Achse dem von der IR-Hand aufgenommenen Fräswerkzeug entspricht
(Bild 11). Die Mechanik dieses IR ist dadurch gekennzeichnet, daß die
Glieder zwar sehr torsions- und biegesteif sind, die Harmonic-Drive-
Getriebe der elektrisch angetriebenen Achsen aber dem System eine un-
erwünschte Nachgiebigkeit vermitteln. Diese gilt es mit Hilfe einer
geeigneten Regelung zu versteifen.

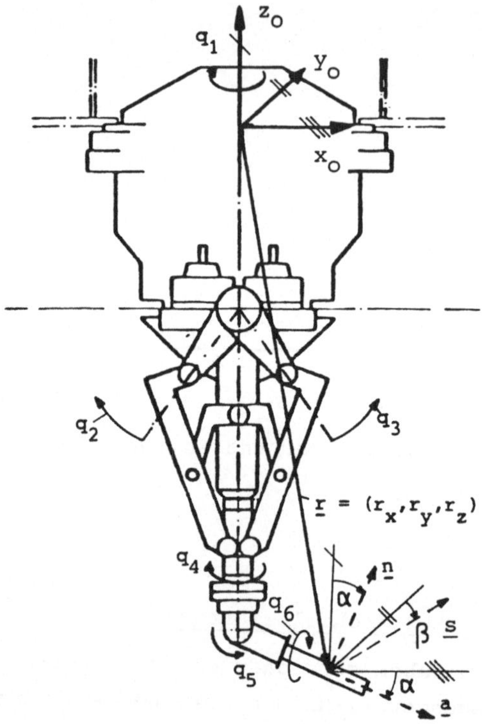

Bild 11: Fünfachsiger Portal-IR KUKA 250 ($\underline{a}$ x $\underline{s}$ x $\underline{n}$ - orthonormales Orientierungsdreibein)

Geht man davon aus, jede Achse i durch zwei Massen zu beschreiben, die über eine gedämpfte Feder miteinander gekoppelt sind, so läßt sich durch Einführung eines inversen Systemmodells prinzipiell eine vollständige Entkopplung herbeiführen. Der Zustand jeder entkoppelten Achse i wird dann durch eine Kette von vier Integrierern dargestellt, für deren Regelung ein linearer Zustandsregler vierter Ordnung einzuführen ist. Der Aufwand zur Erstellung und Echtzeitberechnung des inversen Systemmodells und dessen Parameterempfindlichkeit ist natürlich für eine elastische IR-Struktur höher als für eine starre Struktur [7].

Durch experimentelle und Simulationsuntersuchungen an einem praxisnahen IR-Modell konnte nachgewiesen werden, daß die relativ niedrige Bearbeitungsgeschwindigkeit des Fräswerkzeuges bei dem verwendeten IR nur geringe, vernachlässigbare dynamische Koppelkräfte verursacht, so daß bei der praktischen Realisierung auf ein Entkopplungsfilter verzichtet werden konnte [14, 15].

Zur Regelung der fünf Achsen wurde ein Algorithmus gewählt, der sich
auch auf einer konventionellen Steuerungshardware mit digitaler Positionsregelung und unterlagerter Drehzahlregelung mit dem Parameter k_{4i}
implementieren läßt (Bild 12). Er geht davon aus, nicht nur die Position q_{Ii} und Geschwindigkeit $\dot{q}_{Ii}$ jeder Achse i an der Welle des Motor-
antriebes mit Hilfe angeflanschter Resolver und Tachogeneratoren zu
messen, sondern darüber hinaus noch die Position q_i am elastischen Ge-
triebeausgang mittels hochauflösender Winkelkodierer zu erfassen. Ab-
weichend von konventionellen Regelungsprinzipien wird nun nicht q_{Ii}
an der Motorwelle, sondern die praktisch interessierende "äußere"
Position q_i referenziert und nach einem PID-Algorithmus mit den Parametern k_{0i}, k_{1i}, k_{2i} geregelt. Die für die Stabilität unerläßliche Regelung von $\dot{q}_{Ii}$ wird beibehalten. Zwecks zusätzlicher Versteifung wird
noch die elastische Auslenkung $q_{Ii} - q_i$ über den Parameter k_{3i} in die
Regelung einbezogen. Zur Verbesserung des Führungsverhaltens wird
nicht nur die Führungsposition q_{ri}, sondern auch die -geschwindigkeit
$\dot{q}_{ri}$ über den Parameter k_{5i} bei der Regelung berücksichtigt.

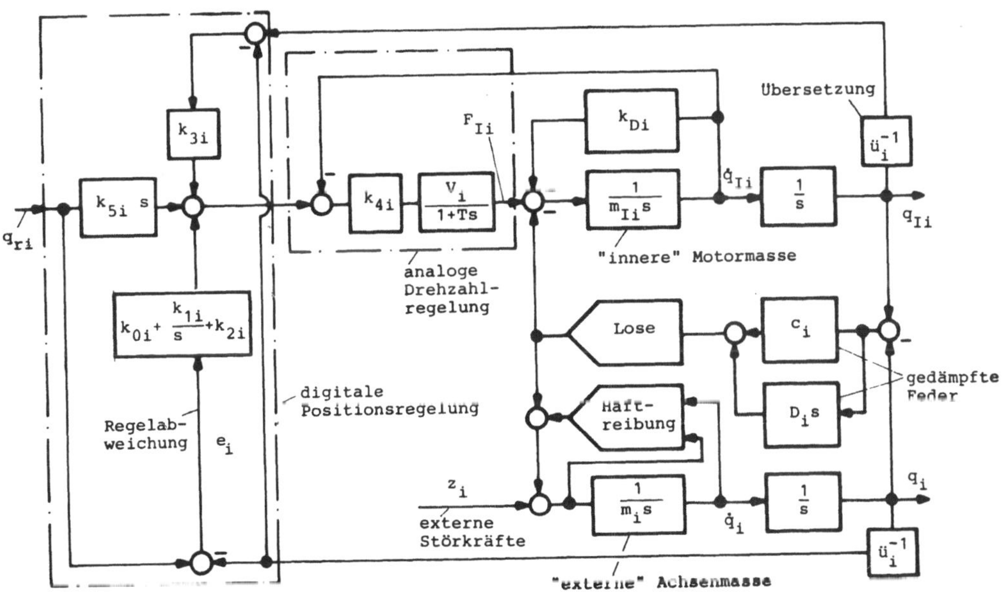

Bild 12: Signalflußstruktur zur Regelung einer elastischen IR-Achse
i mit Auslenkungskorrektur

Das charakteristische Schwingungsverhalten des IR wird aus den in
Bild 13 dargestellten Zeitverläufen der "inneren" Geschwindigkeit
$\dot{q}_{Ii}(t)$ und des Antriebsmomentes $F_{Ii}(t)$ an der Achse i = 2 bei einem
Führungssprung von h_i = 0,24 rad/s verdeutlicht.

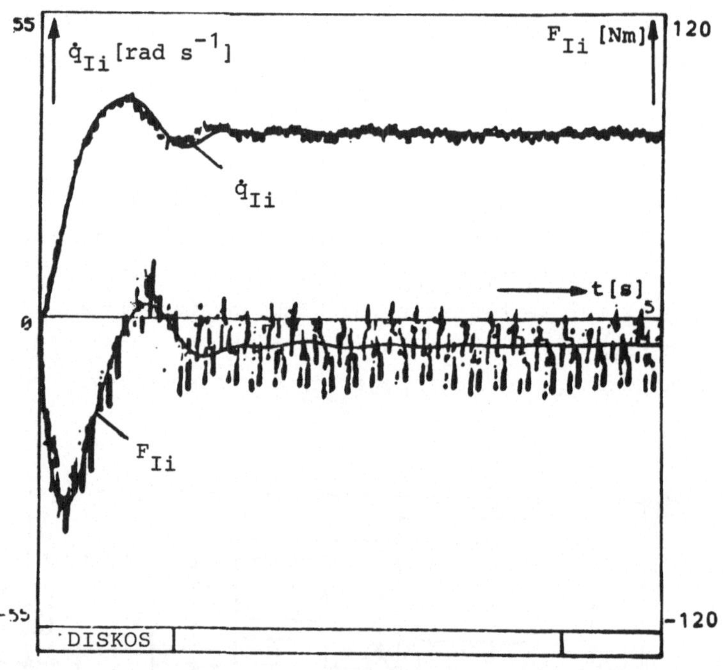

Bild 13: Gemessene und simulierte Sprungantwort an der drehzahlge-
regelten Achse 2

Die vorgestellte und realisierte Regelungskonzeption ist der konventionellen Konzeption, nur die "innere" Position und Geschwindigkeit zu
regeln, besonders bezüglich des Störverhaltens deutlich überlegen.
Aus den in Bild 14 dargestellten Zeitverläufen der Regelabweichung
$e_i(t)$ bei einem Lastsprung von z_i = 100 Nm an der "äußeren" Masse m_i
der still stehenden Achse i = 2 läßt sich erkennen, daß bei der konventionellen Regelungsstruktur (2) eine bleibende Abweichung von
$e_i(\infty) \approx$ 0,024 rad eintritt, die für die Lösung des Zerspanungsproblems
nicht akzeptabel ist. Der vorgestellte Algorithmus (1) bewirkt demgegenüber eine vollständige Ausregelung nach ca. 0,2 s.

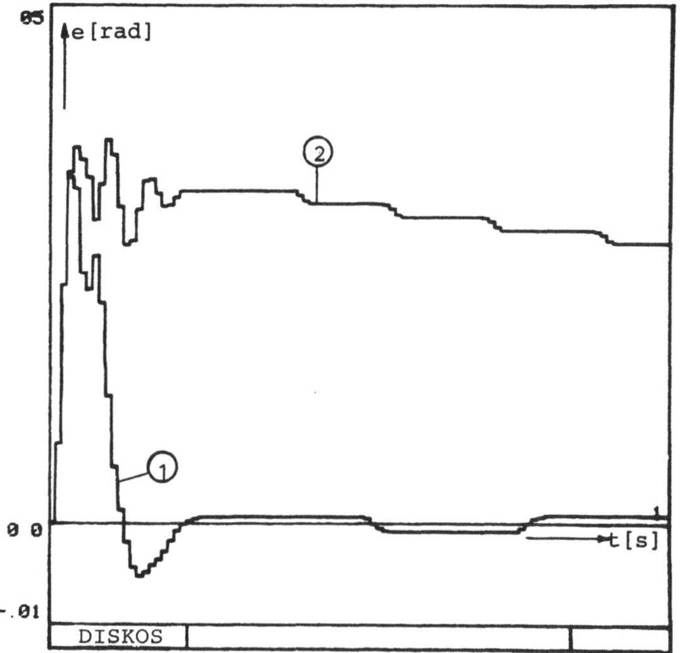

Bild 14: Störungssprungantwort für konventionelle "innere" Regelung ②
und "externe" Regelung mit Auslenkungskorrektur ①

Aus dem Verlauf von ① läßt sich erkennen, daß nach der Ausregelung
des Lastsprunges an der stillstehenden Achse niederfrequente Grenzzyklen auftreten. Diese durch Haftreibung verursachten, unerwünschten
nichtlinearen Effekte lassen sich jedoch durch Aufaddieren eines hoch-
frequenten Bias-Signals weitgehend kompensieren [14, 15]. Eingehende Untersuchungen zur Kompensation solcher und anderer extremer Nichtlinearitäten (z. B. Lose) werden gegenwärtig am IITB durchgeführt.

Der beschriebene Regelungsalgorithmus wurde in der Prozeßrechner-Hoch-
sprache PEARL [17] programmiert und auf einem vom IITB entwickelten
RDC-Mikrorechner implementiert. Dabei konnte eine Abtastzeit von ca.
10 ms realisiert werden, die sich bei Bedarf durch Programmierung in
ASSEMBLER weiter verringern läßt. Die Führungsgrößen-Berechnung und
Koordinatentransformation erfolgt auf zwei weiteren RDC-Mikrorechnern,
die über einen Lichtleiter-Bus mit dem Regelungsrechner gekoppelt sind.

3.5 Kollisionsfreies Bahnfahren

Zur Lösung zukünftiger fortgeschrittener Handhabungsaufgaben, z. B.
bei der Fertigungsmontage oder bei der Reparatur gefährlicher Anlagen,
wird es u. a. oft erforderlich sein, den IR zu befähigen, sich sicher
durch eine komplexe, teils unbckannte Umwelttopologie zu bewegen, ohne
daß eine interne oder eine externe Kollision auftreten kann [18, 19, 24].

Eine interne Kollision, d. h. eine Selbstzerstörung des IR kann dann
auftreten, wenn aufgrund eines Komponentenausfalls oder eines Software-
fehlers konstruktionsbedingte Geschwindigkeits-oder Stellbegrenzungen
der Achsen überschritten werden. Diesem Risiko kann entgegnet werden
- durch die Einführung fehlertoleranter und robuster Systemstrukturen

- durch eine interne Zustandsüberwachung [2, 20].

Bei der internen Zustandsüberwachung kommt dem Entkopplungsprinzip des
inversen Systems eine Schlüsselrolle zu, da es auch die Voraussetzung
für eine entkoppelte Überwachung der einzelnen Achsen schafft. Wird
z. B. ein sechsachsiger IR betrachtet, dessen Zustand sich wenigstens
durch 12 Variable beschreiben läßt (vgl. [1]), so wird verständlich,
daß es erheblich einfacher ist, sechs entkoppelte Zustandsebenen zweiter Ordnung zu überwachen als einen Zustandsraum zwölfter Ordnung [2,
20].

Der Gefahr einer Kollision des IR mit externen Hindernissen kann sowohl
durch planende   als auch operative Maßnahmen entgegnet werden. Ist
die Form, die Position bzw. der Verlauf der Hindernisse noch vor Prozeßbeginn bekannt, so läßt sich die geplante Führungstrajektorie durch
entsprechende geometrisch-kinematische Umgehungsstrategien noch korrigieren.

Besteht eine ungenügende a priori-Kenntnis über die aktuelle Umwelt-
situation, oder hat der Verlauf des Hindernisses zufälligen Charakter,
so ist es erforderlich, die aktuelle Umweltszene mit Hilfe geeigneter
Sensoren zu anaysieren und zu überwachen. Verfügt der IR z. B.
über intelligente visuelle Sensoren, wie sie z. B. für das Projekt
"Griff auf das laufende Band" entwickelt wurden [22,23], so eröffnet
sich eine neuartige Möglichkeit der operativen Hindernisumgehung, die
zunächst in einer Simulationsstudie untersucht wurde [20-22]. Das
Prinzip besteht darin, on-line beobachteten potentiellen Hindernissen,
die durch einfache Hüllgebilde approximiert werden, ein virtuelles
Abstoßungs-Potentialfeld zuzuordnen. Gelargt ein Glied des IR, z. B.
die Hand, in dieses Potentialfeld, so wird dem betreffenden Glied eine

Abstoßungskraft zugeordnet, deren Größe umgekehrt proportional zum Hindernisabstand ist. Diese externe Abstoßungskraft läßt sich stellungsabhängig in entsprechende Korrekturmomente bzw. -beschleunigungen der Antriebe transformieren. Wie durch verschiedene Simulationen mit festen und bewegten Hindernissen gezeigt werden konnte, wird der IR auf diese Weise auf eine benachbarte, kollisionsfreie Umgehungstrajektorie gezwungen.

Der Abstoßungsalgorithmus, dessen praktische Implementierung und Erprobung weitergehenden Untersuchungen vorbehalten bleiben muß, läßt sich prinzipiell in jeden digitalen Positionsregelungsalgorithmus integrieren. Die einfachste Implementierung ergibt sich jedoch, wenn das System nach dem Prinzip des inversen Systems entkoppelt wurde (näheres vgl. [20-22]).

5. Schlußbemerkungen

Mit dem Beitrag wurde der Versuch unternommen, einen kurzgefaßten Überblick über die während des Projektes entwickelten Regelungsalgorithmen und deren Leistungsfähigkeit zu vermitteln. Es wurde ersichtlich, daß mit Hilfe der leistungs- und aufgabengestuften Algorithmen ein breites Spektrum fortgeschrittener Handhabungsaufgaben gelöst werden kann, wobei ein verallgemeinerter Zugang über das Entkopplungsprinzip des inversen Systems geschaffen wird.

Der Beitrag soll den Eindruck vermitteln, daß mit Hilfe der vorgestellten Algorithmen viele, aber nicht alle zukünftigen Handhabungsaufgaben gelöst werden können. Verschiedene ungelöste, untersuchungswürdige Regelungsprobleme ergeben sich z. B.

- bei der Regelung elastischer IR mit dominierenden statischen Nichtlinearitäten (z. B. Slip-Stick-Reibung, Lose) sowie

- bei verschiedenen Aufgaben der intelligenten Kommunikation des IR mit seiner Umgebung über taktile und optische Sensoren (z. B. 3D-Kollisionverhütung).

6. Literatur

1. Steusloff, H. (ed.): Wege zu sehr fortgeschrittenen Handhabungs-systemen. Fachberichte Messen-Steuern-Regeln, Bd. 4, Springer-Verlag Berlin, Heidelberg, New York (1980).

2. Kuntze, H.-B.: Stand und Entwicklungstendenzen des Projektes "Sehr fortgeschrittene Handhabungssysteme". FhG-Berichte (1981) No. 1/2, pp. 30-36.

3. Meisel, K.-H.: Programmierung und Führung von Roboterbewegungen. In [1].

4. Pieper, D.L.: The kinematics of manipulators under computer control. Stanford A.I., Res.Rep. Memo 72, Oct. (1968).

5. Paul, R.P.: Modeling trajectory calculation and servoing of a com-puter controlled arm. Rep. Stanford Artificial Intell. Lab. Stan-ford Univ. Memo. 177, Sept (1972).

6. Schiehlen, W.; E. Kreuzer: Rechnergestütztes Aufstellen der Be-wegungsgleichungen gewöhnlicher Mehrkörpersysteme. Ingenieur-Archiv Vol. 46 (1977), pp. 185-194.

7. Patzelt, W.: Zur Lageregelung von Industrierobotern auf der Grund-lage des inversen Systems. Dissertation Uni. Duisburg (1982).

8. Kuntze, H.-B.: Regelungsalgorithmen für Industrieroboter - eine Übersicht. In diesem Band.

9. Patzelt, W.: Zur Lageregelung von Industrierobotern bei Entkopplung durch das inverse System. Regelungstechnik, Vol. 29 (1981), No. 12, pp. 411-422.

10. Föllinger, O.: Regelungstechnik-Einführung in die Methoden und ihre Anwendung. Elitera-Verlag Berlin, (1978), 414p.

11. Stute, G.; D. Plasch: Trends bei technischen Mitteln zur Automati-sierung in der Fertigung. Regelungstechnische Praxis Vol. 25 (1983), No. 6, pp. 229-232.

12. Stute, G.: Die Lageregelung an Werkzeugmaschinen. Umdruck des In-stitutes für Steuerungstechnik der Werkzeugmaschinen und Fertigungs-einrichtungen der Universität Stuttgart, Stuttgart (1973), S. 274.

13. Luh, J.Y; M.W. Walker; R.P. Paul: Resolved-acceleration control of mechanical manipulators. IEEE Trans. on Auto. Control, Vol. AC-25 (1980), No. 3, pp. 468-474.

14. Becker, P.-J.; A. Jacubasch; H.-B. Kuntze: On the design of a com-puter controlled elastic industrial robot. Proc. IASTED Symp. on Applied Control & Identification, Copenhagen, (1983).

15. Becker, P.-J.; A. Jacubasch; H.-B. Kuntze: Möglichkeiten und Gren-zen rechnergestützter Verfahren bei der Entwicklung fortgeschritte-ner Regelungssysteme für Industrieroboter. Tagungsband VDI/VDE-GMR-Aussprachetag (1983) Langen b. Frankfurt.

16. Becker, P.-J.: Roboter als Werkzeugmaschine. FhG-Berichte (1982), No. 2, pp. 34-37.

17. Meisel, K.-H.; Steusloff, H.: Koordinatentransformation bei Indu-
    strierobotern, realisiert mit PEARL. Elektrotechnische Zeitschrift
    (1982), No. 14.

18. Nevins, J.L.; D. E. Whitney et al.: Exploratory research in indu-
    strial modular assembly. Charles Draper Lab. M.I.T. Cambridge MA,
    6th Rep. Aug. (1978).

19. Nevins, J.L.; D.E. Whitney: Computer controlled assembly. Sci.
    American, Vol. 238 (1978), pp. 62-74.

20. Kuntze, H.-B.; W. Schill: Methods for collision avoidance in com-
    puter controlled industrial robots.   Proc. 12th Intern. Symp. on
    Industrial Robots 6th Int. Conf. on Ind. Robot. Techn., June (1982)
    Paris.

21. Kuntze, H.-B.; W. Schill: Verfahren zur Steigerung der Zuverlässig-
    keit und Sicherheit von Industrierobotern. In diesem Band.

22. Haass, U.; H.-B. Kuntze; W. Schill: A surveillance system for
    obstacle recognition and collision avoidance control. Proc. 2nd
    Int. Conf. on Robot Vision and Sensory Controls, Stuttgart, Nov.
    (1982).

23. Foith, J.P.: Intelligente Bildsensoren zum Sichten, Handhaben,
    Steuern und Regeln. Springer-Verlag Berlin, Heidelberg, New York
    (1982).

24. Syrbe, M.: Übersicht über ein Projekt "Sehr fortgeschrittene Hand-
    habungssysteme". In [1].

25. Folberth, O.G.: Grenzen der digitalen Elektronik. Tagungsberichte
    NTG-Fachtagung, März (1983), Baden-Baden, VDE-Verlag Berlin-Offen-
    bach (1983).

26. Büchsenschütz, B.; R. Grimm; M. Rudolf: Ein-/Ausgabe-Farbbildschirm-
    system zur Bahnvorgabe. In [1].

Regelungsalgorithmen für Industrieroboter
- eine Übersicht.

Control Algorithms for Industrial Robots
- a State of the Art

H.-B. Kuntze

Fraunhofer-Institut für Informations- und Datenverarbeitung (IITB)

7500 Karlsruhe

Summary

The objectives of this review are to summarize and to evaluate the present state of knowledge concerning control algorithms for industrial robots (IR). In the past 15 years, there has been a confluance of research on this field and excellent results of general interest have been produced. However the wide practical application of the results is rather poor. One reason for the gap between research and industrial practice seems to be the lack of information as regards existing control concepts and corresponding areas of industrial applications. It is the aim of this survey paper to contribute to the efforts of closing this gap. Main subjects of investigation are models and closed-loop algorithms for positional and force control of IR. Other important topics such as dialog systems, command languages or sensor hardware can only marginally be discussed.

1. Einleitung

Häufig stehen Hersteller oder Anwender von Industrierobotern (IR) vor
der Aufgabe, einen Steuerungs- und Regelungsalgorithmus einzusetzen,
der ein vorgegebenes Handhabungsproblem mit hinreichender Qualität löst.
Seit den grundlegenden Arbeiten von PIEPER 1968 [1], WHITNEY 1969 [2]
und PAUL 1972 [3] wurden zwar zu verschiedenen Einzelproblemen der
Steuerung und Regelung von IR zahlreiche Beiträge veröffentlicht. Eine
rasche Orientierung in dieser Vielfalt von Veröffentlichungen und somit ein Zugang zu vorhandenen Lösungen wird jedoch dadurch erschwert,
daß es - von wenigen Ausnahmen abgesehen [4] - [6] - an vermittelnden
Übersichtsdarstellungen fehlt.

Der vorliegende Beitrag bemüht sich, diese Informationslücke schließen
zu helfen. In kurzgefaßter Form wird versucht, eine Übersicht zum gegenwärtigen Entwicklungsstand und zu erkennbaren Trends bei der Regelung
fortgeschrittener IR zu vermitteln. Es wird gezeigt, daß die Wahl eines
geeigneten Regelungsalgorithmus in starkem Maße

- vom Charakter der zu lösenden Handhabungsaufgabe,
- von der Kinematik und dem dynamsichen Verhalten des jeweiligen IR-
  Typs und
- von den verfügbaren Automatisierungsmitteln (Stell-, Sensor- und
  Rechnerhardware)

abhängen.

2. Systemstruktur

Die Vielfalt fortgeschrittener Steuerungs- und Regelungsalgorithmen für
IR läßt sich funktional einer hierarchisch geordneten Drei-Ebenen-
Struktur zuordnen, die stark vereinfacht in Bild 1 dargestellt ist.
Jede Ebene weist einen unterschiedlichen räumlichen und zeitlichen
Horizont auf.

Der obersten ENTSCHEIDUNGSEBENE kommt die mittelfristige Funktion der
Aufgabenplanung zu bei interaktiver Eingabe von Prozeßparametern (z. B.
maximale Bahnbeschleunigung, -geschwindigkeit u. ä.) über ein intelli-
gentes Dialogsystem [4] - [6], [8] - [10].

In der mittleren FÜHRUNGS- UND ÜBERWACHUNGSEBENE erfolgt die Berechnung
der Referenztrajektorie der IR-Hand und deren Transformation in Roboter-
Achsenkoordinaten [1], [4] - [8], [11] - [14]. Mit Hilfe externer optischer und taktiler Sensoren besteht darüber hinaus noch die Möglichkeit, die IR-Umgebung zu überwachen bzw. zu erkunden [16] - [18].

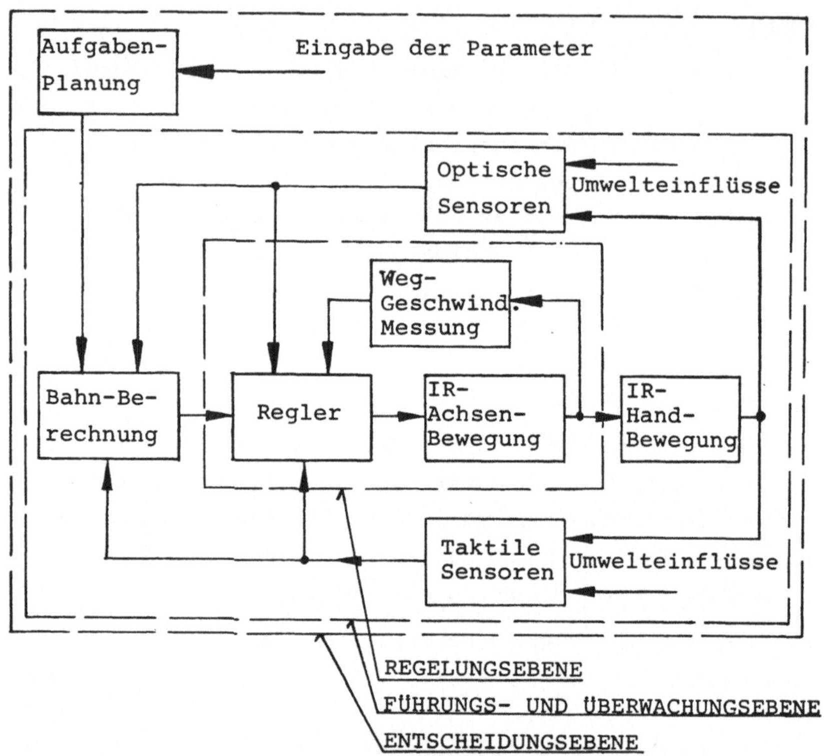

<u>Bild 1:</u> Steuerung und Regelung eines IR als Drei-Ebenen-Hierarchie

In Abhängigkeit von bestimmten Umweltinformationen (z. B. bewegtes Hindernis im IR-Arbeitsraum) kann nun korrigierend bzw. adaptierend auf die Trajektorieberechnung oder unmittelbar auf die Regelung Einfluß genommen werden [15], [16], [19] - [23].

Die Aufgabe der untersten REGELUNGSEBENE besteht darin, die Antriebsachsen des IR so zu regeln, daß die IR-Hand der berechneten Referenztrajektorie möglichst gut folgt. Zur Messung der roboterinternen Regelgrößen (z. B. der Achsenpositionen und -geschwindigkeiten) werden geeignete Sensoren (z. B. Winkelkodierer und Tachogeneratoren) eingesetzt.

3. IR-Modelle

3.1 IR-Kinematik

Bei der Mehrzahl aller verwendeten IR-Modelle wird von einer starren
Mehrkörperstruktur ausgegangen. Um der IR-Hand bei der räumlichen Bewegung die notwendigen sechs kinematischen Freiheitsgrade zu garantie-
ren, muß der IR notwendig über wenigstens $n=6$ Antriebsachsen verfügen,
wie z. B. der am IITB eingesetzte Roboter (Bild 2) [1], [3] - [7], [11],
[12], [24].

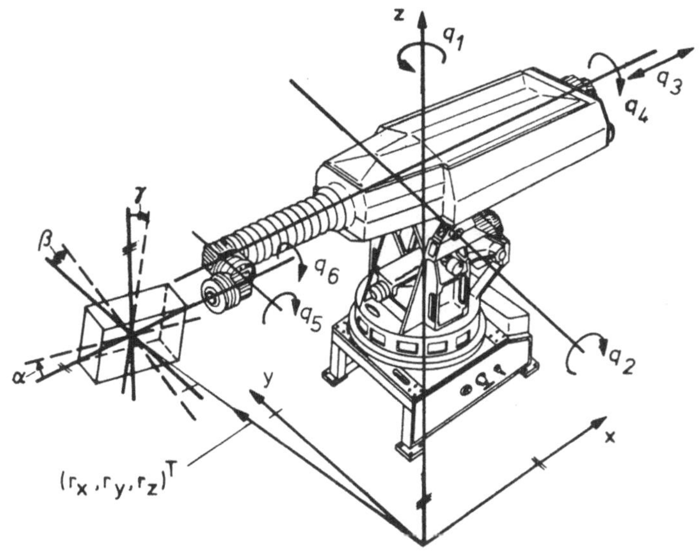

<u>Bild 2:</u>   Interne und externe Koordianten eines sechsachsigen IR

Der interne Systemzustand des IR wird dann durch die Achsenkoordinaten
und deren erste Ableitung nach der Zeit

$$(\underline{q}^T, \underline{\dot{q}}^T) = (q_1, \ldots, q_n, \dot{q}_1, \ldots, \dot{q}_n) \ , \tag{1}$$

die z. B. mit Hilfe von Winkelkodierern und Tachogeneratoren meßbar
sind, ausreichend beschrieben. Für die Handhabungsaufgaben von primärem
Interesse ist allerdings der externe Systemzustand. Dieser wird durch
die Positions- und Orientierungskoordinaten der Roboterhand und deren
erste Ableitung nach der Zeit

$$(\underline{p}^T, \underline{\dot{p}}^T) = (r_x, r_y, r_z, \alpha, \beta, \gamma, \dot{r}_x, \dot{r}_y, \dot{r}_z, \dot{\alpha}, \dot{\beta}, \dot{\gamma}) \tag{2}$$

im kartesischen Inertialsystem des IR beschrieben und läßt sich z. B.
mit Hilfe externer optischer Sensoren messen [18], [25], [26].

Zwischen den externen Greiferkoordinaten $\underline{p}$ und den internen Achsenkoordinaten $\underline{q}$ besteht eine eindeutige transzendente Beziehung

$$\underline{p}(t) = \underline{p}\,(\underline{q}(t)) \tag{3}$$

die sich z. B. mit Hilfe der Matrizen-Transformationstechnik nach DENAVIT/HARTENBERG elegant beschreiben läßt [1] - [4], [11] - [13]. Die Umkehrung der Koordinatentransformation, die für die Berechnung der Referenztrajektorie erforderlich ist,

$$\underline{q}(t) = \underline{q}\,(\underline{p}(t)) \tag{4}$$

läßt sich für allgemeine kinematische Strukturen nicht mehr eindeutig und geschlossen lösen. Lediglich für bestimmte kinematische Strukturen ist eine geschlossene Lösung möglich [1].

Wird nicht die Bahnposition, sondern die -geschwindigkeit

$$\underline{\dot{p}}(t) = \frac{\partial \underline{p}(\underline{q})}{\partial \underline{q}}\;\underline{\dot{q}}(t) = \underline{J}(\underline{q})\;\underline{\dot{q}}(t) \tag{5}$$

zur Beschreibung der Greiferbewegung herangezogen, so läßt sich durch Inversion der JACOBI-Matrix $\underline{J}$

$$\underline{\dot{q}}(t) = \underline{J}^{-1}(\underline{q})\;\underline{\dot{p}}(t) \tag{6}$$

die Rücktransformation geschlossen lösen, vorausgesetzt, die Zahl der Achsen beträgt n = 6 [2] - [6], [27], [28]. Bei einer redundanten Zahl von Achsen (n > 6) ist es möglich, durch die Einführung zusätzlicher Güteforderungen eine Lösbarkeit herbeizuführen [80].

Wird die Greiferbewegung durch die Bahnbeschleunigung $\underline{\ddot{p}}(t)$ beschrieben, so ist ebenfalls eine Rücktransformation entsprechend der Beziehung

$$\underline{\ddot{q}}(t) = \underline{J}^{-1}(\underline{\ddot{p}}(t) - \underline{\dot{J}}\,\underline{\dot{q}}) = \underline{J}^{-1}\,\underline{\ddot{p}}(t) - \underline{J}^{-1}\,\underline{\dot{J}}\,\underline{\dot{p}} \tag{7}$$

möglich, sofern n = 6 gilt [5], [6], [27], [28].

3.2 IR-Dynamik

Kann davon ausgegangen werden, daß die Massen des IR vernachlässigbar klein sind, so sind die eben betrachteten kinematischen Beziehungen ausreichend zur Beschreibung des Systemverhaltens, d. h. die Achsengeschwindigkeiten können als Steuervariable angenommen werden [1], [6], [29]. Ist dies nicht mehr der Fall, so läßt sich das Systemverhalten durch das stark nichtlineare und gekoppelte Differentialgleichungssystem

$$\underline{F} = \underline{M}(\underline{q})\underline{\ddot{q}} + \underline{H}\underline{\dot{q}} + \underline{f}(\underline{q},\,\underline{\dot{q}}) + \underline{g}(\underline{q}) \tag{8}$$

beschreiben, das z. B. auf der Grundlage der bekannten Verfahren nach

LAGRANGE oder NEWTON/EULER rechnergestützt ermittelt werden kann [3] - [6], [30] - [35]. Dabei kennzeichnen

$\underline{\underline{M}}(\underline{q})$ die (nxn) - Massenmatrix

$\underline{\underline{H}}$ die (nxn) - viskose Reibungs-Diagonalmatrix.

$\underline{f}(\underline{q}, \underline{\dot{q}})$ die Coriolis- und Zentrifugalkräfte

$\underline{g}(\underline{q})$ die Gravitationskräfte und

$\underline{F}$ die Antriebskräfte bzw. -momente als Steuervariable.

(Zwecks sprachlicher Vereinfachung sei im folgenden unter Position sowohl die Position als auch die Orientierung und unter Kraft sowohl die Kraft als auch das Moment zu verstehen.)

Kann die Biege- bzw. Torsionselastizität einzelner Glieder nicht länger vernachlässigt werden, so ist es notwendig, neben den Starrkörper-Achsenkoordinaten q_i (i = 1, ..., n) noch die örtlichen Auslenkungskoordinaten w_i (x_i, t) einzuführen (Bild 3). Diese räumlich verteilten Koordinaten lassen sich durch Approximation, z. B. mit Hilfe des RITZ-Ansatzes [36] - [40]

$$w_i(x_i, t) = \sum_{j=1}^{m} \psi_{ij}(x_i) \cdot \overline{w}_{ij}(t) \tag{9}$$

diskretisieren, vorausgesetzt die Ansatzfunktionen $\psi_{ij}(x_i)$ erfüllen die notwendigen Randbedingungen. Ausgehend von dem erweiterten Zustandsvektor

$$\underline{\tilde{q}}^T, \underline{\dot{\tilde{q}}}^T) = (q_1, \ldots, q_n, \overline{w}_{11}, \ldots, \overline{w}_{1m}, \ldots, \overline{w}_{n1}, \ldots, \overline{w}_{nm},$$
$$\dot{q}_1, \ldots, \dot{q}_n, \dot{\overline{w}}_{11}, \ldots, \dot{\overline{w}}_{1m}, \ldots, \dot{\overline{w}}_{n1}, \ldots, \dot{\overline{w}}_{nm}) \tag{10}$$

läßt sich das hybride Mehrkörpersystem wieder durch ein nichtlineares Differentialgleichungssystem der Struktur (8) beschreiben.

Die ungewöhnlich hohe Systemordnung des hybriden Modells und der Umstand, daß die elastischen Zusatzvariablen $\overline{w}_{ij}(t)$ in (9) nur durch die Einführung eines Beobachters bestimmbar sind, erschweren den Reglerentwurf erheblich verglichen mit dem Starrkörpermodell. Kann näherungsweise davon ausgegangen werden, daß sich die Elastizitäten auf bestimmte Punkte der IR-Mechanik konzentrieren, so ist eine weniger aufwendige Modellierung möglich, indem jedem elastischen Übertragungselement (z. B. dem Harmonic-Drive-Getriebe) [45], [47] eine Federkonstante c_i zugeordnet wird. Das sich daraus ergebende Feder-Massen-Modell (Bild 4) weist eine wesentlich geringere Systemordnung auf, als ein vergleichbares hybrides Modell. Darüber hinaus lassen sich i. a. alle Zustände unmittelbar messen und die zusätzlichen Systemparameter c_i, m_{Ii} experimentell bestimmen [41] - [45]. Zur Ermittlung der teilweise sehr umfangreichen Systemmodelle mit starrer oder elastischer IR-Struktur stehen verschiedene

38

rechnergestützte Verfahren zur Verfügung [30] – [35]. Von SCHIEHLEN/
KREUZER [46] wurde z. B. ein Software-Paket entwickelt, das auf der
Grundlage der NEWTON/EULER'schen Beziehungen die symbolischen Bewegungs-
gleichungen (8) des IR-Modells bestimmt.

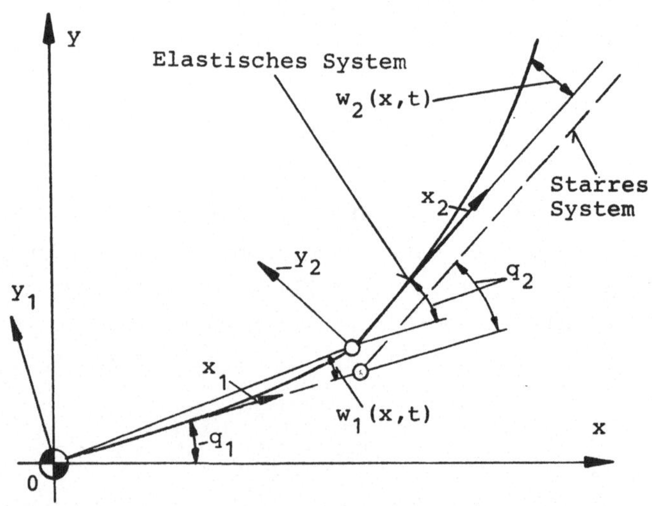

Bild 3: Elastisches IR-Modell mit verteilten Parametern

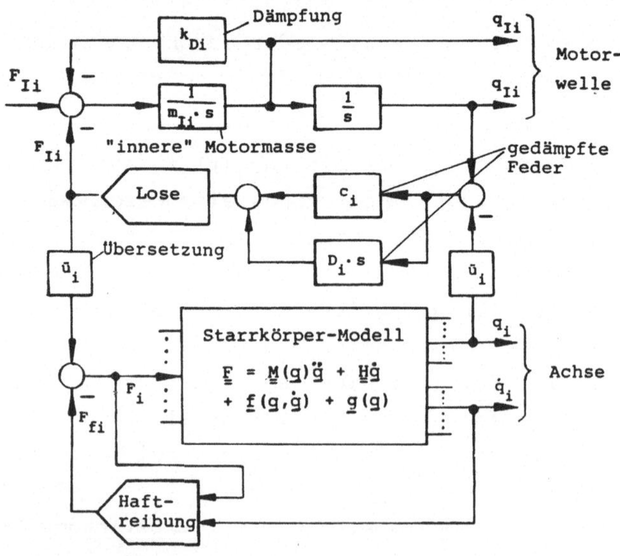

Bild 4: Elastischer IR als Feder-Masse-Modell

Neben den in (8) enthaltenen kinematischen Nichtlinearitäten weisen IR
noch fertigungs- oder werkstoffbedingte Nichtlinearitäten auf, insbesondere Lose, Haft-Gleitreibung und Plastizitätshysterese in Lagern
und Getrieben [3], [44], [45], [47], die bei der Regelung zu unerwünschten Grenzzyklen führen können. Während ihre geschlossen analytische
Beschreibung nur begrenzt möglich ist, lassen sie sich ohne Schwierigkeiten in blockorientierten Simulationsmodellen berücksichtigen.

4. Regelungsalgorithmen

Es erscheint sinnvoll, die Vielfalt möglicher IR-Regelungsalgorithmen
in zwei anwendungsspezifische Gruppen zu unterteilen:

- Algorithmen zur POSITIONSREGELUNG gehen davon aus, den Weg und die
  Geschwindigkeit der IR-Hand bzw. -Achsen zu regeln ohne äußere Last-
  kräfte in die Regelung einzubeziehen. Hierbei ist es in den meisten
  Fällen ausreichend, von Starrkörpermodellen auszugehen. Sie eignen sich
  vornehmlich für solche Handhabungsaufgaben (z. B. Lackieren), bei denen
  die IR-Hand während der Bewegung keinen Kontakt mit der IR-Umwelt halten muß (Abschnitt 4.1).

- Algorithmen zur POSITIONS- UND KRAFTREGELUNG beziehen die äußeren,
  i. a. durch Kontakt mit der IR-Umwelt verursachten Kräfte, die durch
  taktile Sensoren in den Antriebsachsen oder an der IR-Hand gemessen
  werden, in geeigneter Weise in die Regelung mit ein. Hierbei ist
  es sinnvoll, von elastischen IR-Modellen auszugehen.
  Charakteristische Anwendungsbeispiele sind z. B. die zerspanende Bearbeitung von Werkstücken [48] oder die Montage von Paßteilen [49]
  (Abschnitt 4.2).

4.1 Algorithmen zur Positionsregelung

Aus den bisher betrachteten IR-Modellen wird ersichtlich, daß eine Regelung wesentlich erschwert wird:

- durch starke Nichtlinearitäten und
- durch die dynamische Kopplung der Roboterachsen.

Eine isolierte Weg-Geschwindigkeitsregelung der einzelnen Achsen - wie
sie bei der überwiegenden Zahl aller industriellen Anwendungen eingesetzt wird - muß daher auf solche Handhabungsaufgaben beschränkt bleiben, bei denen diese Störeinflüsse tolerierbar sind. Kann von dieser
Prämisse nicht ausgegangen werden, so müssen Regelungsalgorithmen eingeführt werden, die diese negativen Systemeigenschaften kompensieren. Dies
läßt sich auf zwei prinzipiell unterschiedlichen Wegen erreichen:

- durch REGELUNG MIT ENTKOPPLUNG und
- durch ADAPTIVE REGELUNG.

4.1.1 Regelung durch Entkopplung

Bekanntlich ergibt sich eine ideale Entkopplung und gleichzeitige Linearisierung, wenn es gelingt, vor den Eingang der Regelstrecke ein Entkopplungsfilter zu schalten, in dem das reale Systemverhalten vollständig invertiert wird. Das gesuchte inverse Systemmodell sind jedoch gerade die oben ermittelten Bewegungsgleichungen

$$\underline{F} = \underline{M}^*(\underline{q})\,\ddot{\underline{q}} + \underline{H}^*\dot{\underline{q}} + \underline{f}^*(\underline{q},\,\dot{\underline{q}}) + \underline{g}^*(\underline{q}) \tag{11}$$

denn die Steuervariablen $\underline{F}$ liegen als geschlossene Funktion der Zustandsvariablen $\underline{q}$, $\dot{\underline{q}}$ vor. (Die Parameter des Modells sind gegenüber denen des realen Systems mit *) gekennzeichnet.) Die Anwendung allgemeingültiger Entkopplungsverfahren, z. B. nach FREUND [50], [51] erweist sich in den meisten Fällen als unzweckmäßig, da das IR-Modell i. a. primär nicht in Form von Zustandsgleichungen, sondern von Bewegungsgleichungen vorliegt. Bezüglich der Anordnung des inversen Systemmodells zur Entkopplung ergeben sich unterschiedliche Möglichkeiten, da zur Berechnung der Antriebskräfte $\underline{F}$ in (11) sowohl die Führungsgrößen $\underline{q}_r$, $\dot{\underline{q}}_r$, $\ddot{\underline{q}}_r$ als auch die aktuell gemessenen Zustandsgrößen $\underline{q}$, $\dot{\underline{q}}$ als Argumente verwendet werden können.

Bei der erstmals von PAUL [3] vorgeschlagenen Entkopplung nach dem Feedback-Prinzip (Bild 5) werden zur Ermittlung von $\underline{F}$ die gemessenen Achsenpositionen $\underline{q}$ und Geschwindigkeiten $\dot{\underline{q}}$ sowie die Referenzbeschleunigung $\ddot{\underline{q}}_r$ verwendet. Im Idealfall der Koinzidenz zwischen Modell und realem System vereinfacht sich dann das entkoppelte System zu n = 6 getrennten Doppelintegrierern. Wird nicht von einem starren, sondern von einem elastischen Zwei-Massen-Modell jeder Achse ausgegangen, so führt die Entkopplung durch das inverse System zu sechs getrennten Vierfachintegrierern [52]. Es wird also sowohl eine Entkopplung als auch eine globale Linearisierung herbeigeführt [3]-[7], [28]-[32], [52]-[54].

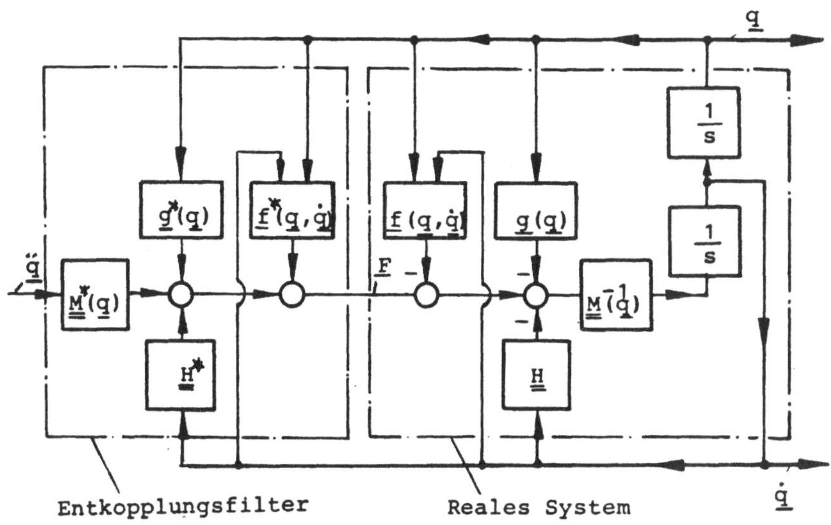

Bild 5: Feedback-Entkopplung durch das inverse System

Prinzipiell lassen sich nun - für jede Achse getrennt - beliebige, dem Anwendungsfall angepaßte Regler einsetzen. Lineare Regler, mit denen sich aufgrund der Entkopplung theoretisch beliebige, z. B. asymptotische, Einschwingcharakteristika einstellen lassen, wird man vorzugsweise dann einsetzen, wenn die Regelabweichungen im Kleinsignalbereich verbleiben und die Stellbegrenzungen nicht überschritten werden [3] - [5], [30] - [32], [52], [55]. Der in Bild 6 dargestellte PID-Algorithmus läßt sich z. B. für das Fahren off-line berechneter Bahnen einsetzen, wobei der I-Anteil der Verbesserung des Störverhaltens dient. Das Führungsverhalten läßt sich erheblich verbessern, wenn bei der Regelung nicht nur die Referenzpositionen $q_r(t)$, sondern auch die Referenzgeschwindigkeiten $\dot{q}_r(t)$ und -beschleunigungen $\ddot{q}_r(t)$ aufgeschaltet werden [28], [30] - [32], [52] - [54]. Für die Regelung im Großsignalbereich, z. B. bei der schnellen Fahrt zwischen zwei räumlichen Punkten (z. B. Paletten) ist es zweckmäßiger, zeitoptimale bzw. -suboptimale Regler einzusetzen [56], [57]. Sollen mehrere Güteforderungen verknüpft werden, z. B. Schnelligkeit im Großsignalbereich sowie Genauigkeit und Überschwingfreiheit im Kleinsignalbereich, so ist es sinnvoll, einen strukturvariablen Regler einzuführen, wie er von PATZELT [52], [53] für den Anwendungsfall "Griff auf's laufende Band" realisiert wurde.

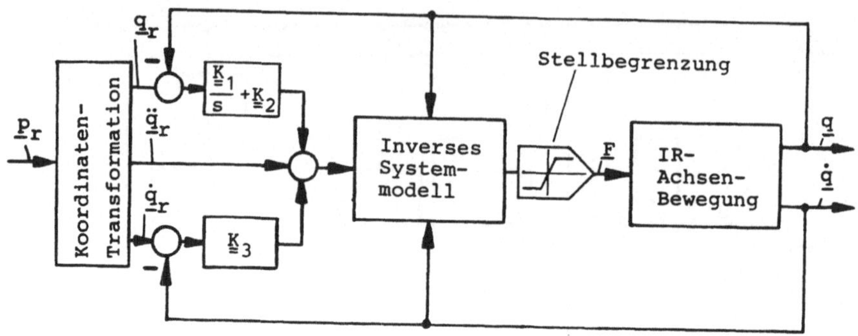

Bild 6: Lineare Regelung (Diagonalmatrizen $\underline{K}_1$, $\underline{K}_2$, $\underline{K}_3$) mit Feed-back-Entkopplung

Den Vorteilen des Prinzips der Feedback-Entkopplung steht ein hoher
Rechenaufwand und eine relativ große Parameterempfindlichkeit gegenüber. Der Aufwand zur On-line-Berechnung des inversen Systems läßt sich
reduzieren, wenn unwesentliche Terme, d. h. Kräfte, die aufgrund der
speziellen IR-Konstruktion und der jeweiligen Handhabungsaufgabe vernachlässigbar sind, weggelassen werden. In vielen Fällen ist es z. B.
ausreichend, nur die Gravitations- und Dämpfungsterme zu kompensieren
[3], [7]. Durch Approximation der rechenaufwendigsten Terme, z. B.
durch Wertetabellen [32] oder durch Anwendung eines rekursiven Rechen-
schemas auf der Grundlage der NEWTON-EULER-Beziehungen [33] - [35], läßt
sich der Rechenaufwand weiter reduzieren (bis auf ca. 2 ms für einen
sechsachsigen IR [4], [28]).

Die beiden Nachteile der Feedback-Entkopplung lassen sich vermindern,
wenn neben den Positionen und Geschwindigkeiten der Achsen noch die
Beschleunigungen bzw.Antriebskräfte gemessen werden können. In diesem
Falle wäre es möglich, alle weg- und geschwindigkeitsabhängigen Störkräfte (z. B. Koppelkräfte und Reibungen) summarisch entsprechend der
aus (11) resultierenden Beziehungen

$$\underline{F} - \underline{M}^*(\underline{q})\ddot{\underline{q}} = \underline{H}^*\dot{\underline{q}} + \underline{f}^*(\underline{q}, \dot{\underline{q}}) + \underline{g}^*(\underline{q}) \tag{12}$$

zu bestimmen und zu kompensieren. Der Erfolg dieses Entkopplungsprin-
zips setzt allerdings eine hinreichend genaue Meßbarkeit von $\ddot{\underline{q}}$ und $\underline{F}$
über eine hohe Bandbreite voraus [58], [54], [27].

Die Konzeption der Feedback-Entkopplung ist nicht auf den roboterinternen Systemzustand beschränkt, sondern läßt sich prinzipiell auch auf
den externen Systemzustand der IR-Hand in kartesischen Umweltkoordina-

ten anwenden [6], [28]. Die Struktur des externen Entkopplungsfilters
(Bild 7) ergibt sich dann aus dem inversen Systemmodell (11) unter Berücksichtigung der kinematischen Transformationsbeziehungen (5), (6)
und (7). Ein wesentlicher Vorteil der in (Bild 7) dargestellten, relativ aufwendigen externen Regelungskonzeption besteht darin, daß die Bewegung der IR-Hand unmittelbar geregelt wird. D. h. die Position und
Orientierung der IR-Hand wird nicht auf Umwegen über die Antriebsachsen,
sondern direkt in Umweltkoordinaten (z. B. mit Hilfe von Laser-Triangulation [25]) gemessen und geregelt unter Umgehung störender Nichtlinearitäten und Elastizitäten in den Antriebsachsen und Getrieben. Durch zusätzliche Messung der IR-Handbeschleunigung mit Hilfe eines ausreichend
genauen, breitbandigem Akzelerometers läßt sich - analog zur internen
Entkopplung (vgl. (12)) - die Berechnung der Inversionsterme noch erheblich vereinfachen, wie u. a. von HEWIT gezeigt wird [58], [27].

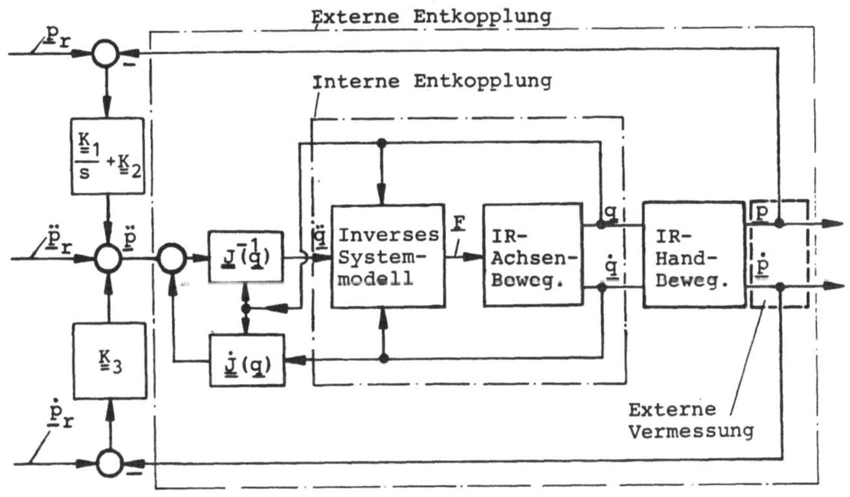

<u>Bild 7:</u> Externe lineare Regelung mit Feedback-Entkopplung

Bei Handhabungsaufgaben, bei denen die Referenztrajektorie der IR-Hand
im voraus berechnet und gespeichert werden kann, ist es möglich, das
Feedforward-Prinzip der Entkopplung anzuwenden (Bild 8). Es geht davon
aus, das inverse Systemmodell (11) außerhalb des Regelkreises in Abhängigkeit von der Referenztrajektorie $\underline{q}_r(t)$ und deren ersten beiden
Ableitungen $\dot{\underline{q}}_r(t)$ und $\ddot{\underline{q}}_r(t)$ zu berechnen. Die berechnete Referenzan-
triebskraft $\underline{F}_r(t)$ sowie $\underline{q}_r(t)$ und $\dot{\underline{q}}_r(t)$ sind nun die Sollgrößen für eine

lineare zeitvariante Regelung. Ausgehend von der Linearisierung

$$\underline{q}_r = \underline{q} + \delta\underline{q} \quad ; \quad \underline{\dot{q}}_r = \underline{\dot{q}} + \delta\underline{\dot{q}} \quad ; \quad \underline{F}_r = \underline{F} + \delta\underline{F}$$

und dem linearisierten Zustandsmodell

$$\begin{pmatrix} \delta\underline{\dot{q}} \\ -- \\ \delta\underline{\ddot{q}} \end{pmatrix} = \begin{pmatrix} \underline{0} & \vdots & \underline{I} \\ ------ & \vdots & ------ \\ -\underline{M}^{-1}\underline{J}_{\underline{q}} & \vdots & -\underline{M}^{-1}\underline{J}_{\underline{\dot{q}}} \end{pmatrix} \cdot \begin{pmatrix} \delta\underline{q} \\ ---- \\ \delta\underline{\dot{q}} \end{pmatrix} + \begin{pmatrix} \underline{0} \\ ---- \\ \underline{M}^{-1} \end{pmatrix} \cdot \delta\underline{F} \qquad (13)$$

mit

$$\underline{I} \qquad \text{(nxn) - Einheitsmatrix}$$

$$\underline{M}(\underline{q}_r) \quad \text{(nxn) - Massenmatrix}$$

und den (nxn) - JACOBI-Matrizen

$$\underline{J}_{\underline{q}}(\underline{q}_r, \underline{\dot{q}}_r, \underline{\ddot{q}}_r) = \frac{\partial}{\underline{q}} \, [\underline{M}(\underline{q}_r)\underline{\ddot{q}}_r + \underline{f}(\underline{q}_r, \underline{\dot{q}}_r) + \underline{g}(\underline{q}_r)]$$

$$\underline{J}_{\underline{\dot{q}}}(\underline{q}_r, \underline{\dot{q}}_r) = \underline{H} + \frac{\partial\underline{f}(\underline{q}_r, \underline{\dot{q}}_r)}{\partial\underline{\dot{q}}}$$

läßt sich nun auf der Grundlage bekannter Entwurfsverfahren ein linearer, i. a. zeitvarianter Regler

$$\delta\underline{F}(t) = \underline{K}(t) \begin{pmatrix} \delta\underline{q}(t) \\ ----- \\ \delta\underline{\dot{q}}(t) \end{pmatrix} \qquad (14)$$

finden, der z. B. minimale quadratische Varianz von der Referenztrajektorie gewährleistet [60], [61]. Der Reglerentwurf vereinfacht
sich, wenn das linearisierte Systemmodell (13) vorher entkoppelt
wurde, wie YUAN [42] am Beispiel eines elastischen IR zeigt.

Das Prinzip der Feedforward-Entkopplung läßt sich bezüglich der Berechnung des inversen Systemmodells (11), der Aufschaltung der
Referenzstellgröße $\underline{F}_r$ sowie des Reglerentwurfsverfahrens vielfältig
variieren, wie u. a. die Beiträge von VUCOBRATOVIC [59]-[61],
LIEGEOIS [62], [63] (vgl. auch [5], [6]) erkennen lassen.

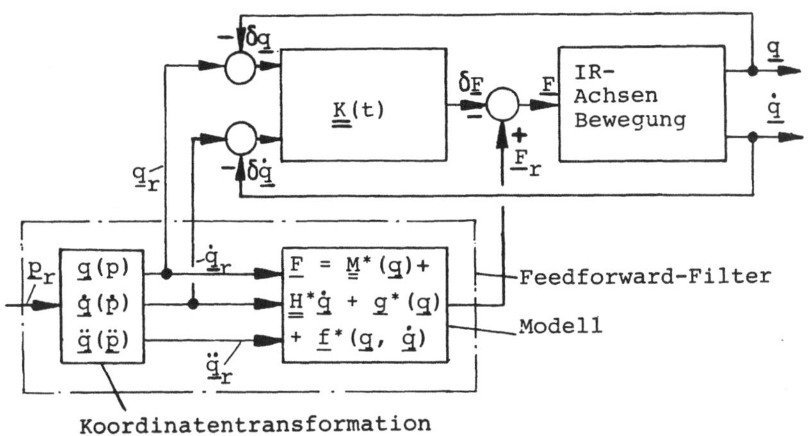

Bild 8:   Lineare Regelung mit Feedforward-Entkopplung

Durch die Einführung einer hierarchischen Mehrebenenregelung, wie sie
z. B. von RÖSSLER [64] vorgeschlagen wird, ergibt sich eine alternative
Form der entkoppelten Regelung. Dabei wird jeder Achse ein dezentraler
Regler zugeordnet, der die Aufgabe hat, Nichtlinearitäten zu kompensieren und eine lineare Regelung durchzuführen. Die Führung der dezentra-
lisierten Achsenregelkreise wird von einem zentralen Koordinator in
Abhängigkeit von den gemessenen Zustandsgrößen so vorgenommen, daß eine
Entkopplung und Synchronisation der Subsysteme bewirkt und darüber hinaus noch globale Stabilität gewährleistet werden . Die umfangreichen,
teils iterativen Rechenoperationen dieser Regelungskonzeption scheinen
nur dann attraktiv zu werden, wenn der Algorithmus auf einem leistungsfähigen Mehrprozessorsystem implementiert werden kann [60], [64] - [67].

Ein anderes nichtlineares Regelungskonzept, das von YOUNG [68] vorgeschlagen wird, geht davon aus, in den durch die Regelabweichungen
$\underline{e} = \underline{q}_r - \underline{q}$, $\dot{\underline{e}} = \dot{\underline{q}}_r - \dot{\underline{q}}$ gebildeten Zustandsraum Schaltebenen einzuführen.
Das Entkopplungsprinzip, das bei Flug- und Raumfahrtproblemen seit
längerem bekannt ist [70], beruht darauf, durch eine bestimmte Wahl den
Systemzustand zu zwingen, auf diesen im sogenannten Gleitmode zu verlaufen. Da hierbei nur homogene Lösungen auftreten können, führt dies
zwangsläufig zu einer Entkopplung und Linearisierung während des Verlaufes. Die Realisierung der Regelungskonzeption erfordert jedoch ein
"Bang-bang"-Steuerregime mit hoher Schaltfrequenz und stößt daher allein
aus Verschleißgründen auf Schwierigkeiten [69].

4.1.2 Adaptive Regelung

Adaptive Regelungsalgorithmen gehen davon aus, das Bewegungsverhalten
der einzelnen Roboterachsen isoliert zu betrachten. D. h. jede Achse
wird durch ein einfaches Modell beschrieben. Dessen Parameter unterlie-
gen natürlich Schwankungen, die durch die Positionsabhängigkeit der Massenträgheitsmomente sowie durch die Koppelkräfte der Coriolis-, Zentri-
fugal- und Gravitationsterme verursacht werden. Mit Hilfe geeigneter
Identifikationsverfahren lassen sich diese Modellparameter rekursiv bestimmen. Die Reglerparameter werden dann mit Hilfe bekannter Entwurfsverfahren ermittelt.

Bezüglich der Wahl des Indentifikationsalgorithmus, des Modellansatzes
und des Regleransatzes eröffnet sich ein weites Spektrum von Varianten
der adaptiven Regelung, die zu beleuchten nicht im Rahmen dieses Beitrages möglich ist (vgl. [74]-[78],[104]. Es soll jedoch auf zwei alternative, wesentlich erscheinende Lösungsansätze hingewiesen werden.

Von KOIVO/PAUL [71] wurde die in Bild 9 dargestellte adaptive Regler-
struktur vorgeschlagen, die davon ausgeht, das Modell jeder Achsen-
Regelstrecke mit Hilfe eines rekursiven Parameterschätzverfahrens zu
identifizieren. Die aktuellen Parameter werden dann verwendet, um die
Reglerparameter rekursiv so "nachzustellen", daß ein gewähltes Gütekriterium (z. B. minimale Varianz) minimiert wird. Das Konzept des einfach-
variablen adaptiven Reglers einer Achse läßt sich auf ein mehrvariables
Regelungskonzept erweitern, indem von dem linearisierten mehrvariablen
Robotermodell (13) ausgegangen wird [71], [72].

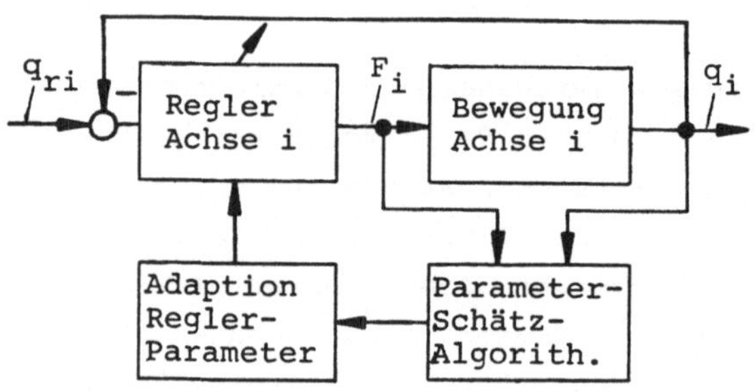

__Bild 9:__ Adaptive Regelung auf der Grundlage des Regelstreckenmodells

Ein alternatives adaptives Regelungskonzept, das von DUBOWSKY [73],
[74] vorgeschlagen wurde, geht davon aus, nicht die Regelstrecke, sondern den Regelkreis jeder Achse durch ein lineares Modell zweiter Ordnung zu beschreiben (Bild 10). Aus der Weg-, Geschwindigkeits- und Be-
schleunigungsdifferenz zwischen Modell und realem Regelkreis wird dann
durch Minimierung eines Fehlerfunktionals nach der Gradientenmethode
die aktuelle Reglereinstellung errechnet.

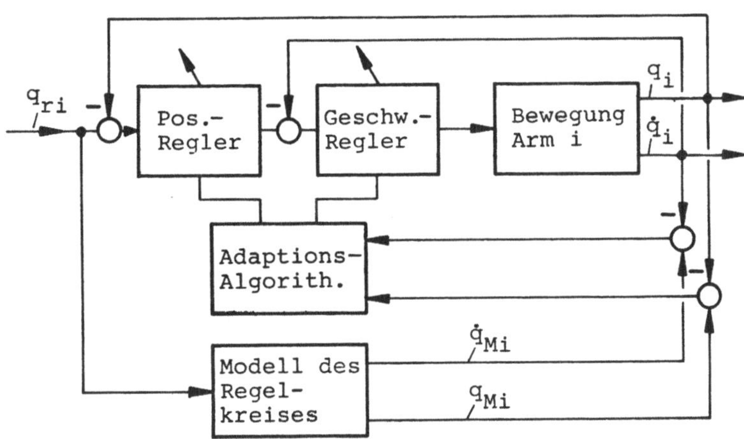

Bild 10: Adaptive Regelung auf der Grundlage des Regelkreismodells

Zwei wesentliche Vorteile der adaptiven Regelung gegenüber der Regelung
mit Entkopplung bestehen darin, daß von einfachen linearen Modellen ausgegangen werden kann und reale Massenschwankungen, z. B. des Handhabungs-
objektes, Berücksichtigung finden. Nachteilig erweist sich demgegenüber
der relativ hohe Rechenaufwand der teils iterativen Adaptionsalgorithmen
sowie die ungewisse Frage der Stabilität.

4.2 Algorithmen zur Positions- und Kraftregelung

Algorithmen zur Positions- und Kraftregelung, denen eine Schlüsselrolle
bei der rechnergesteuerten Fertigung und Montage durch IR in Zukunft
zukommen wird, stehen erst am Beginn ihrer Entwicklung. Sie erhalten
entscheidende Impulse durch neuartige visuelle und taktile Sensorsysteme
(z. B. das System SAM des IITB [9], [17] oder das DFVLR-Sensorsystem
[19], [22], [23]), die besonders in den letzten fünf Jahren geschaffen
wurden und deren Weiterentwicklung zu noch leistungsfähigeren und in-
telligenteren Systemen (z. B. 3D-Sensoren [18]) sich rasch vollzieht

[17], [84]. Ausgehend vom gegenwärtigen Entwicklungsstand lassen sich drei charakteristische Anwendungsbereiche für derartige Algorithmen erkennen, die im folgenden diskutiert werden.

- Bahnfahren bei gleichzeitiger Kraftausübung (z. B. zerspanende Bearbeitung von Werkstückoberflächen [22], [45], [48]).

- Kollisionsfreies Umgehen von Hindernissen [15], [16], [21].

- Fügen von Paßverbindungen [24], [49], [82], [83].

4.2.1 Bahnfahren bei gleichzeitiger Kraftausübung

Beim Kontakt der IR-Hand mit der Bearbeitungsoberfläche tritt eine Verformung des IR auf, die im wesentlichen durch

- die mechanische Elastizität der IR-Glieder und -Achsen und
- die Lose in den Getrieben und Lagern

verursacht wird. Diese Nachgiebigkeit gilt es zunächst durch eine geeignete Regelung zu versteifen, um der Kraftregelung ein günstiges dynamisches Führungsverhalten (Bandbreite) zu vermitteln. Die Forderung nach einer höheren Versteifung macht es erforderlich, neben der Position und Geschwindigkeit der Achsenantriebe noch die Kontaktkraft der IR-Hand

$$\underline{F}_p = (F_x, \ F_y, \ F_z, \ M_x, \ M_y, \ M_z)^T$$

in die Regelung einzubeziehen.

Die Messung von $\underline{F}_p$ kann auf direktem Wege mit Hilfe eines aktiven Handgelenksensors erfolgen [19] - [24], [82] - [85]. Die entsprechenden Kräfte $\underline{F}$ in den Antriebsachsen resultieren dann aus der Transformationsbeziehung

$$\underline{F} = \underline{\underline{J}}^T(\underline{q}) \ \underline{F}_p \tag{15}$$

mit der transponierten JACOBI-Matrix $\underline{\underline{J}}^T$. Ein wesentlicher Nachteil dieses direkten Meßverfahrens besteht in der begrenzten Bandbreite des Meßsignals aufgrund der mechanischen Kopplung des Handgelenksensors mit der niederfrequenten IR-Mechanik. Diesbezüglich ist es günstiger, die Reaktionskräfte $\underline{F}$ (z. B. mit Hilfe von Dehnmeßstreifen) in den Antriebsachsen zu messen [37] - [39], [47], [81], [90]. Hierbei werden allerdings neben der Kontaktkraft $\underline{F}_p$ noch weitere, am IR angreifende Störkräfte (z. B. Reibung) noch mit gemessen.

Eine alternative Form der aktiven Versteifung besteht darin, den Regelungsalgorithmus auf der Grundlage eines realistischeren elastischen IR-Mehrkörpermodells zu entwerfen [36]-[39], [45], [98]-[100]. Dies wurde z. B. bei dem am IITB realisierten Anwendungsfall "Roboter als Werkzeugmaschine" getan [45], [101], [102]. Der Kraftsensor ist in diesem Fall die elastische IR-Mechanik selbst. Bei Annahme konzentrierter Nachgiebigkeiten in den Getrieben (Bild 4) sind z. B. die Differenzen zwischen inneren und äußeren Achsenpositionen ($q_{Ii} - q_i$) ein Maß für die in die Regelung einzubeziehenden Reaktionskräfte in den Achsen i = 1,...,n. Der Nachteil dieses Prinzips der modellgestützten Versteifung besteht offenbar darin, daß die Bandbreite der Kraftmessung entsprechend der Trägheit der IR-Mechanik begrenzt ist.

Bei anspruchsvolleren Aufgaben der Montage- und Fertigungstechnik wird häufig gefordert, daß nicht nur ein bestimmter Bahnverlauf $\underline{p}_r(t)$, sondern auch ein definierter Verlauf der Kontaktkraft $\underline{F}_{pr}(t)$ einzuhalten ist. Obwohl nun mit n=6 Achsen nicht nur - wie bisher - n Komponenten, sondern 2n Komponenten der erweiterten Referenztrajektorie ($\underline{p}_r^T(t)$, $\underline{F}_{pr}^T(t)$) zu regeln sind, ist diese Aufgabe prinzipiell lösbar, da aufgrund der Elastizität des IR bzw. der IR-Umgebung eine Hook'sche Weg-Kraft-Abhängigkeit angenommen werden kann [49], [81]-[89].

Das älteste Realisierungskonzept wurde von PAUL [81], [86] vorgeschlagen. Es sieht vor, bestimmten Antriebsachsen eine reine Positionsregelung und den übrigen Achsen eine reine Kraftregelung zuzuordnen. Am einfachen Beispiel eines zweiachsigen IR (Bild 11) bedeutet dies, daß z. B. an der Achse 1 die Position q_1, an der Achse 2 hingegen die Kraft F_2 geregelt wird. Die Verläufe $q_2(t)$ und $F_1(t)$ resultieren dann zwangsläufig aus der Elastizität zwischen IR und Werkstück. Von den zu Komponenten der erweiterten externen Referenztrajektorie ($\underline{p}_r^T(t)$, $\underline{F}_{pr}^T(t)$),die gemäß (4), (15) in die interne Referenztrajektorie ($\underline{q}_r^T(t)$, $\underline{F}_r^T(t)$) transformiert wird, werden jeweils nur n Komponenten für die Positions- und Kraftregelkreise verwendet. Die Auswahl der Komponenten, d. h. die Achsenzuordnung erfolgt in Abhängigkeit von der Werkstücksgeometrie sowie der Bearbeitungsstrategie.

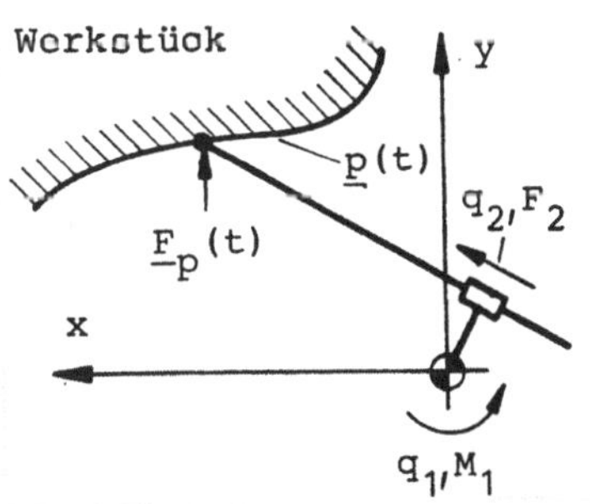

<u>Bild 11</u>: Prinzip des Bahnfahrens mit vorgegebener Kontaktkraft

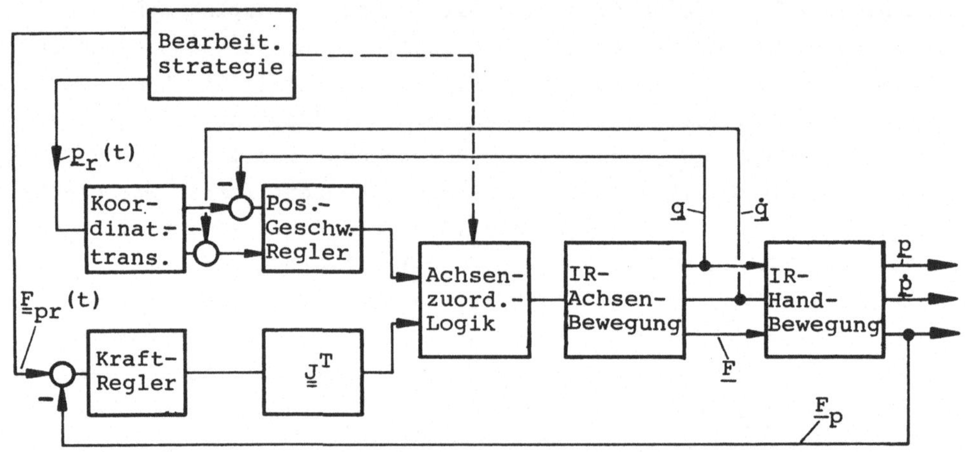

Bild 12: Regelungsschema zur kombinierten Positions-Kraftregelung
mit Achsenzuordnung

Das von CRAIG/RAIBERT [89] vorgeschlagene Lösungskonzept geht davon aus,
von den $2n$ Komponenten der überbestimmten Hand-Referenztrajektorie
$(p_r(t), F_{pr}(t))$ nur n für die Bearbeitungsaufgabe wesentliche Positions-
bzw. Kraftkomponenten auszuwählen. Diese dienen als Referenzgrößen
einer überlagerten externen Positions-Kraftregelung. Bei
dem in Bild 11 dargestellten Beispiel ist es z. B. für die Regelung ausreichend, die Referenztrajektorie durch $F_y(t)$ und $r_x(t)$ zu beschreiben.
Die in Roboterkoordinaten transformierten Kraft- und Positionsfehler
werden additiv verknüpft den Antrieben aufgeschaltet. Im Gegensatz zum
Konzept der Achsenzuordnung sind also alle Achsen sowohl an der Positions-
als auch an der Kraftregelung beteiligt.

Von HIRZINGER [22], [23] wurde ein alternatives Lösungskonzept zur zer-
spanenden Bearbeitung von Werkstückoberflächen vorgeschlagen und realisiert. Es geht davon aus, daß die Kontaktkraft der IR-Hand bei konstanter Stichtiefe näherungsweise proportional zur Bahngeschwindigkeit ist.
Die Referenzpositionen werden durch eine Folge linear interpolierter
Raumpunkte beschrieben, die nacheinander jeweils in einer Taktperiode
des digitalen Reglers zu durchfahren sind. In Abhängigkeit von der im
jeweils letzten Takt gemessenen Kontaktkraft am Handgelenksensor wird
die Geschwindigkeit der aktuellen Periode so modifiziert, daß eine gewünschte Referenzkraft eingehalten wird (vgl. auch [103]).

4.2.2 Kollisionsfreie Umgehung von Hindernissen

Wird die Bewegung der IR-Hand im Arbeitsraum von Gegenständen behindert,
so ergibt sich die Notwendigkeit, die Referenztrajektorie $p_r(t)$ so zu
modifizieren, daß eine kollisionsfreie Umgehung ermöglicht wird [15], [94],
[91], [92]. Tritt die Behinderung während der IR-Bewegung auf, so müssen operative, d. h. in die Regelung eingreifende Sicherheitsmaßnahmen
(z. B. "Notaus") eingeleitet werden. Eine am IITB untersuchte Konzeption
des operativen Kollisionsschutzes beruht darauf, die Gefahrenszene
durch ortsfeste Bildsensoren zu überwachen [15] - [17]. Hierbei wird
jedem Hindernis ein virtuelles Abstoßungsfeld zugeordnet (Bild 13). Gelangt die IR-Hand in dieses Feld, so erfährt sie eine kollisionsverhütende Abstoßungskraft $\underline{F}_p$, die umgekehrt proportional zum Hindernisabstand ist. Entsprechend der Transformationsbeziehung (15) wird diese
durch entsprechende Korrekturkräfte $\underline{F}$ in den positionsgeregelten Antrieben bewirkt.

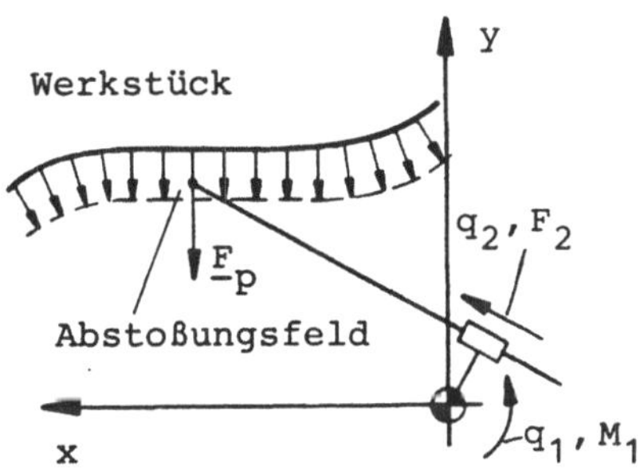

Bild 13: Prinzip der Kollisionsverhütung mit Abstoßungspotential

Eine von BEJCZY [20], [21] vorgestellte Konzeption der operativen Kollisionsverhütung geht davon aus, die Hand und andere exponierte Glieder
mit einem Abstoßungsfeld zu umhüllen, das durch Abstandssensoren realisiert wird. Beim Eindringen von Hindernissen in diese Sicherheitszone
werden kollisionsverhütende Abstoßungssignale erzeugt, die korrigierend
in die Positionsregelung eingreifen. Dem Vorteil dieser Konzeption, auch
räumlich verdeckte Hindernisse zu berücksichtigen, steht der Nachteil
der Richtungsempfindlichkeit und Diskontinuität des Abstandssignals gegenüber.

4.2.3 Fügen von Paßverbindungen

Um Paßverbindungen automatisch montieren zu können, benötigt der IR
die menschliche Fähigkeit, den Weg des geringsten Widerstandes ertasten
zu können. Diese taktile Fähigkeit wird dem IR vermittelt, wenn die vom
Handgelenksensor gemessenen Komponenten der Kontaktkraft $\underline{F}_p$ über die
diagonale Nachgiebigkeitsmatrix $\underline{\underline{K}}_F$ entsprechend

$$\underline{\dot{P}}_K = \underline{\underline{K}}_F \, \underline{F}_p \tag{16}$$

in entsprechende Richtungskomponenten der Bewegung umgesetzt wird. Die
Grobstruktur einer solchen Regelung, die erstmals von WHITNEY [82] -
[85] vorgeschlagen wurde, ist in Bild 14 dargestellt. Verschiedene Varianten dieser Regelungskonzeption wurden in der Folgezeit von anderen
Autoren veröffentlicht [86] - [89].

Aus Kostengründen finden häufig neben den aktiven in starkem Maße auch
passive Handgelenksensoren Anwendung.

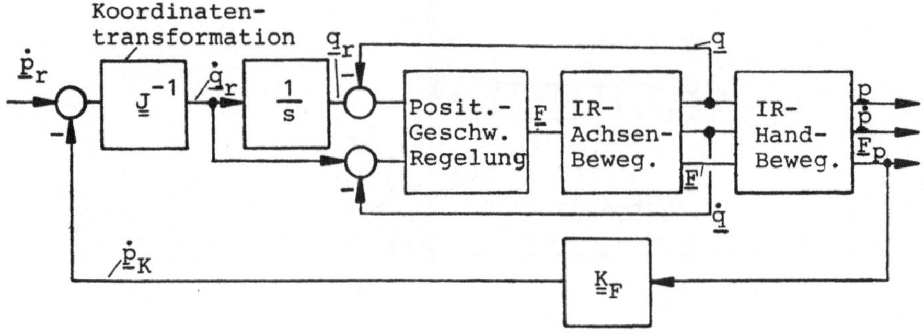

<u>**Bild 14:**</u> Regelungsschema zum Fügen von Paßverbindungen mit aktivem
Handgelenksensor

Diese aus elastischen und plastischen Konstruktionselementen aufgebauten Sensoren sind jedoch bezüglich ihrer Anwendungsbreite gegenüber den
aktiven Sensoren stark eingeschränkt [82], [93].

5. Schlußbemerkungen

Das Anliegen dieses Beitrages besteht darin, einen kurzen, aber umfas-
senden Überblick zum gegenwärten Stand und zu erkennbaren Entwicklungstendenzen bei der Regelung von IR zu vermitteln. Hinsichtlich gelöster

und ungelöster Probleme läßt sich zusammenfassend feststellen, daß für ein breites Spektrum anspruchsvoller Handhabungsaufgaben zahlreiche ausgereifte Regelungsalgorithmen bzw. Entwurfsverfahren vorliegen, die allerdings bisher nur ungenügend in die Praxis überführt wurden. Unbefriedigend gelöste bzw. völlig neue Regelungsprobleme lassen sich besonders bei solchen Handhabungsaufgaben erkennen, die eine intelligente Kommunikation des IR mit seiner Umgebung mit Hilfe taktiler und visueller Sensoren erfordern. Zur Lösung dieser schwierigen Aufgaben, die für die weitere Automatisierung von Fertigungs- und Montageprozessen von zentraler Bedeutung sind, bedarf es in der Zukunft noch weiterer Anstrengungen.

6. Literatur

1. Pieper, D.L.: The kinematics of manipulators under Computer control. Stanford A.I., Res.Rep. Memo 72, Oct. (1968).

2. Whitney, D.E.: Resolved motion rate control of manipulators and human prostheses. IEEE Trans. Man Machine Systems (1969), pp.47-53.

3. Paul, R.P.: Modeling trajectory calculation and servoing of a computer controlled arm. Rep. Stanford Artificial Intell. Lab. Stanford Univ. Memo. 177, Sept. (1972).

4. Luh, J.Y.S: An anatomy of industrial robots and their controls. IEEE Trans. Autom. Control, Vol AC-28, (1983), No.2, pp. 153-161.

5. Coiffet, P.: Les Robots, Modélisation et Commande (Bd. I), Interaction avec l'Environnement. Hermes Publishing, France (1981).

6. Blume, C.; Dillmann, R.: Frei programmierbare Manipulatoren. Vogel-Verlag, Würzburg (1981).

7. Paul, R.P.: Robot manipulators: mathematics, programming and control. Cambridge, MA (USA): M.I.T. Press, (1981).

8. Steusloff, H. (ed.): Wege zu sehr fortgeschrittenen Handhabungssystemen. Fachberichte Messen-Steuern-Regeln, Bd. 4, Springer-Verlag Berlin, Heidelberg, New York (1980).

9. Kuntze, H.-B.: Stand und Entwicklungstendenzen des Projektes 'Sehr fortgeschrittene Handhabungssysteme'. FhG-Berichte (1981) No.1/2, pp. 30-36.

10. Büchsenschütz, B.; Grimm, R.; Rudolf, M.: Ein-/Ausgabe-Farbbildschirmsystem zur Bahnvorgabe. In [8].

11. Meisel, K.-H.; Steusloff, H.: Koordinatentransformation bei Industrierobotern, realisiert mit PEARL. Elektrotechnische Zeitschrift (1982), No. 14.

12. Meisel, K.-H.: Programmierung und Führung von Roboterbewegungen. In [8].

13. Paul, R.P.: Manipulator cartesian path control. IEEE Trans. on Systems, Man and Cybernetics, Vol. SMC-9, (1979), No. 11, pp. 702-711.

14. Taylor, R.H.: Planning and execution of straight line manipulator trajectories. IBM J. Res. and Dev. Vol. 23, (1979), No. 4, pp. 424-436.

15. Kuntze, H.-B.; Schill, W.: Methods for collision avoidance in computer controlled industrial robotics. Proc. 12th Intern. Symp. on Industrial Robots 6th, Int. Conf. on Ind. Robot. Techn., June 9-11 (1982) Paris.

16. Haass, U.; Kuntze, H.-B.; Schill, W.: A surveillance system for obstacle recognition and collision avoidance control. Proc. 2nd Int. Conf. on Robot Vision and Sensory Controls, Stuttgart, 2-4 Nov. (1982).

17. Foith, J.P.: Intelligente Bildsensoren zum Sichten, Handhaben, Steuern und Regeln. Springer-Verlag Berlin, Heidelberg, New York (1982).

18. Luh, J.Y.S.; Yam, E.S.: Three-D vision for robotic systems. Proc. 1st Conf. on Robot Vision and Sensory Controls, April (1981), Stratford upon Avon, England.

19. Hirzinger, G.; Thiessen, C.: Roboter mit Kraft-Momenten-Fühlern. Regelungstechnische Praxis. Vol. 24 (1982), No. 2, pp.25-40.

20. Bejczy, A.K.: Algorithmic formulation of control problems in Manipulation. Proc. 1975 Int. Conf. on Cyb. and Society, 23-25. Sept. (1975), pp. 135-142.

21. Bejczy, A. K.: Issues in advanced automation of manipulator control. Proc. 1976 Joint Autom. Control Conf. Purdue Uni. Lafayette, July (1976), pp. 700-711.

22. Hirzinger, G.: Force feedback problems in robotics. Proc. Second IASTED Davos Intern. Symp. Davos, March (1982).

23. Hirzinger, G.: Direct digital robot control using a force-torque sensor. Proc. IFAC Symp. on Real Time Digital Control appl. Guadalajara (Mexico) Jan. (1983).

24. Nevins, J. L.; Whitney, D.E. et al.: A scientific approach to the design of computer controlled manipulators. Res. Rep. C.S. Draper Lab., Aug. (1974).

25. Bolle, H.: Externe Lagevermessung von Industrierobotern mittels Laser-Triangulation. In diesem Band.

26. Zimmermann, G.: Eigenschaften von optischen Wandlern zur Positionsvermessung. In [8].

27. Wu, C.-H.; Paul, R. P.: Resolved motion force control of robot manipulator. IEEE Trans. Syst. Man and Cybernetics, Vol. SMC 12, (1982), No. 3, pp. 266-275.

28. Luh, J.Y.; M.W. Walker; Paul, R.P.: Resolved-acceleration control of mechanical manipulators. IEEE Trans. on Automatic Control, Vol. AC-25, (1980), No. 3, pp. 468-474.

29. Krutko, P.D.; Popov, P.: Algorithms for direct control of manipulating robot movements. Engineering Cybernetics, Vol. 17 (1979), No. 5, pp. 23-32.

30. Bejczy, A.K.: Robot arm dynamics and control. Techn. memorandum 33-669 (NASA-CR-136 935) Jet Propulsion February (1974).

31. Liegeois, A.; Khalil, W.; et al.: Mathematical and computer models of interconnected mechanical systems. Proc. 2nd Int. Symp. on Theory and Practice of Robots and Manipulators, Warsaw, Sept. (1976).

32. Horn, B.K.P.; Raibert, M.H.: Configuration space control. M.I.T.-Research Rep. No. AIM458, Dez. (1977).

33. Luh, J.I.S.; Lin, C.S.: Automatic generation of dynamic equations for mechanical manipulators. Proc. Joint Automatic Control Conf. Charlotteville, USA (1981).

34. Luh, J.I.S.;Walker, M.W.; Paul, R.P.: On-line computational scheme
    for mechanical manipulators. Trans.of ASME, J. Dynamic Systems
    Measurement and Control, Vol. 102 (1980), pp. 69-76.

35. Dillmann, R.: Configuration independent simulation of manipulator
    dynamics. Proc. 10th IMACS World Congress on System Simulation and
    Scientific Computation, Montreal, Aug. (1982) Vol. 3.

36. Truckenbrodt, A.: Bewegungsverhalten und Regelung hybrider Mehr-
    körpersysteme mit Anwendung auf Industrieroboter. Fortschrittsbe-
    richte der VDI-Zeitschrift, Reihe 8, No. 33 (1980).

37. Maizza-Neto, O: Modal analysis and control of flexible manipulator
    arms. PhD Thesis, Dept. Mech. Engng. M.I.T., Cambridge, MA (1974).

38. Truckenbrodt, A.: Regelung elastischer mechanischer Systeme. Rege-
    lungstechnik, Vol. 30 (1982), No. 8, pp. 277-286.

39. Book, W.J.; Maizza-Neto, O.; Whitney, D.E.: Feedback control of
    two beam two joint systems with distributed flexibility. Trans. of
    the ASME, Journal of Dyn. Systems Meas. and Control, Dec. (1975)
    pp. 424-431.

40. Dubowsky, S.; Gardner, T.N.: Design and analysis of multilink flexi-
    ble mechanisms with multiple clearance connections. Trans. of the
    ASME Jour. of Engineering (1977), No. 2, pp. 88-96.

41. Dombre, E.; Liegeois, A.; Borrel, P.: Modeling the elastic trans-
    missions of a computer-controlled manipulator. Proc. Joint Autom.
    Control Conf. (1980), Vol. 2, paper TP10-C.

42. Yuan, J.S.-C.: Dynamic decouplingof a remote manipulator system.
    Proc. Joint Autom. Control Conf. (1977), pp. 1702-1707.

43. Nicosia, S.; Nicolo, F.; Lentini, D.: Dynamical control of industrial
    robots with elastic and dissipative joints. Proc. 8th IFAC World
    Congress, Kyoto (Japan) (1981).

44. Hopfengärtner, H.: Lageregelung schwingungsfähiger Servosysteme am
    Beispiel eines Industrieroboters. Regelungstechnik, Vol. 29 (1981),
    No. 1, pp. 3-10.

45. Kuntze, H.-B.; Patzelt, W.: Einsatz regelungstechnischer Verfahren
    für typische Roboteranwendungen. In diesem Band.

46. Schiehlen, W.; Kreuzer, E.: Rechnergestütztes Aufstellen der Bewe-
    gungsgleichungen gewöhnlicher Mehrkörpersysteme. Ingenieur-Archiv
    Vol. 46 (1977), pp. 185-194.

47. Luh, J.Y.S.; Fisher, W.D.; Paul, R.P.C.: Joint torque control by a
    direct feedback for industrial robots. IEEE-Trans. Autom. Control,
    Vol. AC-28 (1983), No. 2, pp.153-161.

48. Becker, P.-J.: Roboter als Werkzeugmaschine. FhG-Berichte (1982),
    No. 2, pp.34-37.

49. Mason, M.T.: Compliance and force control for computer controlled
    manipulators. IEEE Trans. on Systems, Man and Cybernetics.Vol. SMC-11
    (1981), No. 6, pp. 418-432.

50. Freund, E.: Fast nonlinear control with arbitrary pole-placement
    for industrial robots and manipulators. The Int. J. of Robotic Res.
    Vol. 1 (1983), No. 1, pp. 65-79.

51. Freund, E.: A nonlinear control concept for computer-controlled
    Manipulators. Proc. of the IFAC-Symp. on Multivariable Technological
    Systems, Frederiction, Canada (1977), Verl. Pergamon Press, pp.
    395-403.

52. Patzelt, W.: Zur Lageregelung von Industrierobotern auf der Grund-
    lage des inversen Systems. Dissertation Uni. Duisburg (1982).

53. Patzelt, W.: Zur Lageregelung von Industrierobotern bei Entkopplung durch das inverse System. Regelungstechnik, Vol. 29 (1981), No. 12, pp. 411-422.

54. Jakubik, P.; Marton, J.: Improved cross-motion control for robot arms. Proc. 8th IFAC World Congress Kyoto, Japan (1981), pp. 1949-1954.

55. Saradis, G.N.; Lee, C.S.G.: An approximation theory of optimal control for trainable manipulators. IEEE Trans. Systems, Man and Cybernetics, Vol. SMC-9 (1979), No. 3, pp. 152-158.

56. Johnson, T.L.: On feedback laws for robotic systems. Proc. 8th IFAC World Congress, Kyoto, Japan (1981), pp. 1955-1960.

57. Kahn, M.E.; Roth, B.: The near-minimum-time control of open-loop articulated kinematic chains. Trans of the ASME, J. Dynamic Systems, Measurement and Control (1971) Sept, pp. 164-172.

58. Hewit, J.R.: Dynamic decoupled control of robot arms. Proc. IEEE Colloquium on "Control of Manipulators and Robotic Devices" (1980), pp.4.1-4.10.

59. Cvetkovic, V.; Vukobratovic, M.: One robust, dynamic control algorithm for manipulation systems. The Int. J. of Robotic Res., Vol. 1 (1982), No. 4, pp. 15-29.

60. Vukobratovic, M.; Stokic, D.: Synthesis and control algorithms of manipulation robots. Springer-Verlag Berlin, Heidelberg, New York (1982).

61. Vukobratovic, M.; Stokic, D.; Kircanski, M.: Contribution to dynamic control of industrial manipulators. Proc. 11th Int. Symp. on Indust. Robots (1981), pp. 245-252.

62. Liegeois, A.; Fournier, A.; Aldon, M.J.: Model reference control of high-velocity industrial robots. Proc. Joint Autom. Control Conf. (1980), Vol. 2, TP 10-D.

63. Liegeois, A.: Automatic supervisory control of the configuration and behavior of mulitbody mechnanisms. IEEE Trans. on Systems, Man and Cybernetics, Vol. SMC-7 (1977), No. 12, pp. 868-871.

64. Rössler, J.: A decentralized hierarchical control concept for large-scale systems. Proc. 2nd IFAC Symp. on Large Scale Systems, Toulouse France, June (1980).

65. Zaprijanov, J.; Boeva, S.: Hierarchical decentralized control of industrial robots. Proc. 8th IFAC World Congress, Kyoto, Japan, (1981), pp. 1979-1984.

66. Snyder, W.E.; Gruver, W.A.: Distributed microcomputer control of a robotic manipulator. Proc. 1st Inf. Symp. on Mini-and Microcomputers in Control, San Diego, Jan. 8-9 (1979).

67. Luh, J.Y.; Lin, C.S.: Multiprocessor-controllers for mechanical manipulators. Proc. of COMPSAC the IEEE Computer Society's 3rd Int. Computer Software and Applications Conf., Chicago, 6-8. Nov. (1979), pp. 458-463.

68. Young, D.: Controller design for a manipulator using theory of variable structure systems. IEEE Trans. on Systems, Man and Cybernetics. Vol. SMC-8 (1978), pp. 101-109.

69. Utkin, V.: Variable structure systems with sliding modes. IEEE Trans. Autom. Contr., Vol. AC-22 (1977), No. 2.

70. Flügge-Lotz, I.: Discontinous automatic control. Princeton Univ. Press (1953).

71. Koivo, A.J.; Paul, R.: Manipulator with self-tuning controller. Proc. Int. Conf. on Cyb. and Society, New York (1980).

72. Koivo, A.J.; Guo, T.H.: Adaptive linear controller for robotic manipulators. IEEE Trans. Autom. Control. Vol. AC-28 (1983), No. 2, pp. 162-171.

73. Dubowsky , S.: On the adaptive control of robotic manipulators. Proc. Joint Autom. Control Conf. Charlotteville, USA, (1981).

74. Arimoto, S.; Takegaki, M.: An adaptive method for trajectory control of manipulators. Proc. 8th IFAC World Congress, Kyoto, Japan, (1981), pp. 1921-1926.

75. Takegaki, M.; Arimoto, S.: An adaptive trajectory control of manipulators. Int. J. Control, Vol. 34 (1981), No. 2, pp. 219-230.

76. Le Borgne, M.; Ibarra, J.M.; Espiau, B.: Adaptive control of high velocity manipulators. Proc. 11th Int. Symp. on Indust. Robots (1981), pp. 227-236.

77. Horowitz, R.; Tomizuka, M.: An adaptive control scheme for mechanical manipulators-compensation of nonlinearity and decoupling control. Proc. ASME-meeting,16-21 Nov. (1980), New York, paper No. 80-WAIDSC.

78. Gusev, S.V.; Yakubovich, V.A.: Adaptive control algorithm for a manipulator. Autom. Remote Control, Vol. 41 (1980), No. 9, pp. 1268-1277.

79. Dubowsky, S.; Des Forges, D.T.: The application of model-referenced adaptive control to robotic manipulators. Trans of the ASME, Journ. of Dynamic Systems, Measurement and Control, Vol. 101 (1979), pp. 193-200.

80. Hanafusa, H.; Yoshikawa, T.; Nakamura, Y: Analysis and control of articulated robot arms with redundancy. Proc. 8th IFAC World Congress, Kyoto, Japan, (1981), pp. 1927-1932.

81. Wu, C.; Paul, R.P.: Manipulator compliance based on joint torque control. Proc. Decision and Control Conf., Vol. 1 (1980), pp. 88-94.

82. Nevins, J.L.; Whitney, D.E.: Computer controlled assembly. Sci. American, Vol. 238 (1978), pp. 62-74.

83. Whitney, D.E.: Quasi-static assembly of compliantly supported rigid parts. J. of Dynamic Systems, Measurement and Control, Vol. 104/65, (1982).

84. Harmon, L.D.: Automated tactile sensing. The Int. J. of Robotics Res., Vol. 1 (1982), No. 2, pp. 3-32.

85. Whitney, D.E.: Force feedback control of manipulator fine motion. Proc. Joint Autom. Control Conf. San Francisco, USA, (1976).

86. Paul, R.; Shimano, B.: Compliance and control. Proc. Joint Autom. Control Conf. San Francisco, USA, (1976).

87. Salisbury, J.K; Craig, J.J.: Articulated hands: force control and kinematic issues. Proc. Joint Autom. Control Conf. Charlotteville, USA, (1981).

88. Salisbury, J.K.; Craig, J.J.: Articulated hands: force control and kinematic issues. The Int. J. of Rob. Res., Vol. 1 (1983), No. 1, pp. 4-18.

89. Craig, J.J.; Raibert, M.H.: A systematic method of hybrid position /force control of a manipulator. Proc. Int. Conf. on Computer Software and Applications, Chicago (1979).

90. Liegeois, A.; Dombre, E.; Borrel, P.: Learning and control for a
    compliant computer-controlled manipulator. Proc. Decision and
    Control Conf. (1979), pp. 1024-1027.

91. Udupa, S.M.: Collision detection and avoidance in computer control-
    led manipulators. Ph.D.-Dissertation 1977, California, Institute of
    Technology , 226 p.

92. Lozano-Perez, T.; Wesley, M.A.: An algorithm for planning collision-
    free paths among polyhedral obstacles. Communications of the ACM,
    Vol. 22, (1979), No. 10, pp. 560-570.

93. Schweizer, M.; Haaf, D.: Taktile Sensoren und ihre Anwendung in
    Programmierbaren Montagesystemen. In [8].

94. Lozano-Perez, T.: Robot Programming. Proc. of the IEEE, Vol. 71, No.7
    (1983), pp. 821-841.

95. Sanderson, A.C.; Perry, G.: Sensor-based robotic assembly systems:
    Research and applications in electronic manufacturing. Proc. of
    the IEEE, Vol. 71, No. 7 (1983), pp. 586-871.

96. Saridis, G.N.: Intelligent robot control. IEEE Trans. Autom. Control,
    Vol. AC-28 (1983), No. 5, pp. 547-557.

97. Luh, J.Y.S.: Conventional controller design for industrial robots
    - a tutorial. IEEE Trans. on Systems, Man and Cybernetics, Vol. SMC-
    13 (1983), No. 5, pp. 298-316.

98. Book, W.J.: Analysis of massless elastic chains with servo controlled
    joints. Trans. of the ASME, Journ. of Dynamic Systems, Measurement
    and Control. Vol. 101 (1979), Sept., pp. 187-192.

99. Becker, P.-J.; Jacubasch, A.; Kuntze, H.-B.: On the design of a
    computer controlled elastic industrial robot. Proc. IASTED Symp.
    (ACI83) on Applied Control and Identification, June 28 - July 1, 1983.

100. Becker, P.-J.; Jacubasch, A.; Kuntze, H.-B.: Möglichkeiten und
     Grenzen rechnergestützter Verfahren bei der Entwicklung fortgeschrit-
     tener Regelungssysteme für Industrieroboter. Tagungsband VDI/VDE-GMR
     Aussprachetag (1983), Langen b. Frankfurt.

101. Becker, P.-J.; Meisel, K.-H.; Schill, W.; Salaba, M.: Roboter als
     Werkzeugmaschine im Versuchsbetrieb. FhG-Berichte (1983) No. 2, pp.
     39-42.

102. Becker, P.-J.: Roboter als Werkzeugmaschine. FhG-Berichte (1982)
     No. 2, pp. 34-37.

103. Brussel, H.V.; Simons, J.; Deschutter, J.: An intelligent force con-
     trolled robot. Annals of the CIRP, Vol. 31 (1982), No. 1, pp. 391-395.

104. Balestrino, A.; De Maria, G.; Sciavicco, L.: Adaptive control of
     manipulators in the task oriented space. Proc. 13th Int. Symp. on
     Industrial Robots, Chicago 1983.

<u>Fortgeschrittene Gerätestruktur und Programmierung</u>
<u>von Robotersteuerungen und -regelungen</u>

<u>Advanced Hardware and Software of</u>
<u>Robot Control Systems</u>

K.-H. Meisel

Fraunhofer-Institut für Informations- und Datenverarbeitung (IITB)
7500 Karlsruhe

<u>Summary</u>

A robot control system has to manage several tasks. In the first part
of this paper these tasks are conceptually devided into eight classes.
The robot control system has to satisfy all the requirements of these
eight classes. However the complexity of the various tasks depends
on the robot configuration and on the application. Therefore its
necessary to develop a modular robot control system. In the second part
of this paper such a modular multi-microprocessor-system is described. Not
only hardware modularity is required but a modular software system is in-
dispensable to adapt a robot control system to special applications.
High-level languages support the software modularity.

At IITB a modular robot control system has been realized using PEARL
(Process and Experiment Automation Realtime Language) as high-level
programming language exclusively. Finaly this paper reports on the
results, which could be reached using this robot control system
milling hard-metal surfaces.

1. Einleitung

Die Leistungsfähigkeit von Robotersteuerungen kann anhand mehrerer
Kriterien bestimmt werden. Wesentlich ist die Gerätestruktur, mit der
die Steuerung realisiert ist. Unter dem Begriff Gerätestruktur sind zum
einen die Art und Anzahl der verwendeten Prozessoren, ihre Anordnung
sowie die Art ihrer Zusammenarbeit untereinander, zum anderen die
sonstigen Gerätekomponenten (Tastaturen, Anzeigegeräte, externe Sicherheitslogik, u.ä.) zusammengefaßt. Ein weiteres Gütekriterium einer
Steuerung ist der Funktionsumfang: Die Antwort auf die Frage, welche
Möglichkeiten eine Steuerung bietet und wie leicht und überschaubar
diese Möglichkeiten von einem Anwender genutzt werden können.

Da bei der Realisierung einer Steuerung die wirtschaftliche Komponente
eine wesentliche Rolle spielt, kann es nicht das Ziel sein, eine einzige
Steuerung zu entwickeln, die für eine maximale Gerätekonfiguration
zur Durchführung aller denkbarer Funktionen ausgebaut ist. Die Modularität, d. h. die Option, eine Steuerung an unterschiedliche Aufgaben durch
Anpassung der Gerätestruktur und des realisierten Funktionsumfangs
optimal anzupassen, ist daher eine zentrale Forderung an die Entwicklung
einer fortgeschrittenen Steuerung.

Die Modularität und Flexibilität beim Funktionsumfang wird unterstützt
und in einem wirtschaftlichen Rahmen erst möglich durch Programmierung
der Steuerung in einer höheren Programmiersprache.

2. Funktionsblöcke einer Steuerung

Um die Leistungsfähigkeit und die weiteren Entwicklungsmöglichkeiten
fortgeschrittener Robotersteuerungen beurteilen zu können, werden zunächst die Funktionen einer Robotersteuerung in "Funktionsblöcke"
(Bild 1) gegliedert. Dabei wird von den bekannten Realisierungen ausgegangen, aber auch besonders auf Erweiterungsmöglichkeiten innerhalb
der Funktionsblöcke für zukünftige Roboter und Anwendungen geachtet.

In jedem Funktionsblock wird untersucht, welche Anforderungen an die
Steuerung die Lösung der vorgegebenen Aufgaben stellt.

2.1 Interpolation, Bahnberechnung

Bei der Interpolation bzw. der Bahnberechnung wird i. a. von abgespeicherten Bewegungssätzen (Stützpunkte auf einer Roboterbahn) ausgegangen. Zwischen den Bewegungssätzen werden nach vorgegebenen Kriterien,
wie

- Linearinterpolation in Roboterkoordinaten,

- Linearinterpolation in kartesischen Koordinaten,
- Kreisinterpolation

u. a. weitere Zwischenpunkte interpoliert. Nur in eingeschränktem Maß können bei einigen der gegenwärtigen Steuerungen die Bewegungssätze von Sensoren modifiziert werden. Kaum verbreitet ist bisher jedoch die on- oder off-line Bahnberechnung unter Beachtung von Hindernissen,wie sie z.B. in [1] beschrieben ist. Ein wichtiges Aufgabenfeld für zukünftige Steuerungen liegt in der on-line Bahnberechnung mit Hilfe von Sensorsignalen bei nur grober Vorgabe der Bewegung (Montageabläufe, Bearbeitungsaufgaben). Bei der Interpolation bzw. der Bahnberechnung sind je nach Aufgabe Rechengeschwindigkeit und Speicherbedarf sehr unterschiedlich. Bei einer Linearinterpolation z. B. sind beide Anforderungen nur gering. Will man jedoch Fräsbahnen aus Oberflächenbeschreibungen berechnen, sind die Anforderungen an die Rechengeschwindigkeit so hoch, daß eventuell eine off-line Vorabberechnung vorgenommen werden muß.

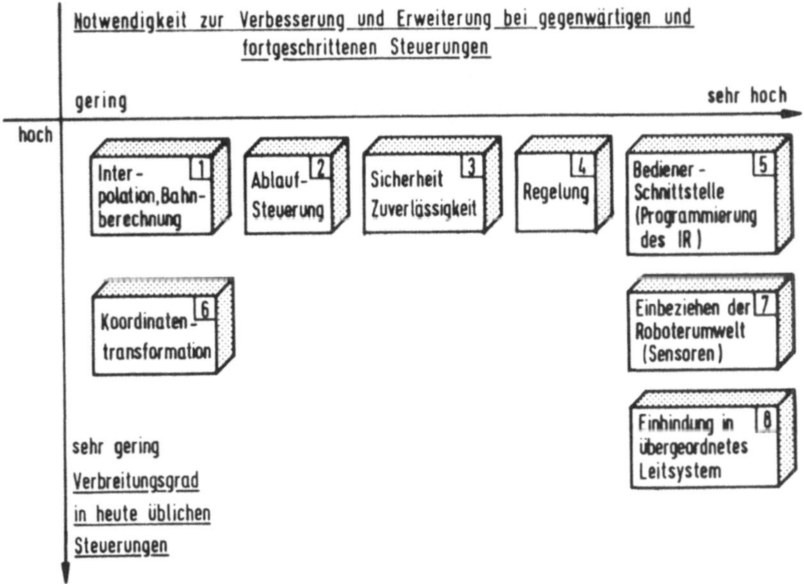

Bild 1: "Funktionsblöcke"einer Robotersteuerung

2.2 Ablaufsteuerung

Die Ablaufsteuerung verteilt innerhalb einer Robotersteuerung Prioritä-
ten und organisiert den zeitlichen Ablauf der einzelnen Tasks. Bei der
Zusammenarbeit mehrerer Roboterarme, die von einer Steuerung versorgt
werden, übernimmt sie die Koordination. Dieser Programmteil muß in
einer flexiblen Steuerung besonders leicht an unterschiedliche Geräte-
strukturen und Aufgaben anpaßbar sein.Diese Forderungen lassen sich
nur durch Einsatz einer höheren Programmiersprache erfüllen, die parallele Aktivitäten (Multitasking) und Verarbeitung von PC-Aufgaben unterstützt.

2.3 Sicherheit, Zuverlässigkeit

Die am weitesten verbreitete Sicherheitsvorrichtung in heutigen Robotersteuerungen ist die Schleppabstandsüberwachung. Wenn Soll- und Istlage
mehr als zulässig voneinander abweichen, wird der Roboter ausgeschaltet.
Die Schleppabstandsüberwachung ist ein Sammelkriterium für viele Fehler-
ursachen. In fortgeschrittenen Steuerungen sollte mehr Wert auf funktionsbeteiligte Redundanz gelegt werden. Einer genauen Fehlerdiagnose
folgt eine differenzierte Reaktion auf diese Fehlerzustände. Nicht jeder
Fehler muß zum Abschalten der Steuerung führen. Bei bestimmten Fällen
können Aufgaben durch andere Systemkomponenten mit übernommen werden.

Eine steuerungsunabhängige Sicherheitslogik sollte jedoch auf jeden Fall
(z. B. für das Anfahren der Endanschläge) vorhanden sein. In den
Steuerungsprozessoren, die mit internen Fehlerzustandsanzeigen ausgestattet sein sollten, werden Plausibilitätsprüfungen durchgeführt.

Beim Auftreten von Fehlern werden dem Benutzer und Entwickler Diagnose-
hilfen zur Verfügung gestellt. Zusätzlich müssen Testprogramme zur
Überprüfung von Steuerung und Roboter zur Verfügung stehen.

2.4 Regelung

Die Regelung in einer Robotersteuerung ist meist der zeitkritischste
Teil. Innerhalb maximal 10 msec müssen Istlagen erfaßt und Stellgrößen
berechnet und ausgegeben werden Neben den heute üblichen Regelverfah-
ren werden bei Zunahme der Komplexität auf spezielle Aufgaben angepaßte Regelalgorithmen notwendig [2]. Bei hohen Genauigkeitsanforderungen
müssen Nichtlinearitäten und Elastizitäten im Roboteraufbau berücksichtigt werden. Hieraus folgt, daß auch bei der Regelung eine modulare Aus-
wechselbarkeit des Algorithmus wünschenswert ist. Eine Adaption der Re-
gelparameter an Roboter und Aufgabenstellung ist eine weitere Forderung
an fortgeschrittene Steuerungen.

Die Robotersteuerung muß eine Lageerfassung für Lageinformation > 16 Bit
vorsehen. Analogeingänge zur Geschwindigkeitserfassung (Tachogeneratoren)
sind bei manchen Regelalgorithmen ebenfalls von Vorteil. Zur Stellgrös-
senausgabe müssen Analogausgänge zur Verfügung stehen. Für die Regelung
ist eine absolut konstante Abtast- und Stellperiode erforderlich. Daraus
folgt, daß die Regelung höchstprior in einer Steuerung realisiert werden
muß. Sie stellt höchste Anforderungen an das Echtzeitverhalten. Dagegen
benötigen die meisten Algorithmen nur wenig Speicherplatz.

2.5 Bedienerschnittstelle, Programmieren des Roboters

Das Einlernen von Arbeitsabläufen, die Schnittstelle zum Bediener, ist
in den letzten Jahren erheblich verbessert worden. So gehört heute das
Verfahren des Roboters in kartesischen Koordinaten in vielen Steuerungen
zum Standard. Das TEACH-IN, das Anfahren von Stützpunkten und die Aufnahme in den Speicher, wird sicher in den nächsten Jahren noch die am
meisten verbreitete Möglichkeit sein, Roboter zu programmieren. Aber
auch bei diesen Verfahren ist eine verbesserte Benutzerführung notwendig (Softkeys o.ä.). Beim Auswerten der Roboteranwendungen auf den Montagebereich werden sicher off-line Roboterprogrammiersprachen wie
ROBEX [3], AUTOPASS [4], SRL [5] u.s.w. größere Bedeutung bekommen. Für
spezielle Anwendungen werden spezielle Bediendialoge entwickelt werden
müssen. Am IITB wurden Untersuchungen über die Möglichkeiten der 2D-
Bildschirmprogrammierung vorgenommen [6].

Bei der Steuerung sollten verschieden komfortable Handbediengeräte,
jeweils mit Anzeigen, zur Verfügung stehen. Für spezielle Anwendungen

ist eine alphanumerische Tastatur mit Bildschirm zur Programmierung
optional erforderlich. Für den Anschluß von off-line Roboterprogrammiersprachen ist eine genormte Schnittstelle, etwa IRDATA (VDI 2863) [7]
ähnlich bei der Programmierung numerisch gesteuerter Arbeitsmaschinen
CLDATA, vorzusehen.

Eine Simulation bzw. off-line Bahnberechnung, ohne den Roboter zu bewegen, erleichtern dem Anwender die Überprüfung seines eingelernten Pro-
grammes. Diese Möglichkeit wird in heutigen Steuerungen kaum geboten.

2.6 Koordinatentransformation

Die Koordinatentransformation hat die Aufgaben:

- Transformation von externen (kartesisichen) Koordinaten in interne
  Roboterkoordinaten,

- Transformation von internen Roboterkoordinaten in externe (kartesische) Koordinaten,

- Transformation von und in roboterunabhängige Koordinatensysteme
  (Sensorsysteme, Werkstücksysteme).

Die Koordinatentransformation ist roboterspezifisch und muß deshalb
modular auswechselbar sein. Typische Rechenzeiten für die Transformation
von externen kartesischen in interne Roboterkoordinaten dürfen je nach
Robotergeometrie zwischen 10 und 100 msec liegen. Bei der Koordinatentransformation handelt es sich um komplizierte mathematische Operationen,
da trigonometrische Gleichungen zu lösen sind. Dies erfordert Gleitkomma-
arithmetik und einen Arithmetikprozessor für sin, cos, arctan und evtl.
arcos. Ein anderer Lösungsweg geht über Tabellenverfahren, die jedoch
einen höheren Speicherbedarf erfordern, und die i. a. auch ungenauer
sind.Je nach Aufgabe ist jedoch die numerische Genauigkeit eine wichtige
Forderung.

2.7 Einbeziehen der Roboterumwelt (Sensoren)

Sensoren können in Zusammenhang mit Robotersteuerungen dazu eingesetzt
werden, eingelernte Datensätze zu korrigieren oder zu ergänzen. Arbeits-
abläufe bei Montage, Werkstückhandhabung oder Bearbeitung werden über
Sensoren gesteuert oder modifiziert. Sensoren können aber auch zur Zu-
standserkennung von Maschinen benutzt werden, die mit dem Roboter zu-
sammenarbeiten. Die Sensoren sind von ihren pyhsikalischen Möglichkeiten
her sehr unterschiedlich. So reichen auch die Informationen von Sensoren
an eine Robotersteuerung von binären Zuständen bis zu von intelligenten
Sensoren mit Prozessoren aufbereiteten Botschaften.

Bezüglich der Verarbeitungsgeschwindigkeit, die in den Robotersteuerungen
für die Sensorinformation gefordert wird, sind zwei Aufgabenklassen zu
unterscheiden. Wenn der Roboter den Arbeitsablauf und die Geschwindigkeit bestimmen kann und die Sensoren praktisch nur auf Anfrage Informationen an die Robotersteuerung liefern, liegt kein echtes Echtzeitverhalten vor, und die Steuerung kann sich Zeit lassen, die Sensorinformation zu verwerten. Höchste Anforderungen bezüglich der Verarbeitungsgeschwindigkeit von Sensorinformationen werden jedoch an Robotersteuerungen gestellt, wenn die Umwelt und nicht der Roboter den Arbeitsablauf und die Geschwindigkeit bestimmt. Ein typisches Beispiel hierfür
ist folgende Aufgabe: Der Roboter soll Teile auf einem variabel schnel-

lem Band greifen. Ein optischer Sensor erkennt die Teile, ein weiterer
Sensor liefert die Bandpositionen [8]. Hierbei hat der Roboter keinen
Einfluß auf die Bandbewegung. Es ist klar, daß die angebotenen Sensor-
signale möglichst schnell verarbeitet werden müssen, wenn der Roboter
Teile greifen soll.

Es wird nicht möglich sein, daß ein Anwender alle möglichen Sensoren
selbst in eine Robotersteuerung integrieren kann. Es muß aber durch
einen modularen Aufbau der Steuerung möglich sein, daß ein Entwickler
innerhalb kürzester Zeit neue Sensoren integrieren kann.

2.8 Einbindung in übergeordnetes Leitsystem

Die meisten derzeitigen Robotersteuerungen arbeiten nicht oder nur in
einem sehr begrenzten Umfang mit übergeordneten Leitsystemen zusammen.
Wenn überhaupt, erhalten die einzelnen Roboterstationen lediglich das
Startsignal für ein spezielles Programm von einem übergeordneten Leitsystem,oder es werden von der Roboterstation aus einfache Zustandsmel-
dungen an ein Leitsystem weitergegeben.

Nächste Ziele sind der vollständige Programmaustausch durch das übergeordnete Leitsystem auch im Zusammenhang mit der funktionsbeteiligten Redundanz, wenn ein Roboter Aufgaben eines anderen übernehmen soll. Das
Leitsystem kann einen kompletten Arbeitsprozeß (z. B. Fertigungsstraße)
steuern, indem er Leitbefehle an die Roboterstation schickt. Das Leitsystem könnte Informationen zur Dokumentation und statistischen Auswertung von den Roboterstationen empfangen.

Beim Datenaustausch mit einem übergeordneten Leitsystem liegt es nahe,
daß die Roboterstationen den Datenspeicher des übergeordneten Rechners
zur Programmablage benutzen können. Falls CAD-Daten über den Arbeitsprozeß in einem Leitrechner oder darüber liegenden Fabrikrechner zur
Verfügung stehen, könnten in zukünftigen Entwicklungen Roboterprogramme
aus diesen CAD-Daten erzeugt und über eine serielle oder besser parallele
Schnittstelle an die Robotersteuerungen weitergegeben werden. Neben den
Hardware-Schnittstellen müssen in der Robotersteuerung Kommunikations-
programme für das Zusammenspiel mit einem Leitsystem vorgesehen sein.

3. Zusammenfassung der Anforderungen

Wenn man die Anforderungen, wie sie aus den "Funktionsblöcken" einer
Steuerung entstehen, zusammenfaßt, erhält man zwei Anforderungsklassen
an eine Robotersteuerung, die generellen Anforderungen und die je nach
Aufgabe und Roboter unterschiedlichen Anforderungen.

Generell muß man davon ausgehen, daß bei Robotersteuerungen eine höhere
Rechengenauigkeit und Rechengeschwindigkeit als bei üblichen Prozeßrechnern oder Werkzeugmaschinensteuerungen notwendig ist. Je nach Aufgabe, Roboter und Sensoren muß eine leichte Modifikationsmöglichkeit der
Steuerungssoftware gewährleistet sein. Es müssen Kommunikationsmöglich-
keiten mit der Roboterumwelt vorgesehen werden. In fortgeschrittenen
Robotersteuerungen müssen zeit- und ereignisgesteuerte parallele Aktivitäten (Multitasking) programmierbar sein.Mit zunehmender Komplexität
der Aufgaben, die von Robotern durchgeführt werden, bekommt der Bedien-
komfort einer Steuerung immer größere Bedeutung. Es müssen Anwender- und
Aufgaben-angepaßte Roboterprogrammiermethoden zur Verfügung stehen.

Je nach Aufgabe und Robotertyp bestehen bei Robotersteuerungen sehr unterschiedliche Anforderungen bezüglich des Speicherbedarfs, der Rechen-
kapazität und der Rechengenauigkeit. Ebenso muß davon ausgegangen werden,
daß die Anzahl der verwendeten Sensoren und ihr "Intelligenzgrad" sehr
unterschiedlich ist.

Aus der Vielzahl und der Unterschiedlichkeit der Anforderungen sowie aus
wirtschaftlichen Gründen wurde folgendes Entwicklungsziel festgelegt.
Erstellung einer modularen Steuerung, die in der Gerätestruktur und in
der Programmierung leicht an unterschiedliche Aufgabenstellungen und
Roboter angepaßt werden kann. Sie soll mit einer Bedienerschnittstelle
ausgestattet sein, die, je nach Aufgabe, möglichst gut dem Menschen
angepaßt ist.

4. Lösungen zur Befriedigung der Anforderungen

Die Anforderungen an eine fortgeschrittene Robotersteuerung müssen
mittels eines modularen Konzeptes in der Hardware und in der Software
gelöst werden.

4.1 Gerätestruktur

Bei der Realisierung der IITB-Steuerung wurde auf eigenentwickelte Mikroprozessorstationen (RDC = Really Distributed System) [9] zurückgegriffen. Diese Stationen wurden bisher für allgemeine Prozeßautomatisierung eingesetzt und nicht speziell für Robotersteuerungen entwickelt. Sie stellen aus verschiedenen Gründen nicht die optimale Gerätekonfiguraton für eine Robotersteuerung dar. So ist die Kopplung über Lichtleiter zwischen den Stationen für eine störunempfindliche Datenübertragung über weite Entfernungen konzipiert, nicht für den schnellen Datenaustausch zwischen eng gekoppelten Prozessoren. Dennoch konnte auch mit diesen Mikroprozessoren, die zumindest in ihrer Anzahl an einem Lichtleiterring modular erweiterbar sind, die gestellte Aufgabe gut gelöst werden.

Die IITB-Robotersteuerung besteht aus 3 RDC-Mikroprozessorstationen, die über einen Lichtleiterring miteinander gekoppelt sind (Bild 2). In diesem Ring hängt außerdem optional ein Prozessrechner SIEMENS 310. Dieser wird als Laderechner für die 3 RDC-Stationen benutzt und ermöglicht als Leitsystem Eingriffe in die Steuerung. Die Aufgaben innerhalb der Steuerung sind auf die 3 Stationen wie folgt aufgeteilt:

Der Regelungsrechner übernimmt die Regelung des Roboters, führt Überwachungsaufgaben durch und bedient die Steuerungselektronik des Roboters. Er erhält seine Sollgrößen vom Führungsrechner. Im Führungsrechner werden außerdem die Koordiantentransformationen durchgeführt und Informationen vom Handbedienpult ausgewertet. Der Bahnrechner hat spezielle Aufgaben für das Fräsen von komplexen Oberflächen. In ihm wird u. a. die Berechnung der Fräsbahnen durchgeführt [10]. Über eine serielle Schnittstelle kommuniziert er außerdem mit einem Bediensystem, das auch zum Laden der Stationen eingesetzt werden kann. Der Datenfluß der IITB-Steuerung ist in Bild 3 dargestellt.

Bei dem Bediensystem [11] wurde besonders darauf geachtet, daß es von Werkern benutzt werden kann, die keine oder nur minimale Datenverarbeitungskenntnisse besitzen. Für Wertung und Test der Steuerung sind im Bediensystem spezielle Funktionen enthalten, die jedoch nur über Codeworte aktiviert werden und somit dem normalen Bediener verschlossen sind. Bild 4 zeigt einen Ausschnitt aus dem Bildschirmdialog.

Für weitere Entwicklungen ist die Modularität einer Robotersteuerung in folgenden Punkten zu beachten:

- variable Anzahl von Prozessoren,
- variable Anzahl von Arithmetikprozessoren zur Erhöhung der Rechenleistung,
- variabler Speicherausbau,

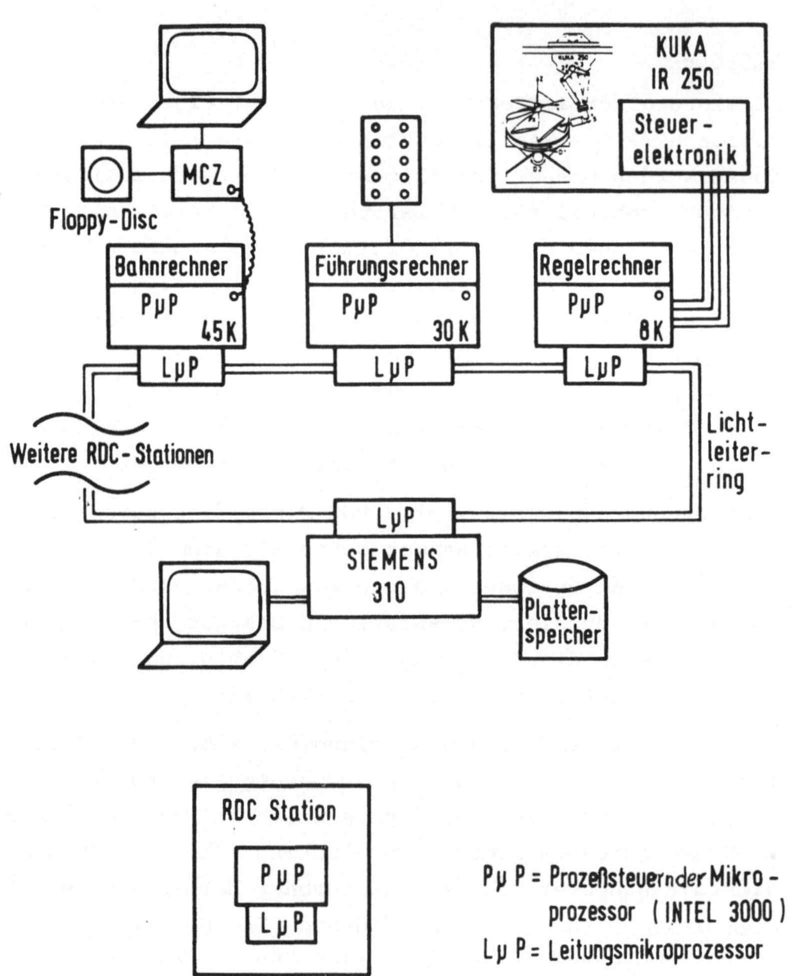

Bild 2: Gerätestruktur der IITB-Steuerung

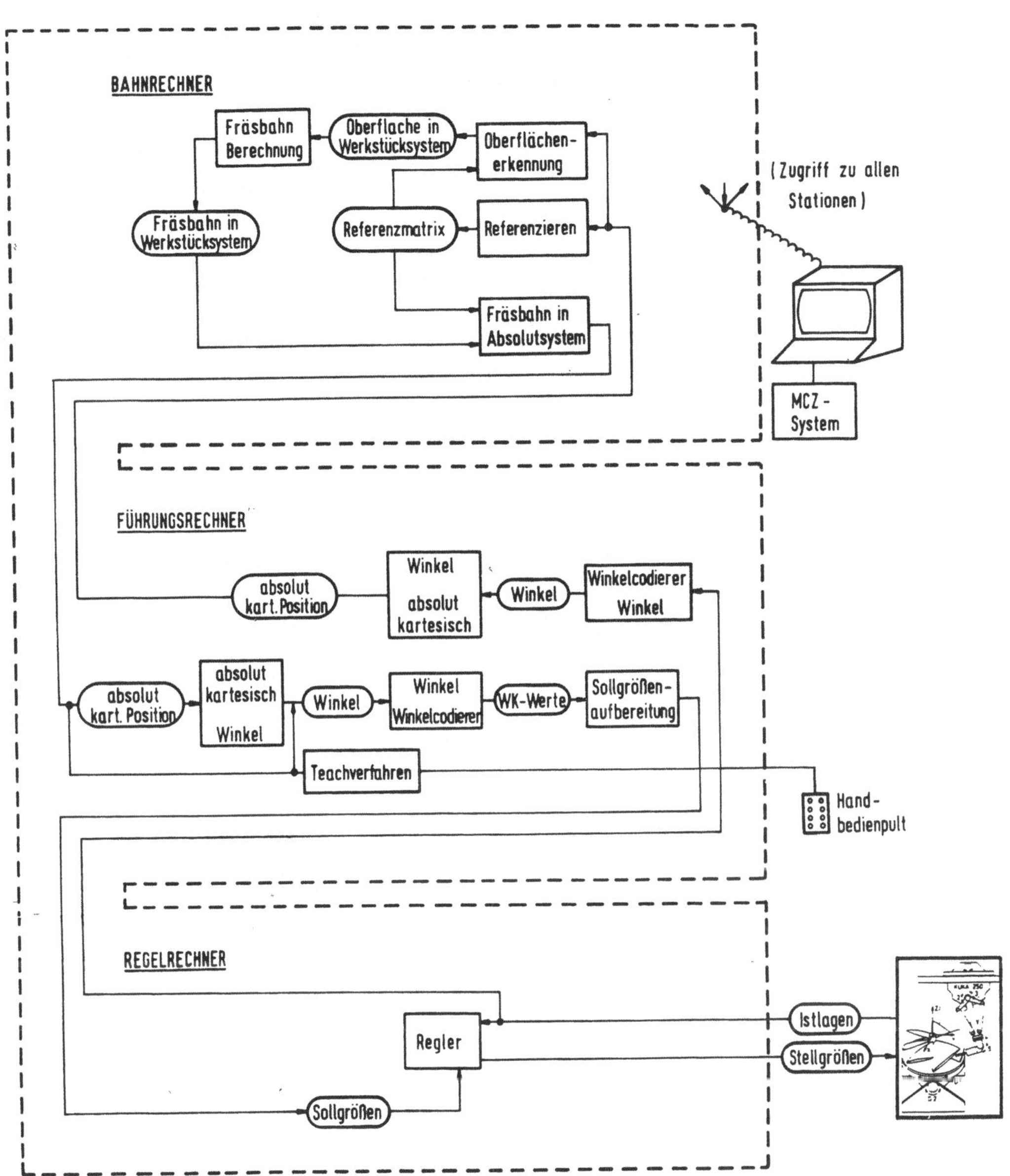

Bild 3: Datenfluß der IITB-Steuerung

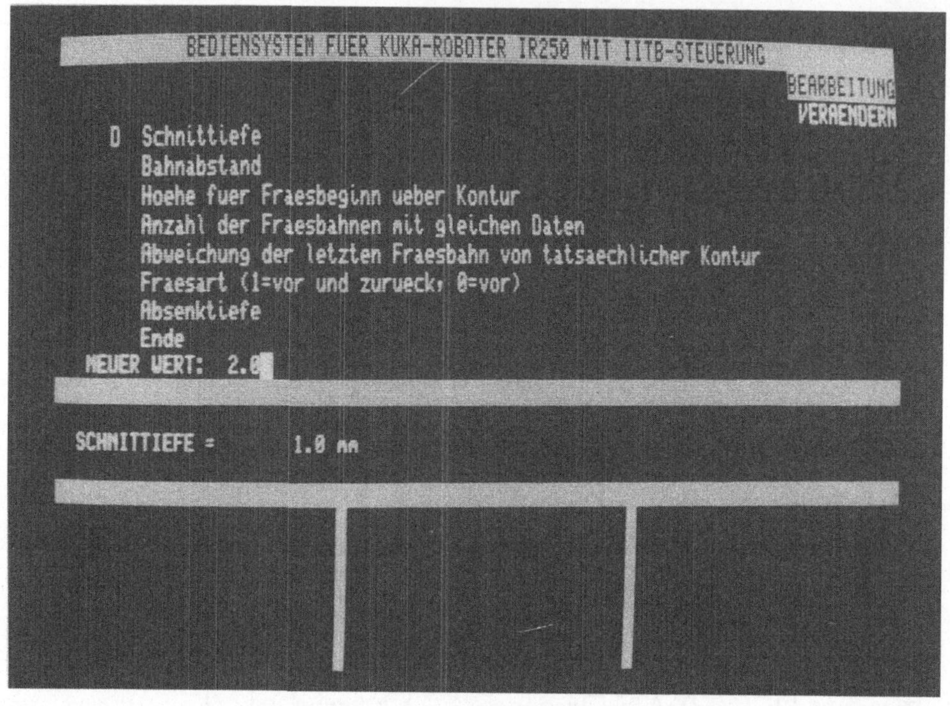

Bild 4: Bildschirmdialog IITB-Steuerung

- verschiedene Sensorausbaustufen,
- peripherer Speicher (optional),
- verschiedene Ausbaustufen der Bedienerschnittstelle (verschieden
  umfangreiche Handbedienpulte, Bildschirm, Tastatur),
- Schnittstelle an Leitsystem (optional).

Die Bilder 5a und 5b zeigen das modulare Hardwarekonzept einer fortgeschrittenen Robotersteuerung, wie sie sich ähnlich beim IITB als Nach-
folge einer bisherigen Steuerung in Realisierung befindet.

In der minimalen Ausbaustufe besteht die Steuerung aus 2 Prozessoren,
wobei der eine Prozessor, der Achsmodul, die Regelung aller Roboterachsen übernimmt. Als Bedienerschnittstelle ist ein Handbedienpult vorgesehen. Bei der maximalen Ausbaustufe kann die Anzahl der Achsmodule
auf bis zu 12 erhöht werden, wobei jeder Modul eine Achse eines eventuell
2armigen Roboters mit je 6 Achsen regelt. Die Bedienerschnittstelle ist
um einen alphanumerischen Bildschirm mit Tastatur erweitert. Für Simu-
lationsläufe ist ein Graphiksystem anschließbar. Roboterbewegungspro-
gramme können auf Kassette ausgelagert werden. Die Anzahl der Prozessoren
(ohne Achsmodule) lautet 4, wobei jeder Prozessor von einem Arithmetikprozessor (AP) unterstützt wird. Speichererweiterungen sind über den
lokalen Bus möglich.

4.2 Programmierung der Steuerung

Grundlage für die Modularität in der Steuerungssoftware ist die Programmierung in Hochsprache mit Echtzeitverarbeitung und ereignisgesteuerten
parallelen Aktivitäten (Multitasking). Dies bedeutet nicht, daß eine
Steuerung, die in Maschinensprache programmiert ist, nicht auch modular
aufgebaut sein kann. Soll jedoch der Entwickler oder gar der Anwender
im Stande sein, eine Robotersteuerung kurzfristig an andere Aufgabenstellungen oder Sensorsysteme anzupassen, so ist dies durch die Programmierung in einer Hochsprache wesentlich erleichtert.

Die IITB-Steuerung zeigt, daß es möglich ist, auch zeitkritische Teile,
etwa die Regelung, in Hochsprache zu realisieren. Die Steuerung wurde
vollständig in PEARL (Process and Experiment Automation Realtime Language)
(DIN 66253) programmiert.

Die bekannten Nachteile einer Hochsprache gegenüber ASSEMBLER-Programmen

- erhöhter Speicherbedarf,
- geringere Ablaufeffizienz gegenüber guten ASSEMBLER-Programmen

wurden durch die Vorteile

- gute Selbstdokumentation,

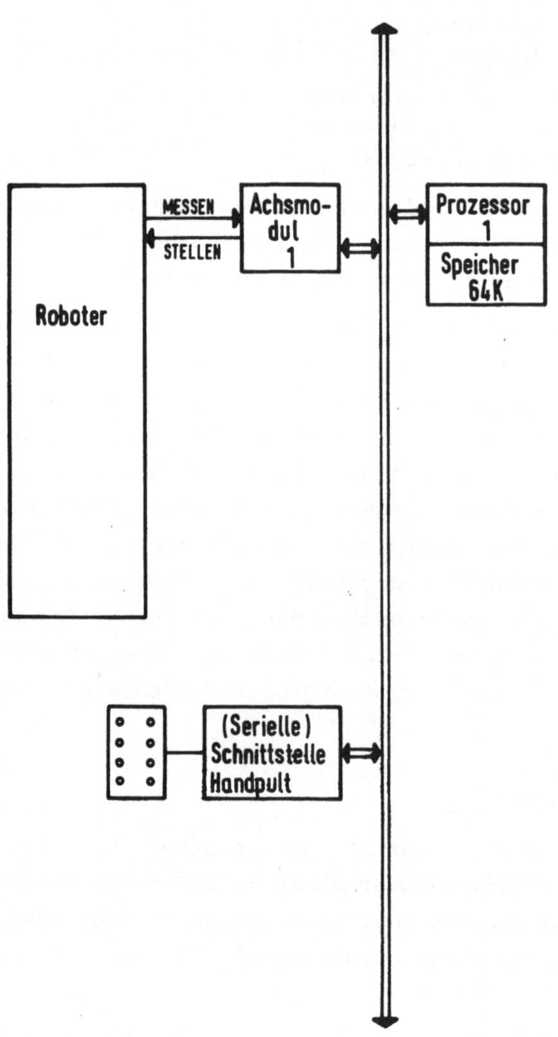

<u>Bild 5a:</u> Modularer Steuerungsaufbau in minimaler Ausbaustufe

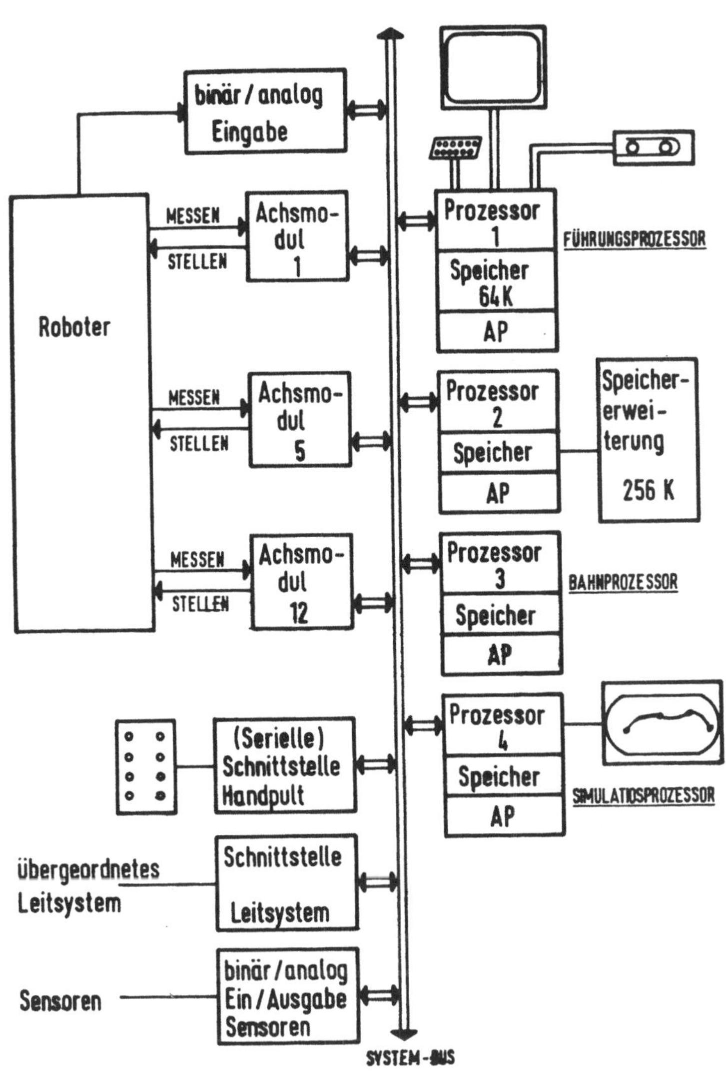

Bild 5b: Modularer Steuerungsaufbau in maximaler Ausbaustufe

- schnelle Programmentwicklung,
- leichte Änderbarkeit und Erweiterungsmöglichkeit auch durch nicht
  bei der Entwicklung beteiligte Programmierer

aufgewogen. Bei Verwendung von Hochsprachen ist die Beschaffenheit des
Compilers und des Betriebssystems für die erreichbaren Geschwindigkeiten
von mindestens genau so hoher Bedeutung wie der verwendete Prozessor.
Bei den erreichten Ergebnissen ist zu berücksichtigen, daß der verwendete Compiler in einer sehr ausgereiften Form mit Optimierungsoptionen
sowohl in Richtung Rechengeschwindigkeit als auch in Richtung Speicherbedarf zur Verfügung stand [12]. Auch wurden spezielle Betriebssystem-
anpassungen für eine schnelle Prozeßein-, -ausgabe sowie für die Kommunikation zwischen den Stationen realisiert. Dagegen zeichnete sich
der verwendete Prozessor nicht durch besonders hohe Rechengeschwindigkeit
aus. Für die Regelung von 5 Achsen wurde eine Abtastperiode von ca.
10 msec erreicht. Damit war es möglich, bei Geschwindigkeiten von bis
zu 30 mm/sec Oberflächen mit Restwelligkeiten $\leq$ 0,1 mm zu bearbeiten.
Die Rechenzeit lag ca. 30 % über der von vergleichbaren ASSEMBLER-Programmen. Für die Koordinatentransformation für den KUKA-Roboter IR250
von externen kartesischen in interne Roboterkoordinaten wurden ca.
80 msec benötigt. Die Programmentwicklung der IITB-Steuerung mit dem
KUKA IR250 (Fräsanwendung) betrug mit PEARL ab Vorlage der Algorithmen
bis zur Erstellung von etwa 80 k Worte Programm ca. 1 Mann-Jahr.

5. Schwerpunkte für zukünftige Roboterentwicklungen

Bei zukünftigen Einsatzgebieten für Industrieroboter ist die zuvor beschriebene Modularität der Steuerung von großer Bedeutung. Der Roboter
wird immer mehr universelle Komponente eines Automatisierungsprozesses
und immer weniger selbständige Spezialmaschine mit fester Aufgabenstel-
lung.In diesem Zusammenhang spielt die Umwelt des Roboters eine wichtige
Rolle.

Ein Schwerpunkt liegt beim Verarbeiten von Sensorinformationen, die von
Sensoren sehr unterschiedlichen Intelligenzgrades geliefert werden und
in sehr unterschiedliche Hierarchiestufen der Robotersteuerungen eingreifen. Es ist zwar fraglich, ob der Anwender sämtliche Anschlüsse
beliebiger Sensoren an eine Steuerung selbst vornehmen können sollte,
aber der modulare Aufbau der Steuerung muß es einem Entwickler leicht
machen, neue Komponenten aufzunehmen.

Neue Komponenten einer Steuerung können auch Module sein, die den Gesamt-
arbeitsprozeß steuern oder regeln. Es ist damit zu rechnen, daß Aufgaben
für Roboter hinzukommen, bei denen der Roboter so komplexe Werkzeuge in

der Hand hält, die mit den üblichen Kommandos Zange auf, Zange zu,
Brenner an, Brenner aus o.ä. nicht mehr zu bewältigen sind. Der Bear-
beitungsprozeß muß mit automatisiert werden. Beim Bahnschweißen müssen
u. U. Schweißparameter verändert werden oder es muß mit   Werkzeugen
gependelt werden. Beim Fräsen müssen Schnittiefe, Vorstellweg und
Fräserdrehzahl geregelt werden.

Durch das Einbinden des Roboters in die Gesamtfabrikation ergeben sich
die Schwerpunkte

- Erstellen von Roboterprogrammen aus CAD-Daten
- Umschaltung/Übernahme verschiedener Ablaufprogramme durch Fabrikleit-
  system (flexible Fertiungsstraßen)
- Funktionsbeteiligte Redundanz (Ausfall einzelner Roboterstationen und
  Übernahme   der Aufgaben durch andere Stationen, flexible Wartung).

Unabhängig davon, ob das Robotersystem in einer Gesamtautomatisierungs-
anlage eingebettet ist oder als selbständige Maschine arbeitet, besteht
ein weiterer Schwerpunkt in der Entwicklung von Prozeß- und Benutzer-
angepaßten Programmierverfahren, da die derzeitigen Roboter-Programmier-
verfahren für die anstehenden komplexeren Aufgaben nicht ausreichen.
Unter Beachtung dieser Perspektiven wird z. Zt. im IITB zusammen mit
einem Industriepartner eine modulare Robotersteuerung entwickelt, die
in PEARL programmiert ist.

6. Literatur

[1] Kuntze, H.-B.; Schill, W.: Verfahren zur Steigerung der Zuverläs-
     sigkeit und Sicherheit von Industrierobotern. In diesem Band.

[2] Kuntze, H.-B.: Regelungsalgorithmen für Industrieroboter - eine
     Übersicht. In diesem Band.

[3] Weck, M.; Eversheim, W.; Zühlke, D.; Niehaus, T.: Benutzerfreund-
     liche Roboterprogramme mit dem Off-line-Programmiersystem ROBEX.
     Forschungsbericht Kernforschungszentrum Karlsruhe - PFT 51, S. 113
     (1983).

[4] Liebermann, L.; Wesley, M.: AUTOPASS: An Automatic Programming
     System for Computer Controlled Mechanical Assembly. IBM Journal
     Res. Develop. 21, 321 (1977).

[5] Blume, C.: Structured Robot Language (SRL) als Weiterentwicklung
     der Montagesprache AL. Forschungsbericht Kernforschungszentrum
     Karlsruhe - PFT 51, S. 57 (1983).

[6] Becker, P.-J.; Meisel, K.-H.: Bildschirmorientierte Programmierung
     von Industrierobotern. Forschungsbericht Kernforschungszentrum
     Karlsruhe - PFT 51, S. 183 (1983).

[7] Verein Deutscher Ingenieure: Programmierung numerisch gesteuerter
     Handhabungssysteme - IRDATA. VDI 2863 (im Entwurf) (1982) Düssel-
     dorf.

[8]   Foith, J.P.; Eisenbarth, C.; Enderle, E.; Geißelmann, H.;
      Ringshauser, H.; Zimmermann, G.: Optischer Sensor für Erkennen
      von Werkstücken auf dem laufenden Band, realisiert mit einem mo-
      dularem System. Fachberichte Messen, Steuern, Regeln, Bd. 4 "Wege
      zu sehr fortgeschrittenen Handhabungssysteme". Springer-Verlag
      Berlin-Heidelberg-New York (1979).

[9]   Heger, D.; Steusloff, H.; Syrbe, M.: Echtzeitrechnersystem mit ver-
      teilten Mikroprozessoren. Forschungsbericht DV 79-01, Datenver-
      arbeitung (1979).

[10] Salaba, M.; Schill, W.: Anwender- und Steuerungsangepaßtes Einler-
      nen, Abspeichern und Berechnen von Fräsbahnen. In diesem Band.

[11] Gomer, K.: Erstellung der Dialogprogramme für einen rechnergesteu-
      erten Industrieroboter. Diplomarbeit Universität Karlsruhe, Fak.
      für Informatik, Mai 1983.

[12] Windauer, H.: The Portable PEARL-Programming System of WERUM.
      PEARL-Rundschau, Heft 1, Bd. 3 (1983).

<u>Verfahren zur Steigerung der Zuverlässigkeit
und Sicherheit von Industrierobotern</u>

<u>Methods to Improve the Redundancy
and Safety of Industrial Robots</u>

H.-B. Kuntze, W. Schill
Fraunhofer-Institut für Informations- und Datenverarbeitung (IITB)
7500 Karlsruhe

<u>Summary</u>

The operation of industrial robots implies some risks because malfuntions in the control system can cause self destruction of the robot mechanics or unexpected obstacles in the robot environment can provoke a collision. These risks can be met in two fundamentally different ways: by the introduction of fault-tolerant or robust system structures and by the application of collision avoiding control algorithms. Compared to the large number of publications on various aspects of robot control (e. g. positioning, decoupling etc.) the security and reliability problems are rather neglected. Therefore, the aim of this paper is to give a short but comprehensive survey on synthesis principles and usage possibilities and to provide first experimental and simulation results.

1. Motivation

Das Risiko einer Havarie bei einem Industrieroboter ist - gemessen an anderen Fertigungssystemen - relativ groß, da

- einerseits das hohe Energieniveau der bewegten Massen ein beträchtliches Gefahrenpotential für Mensch und Material in sich birgt, und

- andererseits die zahlreichen Antriebs- und Meßsysteme der verschiedenen Bewegungsachsen die Wahrscheinlichkeit eines Komponentenausfalles begünstigen.

Dem Risiko kann operativ auf zwei prinzipiell unterschiedlichen Wegen entgegnet werden:

(1) Durch die Einführung fehlertoleranter bzw. robuster Systemstrukturen und

(2) durch die Anwendung kollisionsverhütender Steuerungs- und Regelungsalgorithmen.

Gemessen an der großen Anzahl von Veröffentlichungen zu verschiedenen Aspekten der Steuerung und Regelung von Robotern (z. B. zur Koordinatentransformation,zur Entkopplung etc.), wird den Problemen der Sicherheit und Zuverlässigkeit nur in wenigen Arbeiten Aufmerksamkeit gewidmet. Wesentliches Anliegen des vorliegenden Beitrages ist es daher, einen kurzgefaßten Überblick zu Syntheseprinzipien und Anwendungsmöglichkeiten von robusten, fehlertoleranten Systemstrukturen und kollisionsverhütenden Algorithmen zu vermitteln sowie über erste experimentelle Ergebnisse zu berichten.

2. Systemstruktur

Die im folgenden diskutierten Algorithmen beziehen sich auf einen sechsachsigen Industrieroboter (IR), der dem Handhabungsobjekt die notwendigen sechs kinematischen Freiheitsgrade vermitteln kann (Bild 1). Der interne Systemzustand

$$(\underline{q}^T, \underline{\dot{q}}^T) = (q_1, \ldots, q_6, \dot{q}_1, \ldots, \dot{q}_6) \quad , \tag{1}$$

der durch die Achsenkoordinaten und deren Ableitung beschrieben wird und mit Hilfe von Winkelkodierern und Tachogeneratoren gemessen werden kann, bewirkt aufgrund der IR-Kinematik einen bestimmten externen Zustand

$$(\underline{p}^T, \underline{\dot{p}}^T) = (x, y, z, \alpha, \beta, \gamma, \dot{x}, \dot{y}, \dot{z}, \dot{\alpha}, \dot{\beta}, \dot{\gamma}) \tag{2}$$

der IR-Hand. Die Positionskoordinaten (x, y, z) und Orien-

tierungswinkel (α, β, γ) sowie deren Ableitung läßt sich z. B. mit
Hilfe von Bildsensoren [1] oder durch Lasertriangulation [2] bestimmen.

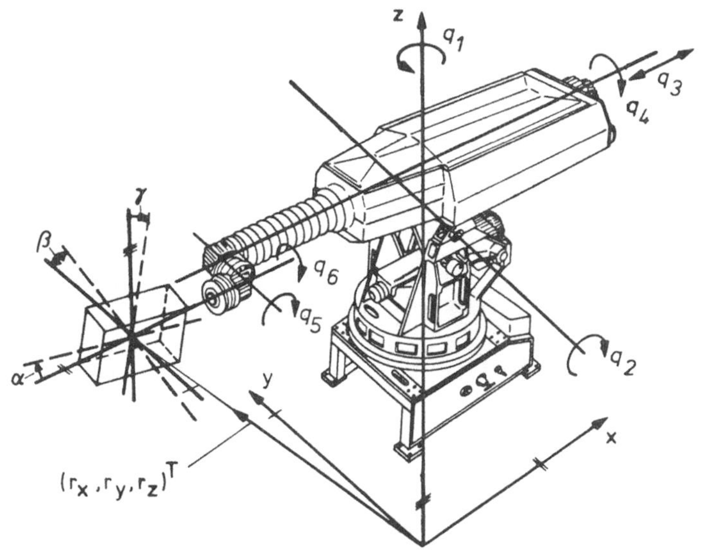

Bild 1:   Sechsachsiger Industrieroboter

Da das Systemverhalten durch stark nichtlineare, gekoppelte Bewegungsgleichungen charakterisiert wird, ist die Einführung eines digitalen
Regelungsalgorithmus erforderlich, der das System sowohl entkoppelt
als auch regelt. Die Synthese des Entkopplungsfilters erfolgt auf der
Grundlage des inversen Systemmodells, das unmittelbar aus den Bewegungsgleichungen des IR resultiert [3, 4, 6-9]. Zur Regelung der nun
entkoppelten Achsen lassen sich beliebige problemspezifische Regler
einsetzen. Für den Anwendungsfall "Greifen von Teilen auf einem schnell
bewegten Band" wird von PATZELT [3-5] z. B. ein strukturvariabler
Regelalgorithmus vorgeschlagen und realisiert, der Zeitoptimalität im
Großsignalbereich (Annäherungsphase) und überschwingfreies, lineares
PID-Verhalten im Kleinsignalbereich (Greifphase) gewährleistet.

Die gesamte Steuerung und Überwachung des IR läßt sich einer Drei-
Ebenen-Mikrorechnerhierarchie zuordnen, in der die Regelung als unterste Ebene verstanden wird (Bild 2). Der mittleren Führungs- und Überwachungsebene kommen zwei wesentliche Funktionen zu:

(1) Die Berechnung der Handtrajektorie $\underline{p}_r(t)$ und deren Transformation
    in IR-Koordinaten zur Führungstrajektorie $\underline{q}_r(t) = \underline{q}_r(\underline{p}_r(t))$ und
    deren Ableitungen $\underline{\dot{q}}_r(t)$ und $\underline{\ddot{q}}_r(t)$.

(2) Die interne Überwachung der Funktionskomponenten und Stellbegrenzungen des IR sowie die externe Überwachung der IR-Bewegung bezüglich Kollisionsgefahr.

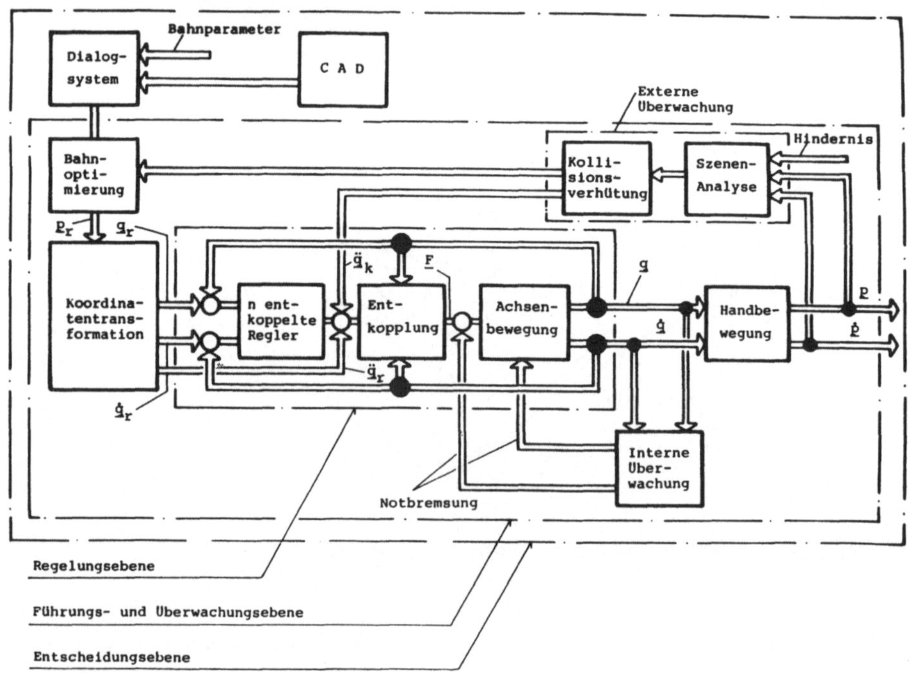

<u>Bild 2:</u>   Drei-Ebenen-Steuerhierarchie

In der obersten Entscheidungsebene wird auf der Grundlage verfügbarer
CAD-Daten und über ein Dialogsystem eingegebener Daten (i. a. Bahnpunkte,
Grenzgeschwindigkeiten und -beschleunigungen) die Aufgabenplanung vor-
genommen [10-12].

3. Fehlertolerante Regelung

Die Aufgabe fehlertoleranter Algorithmen besteht darin, Komponenten-
ausfälle rasch und sicher zu erkennen (Diagnose), um gegenenfalls die
Systemstruktur so zu modifizieren (Entscheidung), daß der Funktionsver-
lust minimal bleibt.

Die traditionelle Konzeption statisch redundanter Systeme geht davon
aus, für störungsempfindliche Systemfunktionen mehrere (i. a. drei)
Hardwarekomponenten einzuführen, um so die Gesamtverfügbarkeit zu verbessern. Wird ein Komponentenausfall festgestellt, so läßt sich on-

line per Strukturumschaltung eine der intakten "Standby"-Komponenten
der Regelung zuordnen. Der Nachteil eines hohen Geräteaufwandes kann
oft umgangen werden, wenn es gelingt, redundante Signale über ein Prozeßmodell, z. B. mit Hilfe eines LUENBERGER-Beobachters zu ermitteln
[13-15]. Durch Überkreuzvergleich der redundanten Signale mit statistisch sinnvollen Schwellwerten kann nun innerhalb gewisser Wahrschein-
lichkeitsgrenzen der Zustand kritischer Funktionskomponenten diagno-
stiziert werden. Die statistische Sicherheit der Diagnose läßt sich
erhärten, wenn neben den aktuellen auch ältere (z. B. die letzten fünf)
Meßwerte einbezogen werden.

Auch ohne redundante Signale läßt sich eine Fehlerdiagnose durchführen,
indem der Zustand der Komponenten, der durch verschiedenartige analoge
und binäre Signale beschrieben wird, mit verschiedenen Störmustern auf
Übereinstimmung geprüft wird. Zur Lösung dieses Problems der Fehler-
mustererkennung bietet die Theorie der "Fuzzy-Sets" eine nützliche
Grundlage [16, 17].

Das Prinzip der statischen Redundanz wird zu aufwendig bzw. ist nicht
mehr realisierbar, wenn mit schweren Komponentenausfällen zu rechnen
ist, wie z. B. bei Ausfall des Stellsystems einer Achse oder einer
Rechnerkomponente. Bei diesen schweren Havariefällen wird es zweckmäßiger sein, das dynamische Prinzip der funktionsbeteiligten Redundanz anzuwenden. Es sieht vor, ausgefallene Funktionen nicht "Standby"-
Komponenten, sondern anderen intakten, bereits belasteten Funktionskomponenten unter Inkaufnahme eines Qualitätsverlustes zu übertragen.

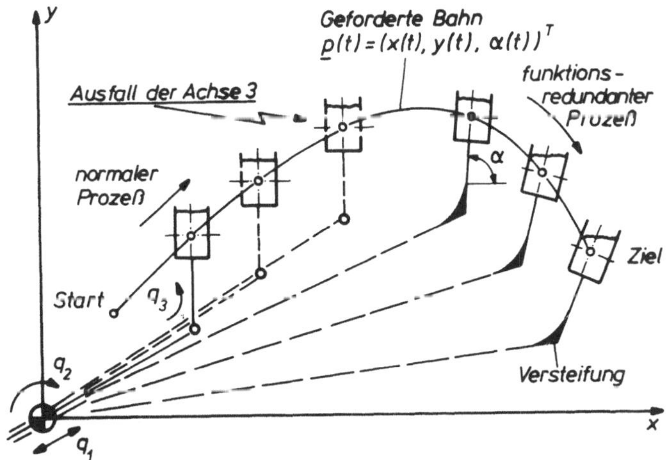

Bild 3: Prinzip der funktionsbeteiligten Redundanz bei Ausfall
eines Stellsystems

Zur Veranschaulichung des Prinzips sei der in Bild 3 dargestellte
dreiachsige IR betrachtet, der die Aufgabe hat, einen Flüssigkeitsbe-
hälter entlang einer bestimmten Bahn $\underline{p}(t)$ mit vertikaler Orientierung
zu transportieren. Bei Ausfall des Stellgliedes der Achse 3 wird die
Handhabungsaufgabe offenbar nur noch dann lösbar sein, wenn man für
den verbleibenden Bahnverlauf darauf verzichtet, die Orientierung des
Behälters vorzuschreiben. Nach Versteifung mittels mechanischer Bremse
wird die Aufgabe allein durch die verbleibenden Achsen 1 und 2 unter
Qualitätsverlust zu Ende geführt.

Beim Ausfall von Rechnerkomponenten läßt sich das Prinzip der funktionsbeteiligten Redundanz ebenfalls anwenden, sofern mehrere Komponenten
des gleichen Typs an der Steuerung des Prozesses beteiligt sind. Angenommen zur Entkopplung und zur Positionsregelung der Achsen sei je ein
Mikroprozessor eingesetzt, so kann beim Ausfall des Regelungsprozesses
dessen Funktion durch den Entkopplungsprozessor (gegebenenfalls unter
Verzicht auf Entkopplung) übernommen werden. Bei dem verteilten Mikrorechnersystem RDC, das am IITB entwickelt und für verschiedene Industrie-
prozesse erfolgreich angewendet wurde, wird die Anwendung des Prinzips
der funktionsbeteiligten Redundanz bereits in der Hardware und System-
software unterstützt [15, 18-21].

4. Interne Kollisionsverhütung

Um die Selbstzerstörung des IR auszuschließen, sind die folgenden drei
wesentlichen Bedingungen für die Achsen i = 1, ..., n einzuhalten:

$$q_{imin} \leq q_i \leq q_{imax} \tag{3}$$

$$\dot{q}_{imin} \leq \dot{q}_i \leq \dot{q}_{imax} \tag{4}$$

$$\ddot{q}_{imin} \leq \ddot{q}_i \leq \ddot{q}_{imax} \tag{5}$$

Die Positionsbeschränkung (3) resultiert aus der kinematischen Struktur
des IR. Die Geschwindigkeits- und Beschleunigungsbegrenzungen (4) und
(5) ergeben sich hingegen aus den Eigenschaften der Stellmotoren und
Getriebe. Da von einer Entkopplung der Achsen ausgegangen werden kann,
ist es zulässig, die Sicherheitsbedingungen (3), (4), (5) für jede
Achse i separat zu betrachten. Im q_i-$\dot{q}_i$-Diagramm formen sie ein ge-
schlossenes Gebiet, dessen Überschreitung unzulässig ist.

Die herkömmliche Art des Kollisionsschutzes durch Grenzwertschalter
erweist sich als unbefriedigend, wie das Beispiel in Bild 4 illustrieren
soll.

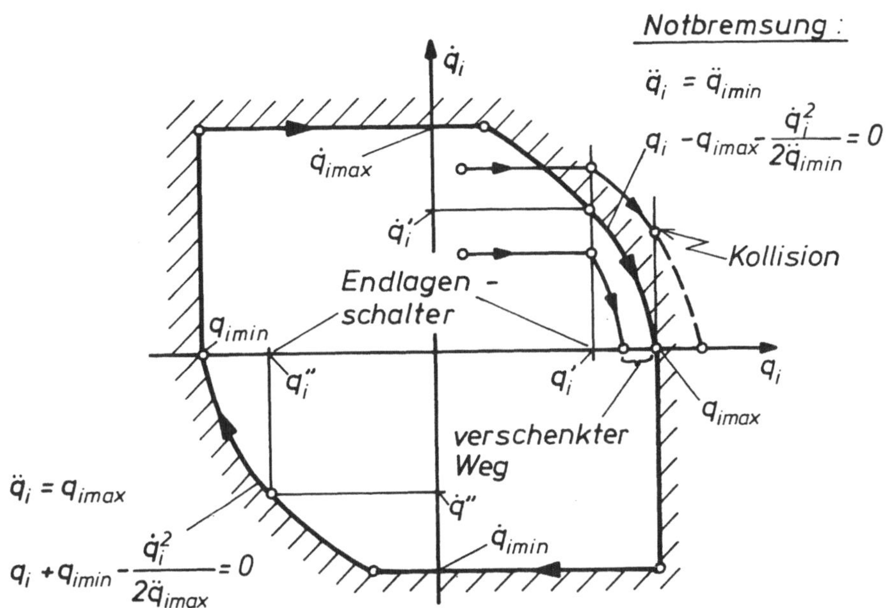

<u>Bild 4:</u>   Notbremsung durch Endschalter

Wird angenommen, daß die Grenzwertschalter der Achse i bei den
Positionen q_i' und q_i'' ansprechen, so wird einerseits bei niedrigen
Geschwindigkeiten $\dot{q}_i < q_i'$ der verfügbare Stellbereich nicht voll genutzt und andererseits bei hohen Geschwindigkeiten $\dot{q}_i > \dot{q}_i'$ eine Kollision mit den benachbarten Achsen unvermeidlich sein.

Ein optimaler Kollisionsschutz wird offenbar nur dann gewährleistet,
wenn nicht nur der Achsenweg, sondern auch die Achsengeschwindigkeit
sowie gegebenenfalls die Beschleunigung ständig überwacht werden, wie
das Beispiel in Bild 5 zeigt. Angenommen werden vier unterschiedliche
Störungen, die z. B. durch Komponentenausfall verursacht wurden. In
allen vier Fällen wird eine Sicherheitsbremsung stets dann eingeleitet,
wenn die Grenze des zulässigen Bereiches erreicht wird. Eine interne
Kollision kann somit ausgeschlossen werden.

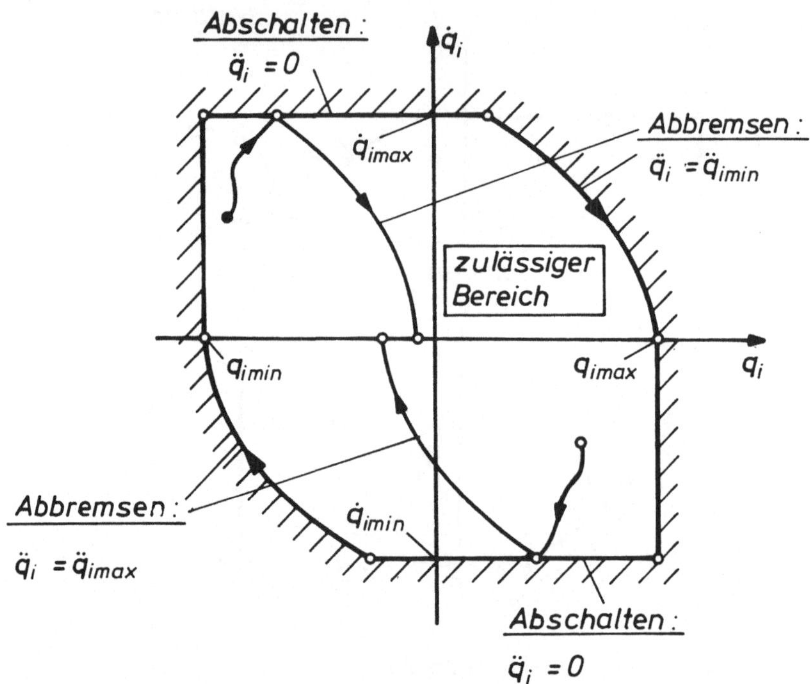

Bild 5:   Interne Kollisionsverhütung durch Zustandsüberwachung

Ein vollständig anderes Prinzip der Kollisionsverhütung basiert auf dem Gedanken [37] für jede Achse i ein kollisionsverhinderndes Abstoßungspotential $V_i(q_i)$ einzuführen, das in der Nähe der Stellbegrenzungen q_{imin}, q_{imax} eine Abstoßungskraft $F_{ik} = \partial V_i(q_i)/\partial q_i$ aktiviert (Bild 6). Diese wird als Korrekturkraft zur eigentlichen Antriebskraft $\underline{F}$ hinzuaddiert (Bild 2) und bewirkt somit einen "weichen" Aufprall. (Das Prinzip des Abstoßungspotentials wird in Zusammenhang mit der externen Kollisionsverhütung in Abschnitt 5 noch ausführlicher diskutiert.)

Unabhängig von den vorgestellten Verfahren zur Überwachung des internen Zustandes muß jede Achse i über eine Schleppabstandsüberwachung verfügen. Hierbei wird der Schleppfehler gemäß

$$|e_i| = |q_{ri} - q_i| \leq e_{imax} \tag{6}$$

mit einem zulässigen Maximalwert e_{imax} verglichen. Bei Überschreitung des Schwellwertes wird eine Notbremsung eingeleitet.

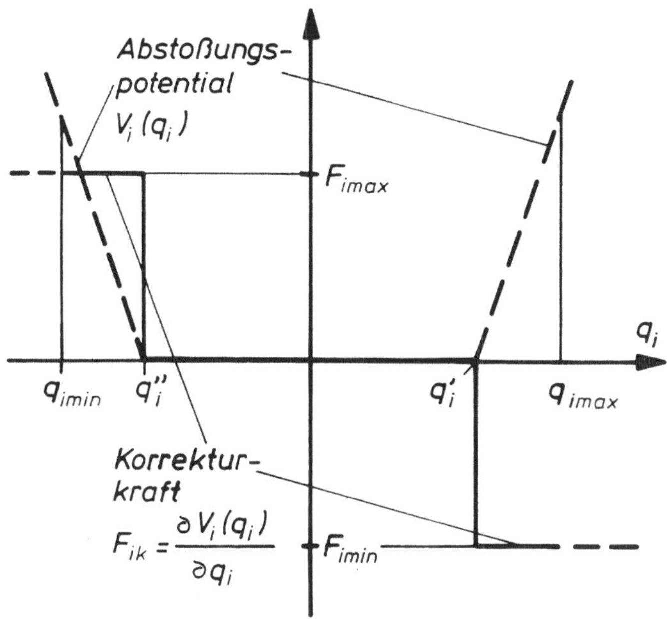

__Bild 6:__   Abstoßungsprinzip zur internen Kollisionsverhütung

5. Externe Kollisionsverhütung

Unter Beibehaltung der vorhandenen Positionsregelung der Achsen ist das
folgende Problem zu lösen:

- Die IR-Hand soll in kürzester Zeit aus einem beliebigen Anfangszu-
  stand $\underline{p}_s$ in einen bestimmten Endzustand $\underline{p}_z$ überführt werden, wobei

- Hindernisse in der IR-Umgebung kollisionsfrei zu umgehen sind.

Eine analytisch exakte Lösung dieses zeitoptimalen Steuerungsproblems
auf der Grundlage des Maximumprinzips von PONTRJAGIN [36] ist aufgrund
der komplexen Umweltbedingungen des IR kaum möglich. Es muß daher von
heuristischen Lösungsansätzen ausgegangen werden. In Abhängigkeit von
der apriori-Kenntnis des Verlaufes und der geometrischen Form des Hindernisses wird dabei zu unterscheiden sein zwischen

- Open-Loop-Algorithmen zur geplanten Umgehung apriori bekannter Hindernisse und

- Closed-Loop-Algorithmen zur operativen Umgehung unerwarteter Hindernisse.

5.1 Open-Loop-Algorithmen

Die Vorausberechnung einer optimalen kollisionsfreien IR-Führungstrajektorie $\underline{p}_r$(t) auf der Grundlage eines Open-Loop-Algorithmus vollzieht sich in folgenden drei Phasen:

(1) Approximation eines numerisch sinnvollen Modells der mit optischen Sensoren erfaßten IR-Umgebung.

(2) Suche der kürzesten kollisionsfreien Bahn der IR-Hand durch statische Optimierung.

(3) Zuordnen einer optimalen Zeitabhängigkeit auf der Grundlage vorhandener Randbedingungen.

Hindernisse und wesentliche Glieder des IR (besonders die Hand) müssen möglichst durch solche geometrischen Hüllkörper approximiert werden, die bei der statischen Optimierung den geringsten Rechenaufwand erfordern.

In Abhängigkeit von der Umwelttopologie und dem Charaketer der Optimierungsalgorithmen lassen sich verschiedene Approximationsmodelle anwenden:

- Grenzflächen in sehr einfachen Fällen [22],

- einfache konvexe Körper, wie z. B. Quader, Polyeder, Zylinder, Kegel [23-26],

- zusammengesetzte konvexe Hüllkörper [28] oder

- Cluster gleichartiger kleiner Grundkörper, wie z. B. Quader oder Kugeln [27].

Bei einer Approximation durch Flächen lassen sich die leistungsfähigen Verfahren der linearen Optimierung anwenden [22]. Werden die IR-Hand und die Hindernisse durch konvexe Hüllkörper approximiert, so vollzieht sich die Bahnoptimierung in zwei Stufen, wie das zweidimensionale Beispiel in Bild 7 veranschaulichen soll.

Betrachtet wird der einfache Fall, die IR-Hand auf kürzestem Wege aus dem Anfangszustand $\underline{p}_s$ so in den Endzustand $\underline{p}_z$ zu überführen, daß die Handorientierung konstant bleibt und die drei Hindernisse kollisionsfrei umgangen werden.

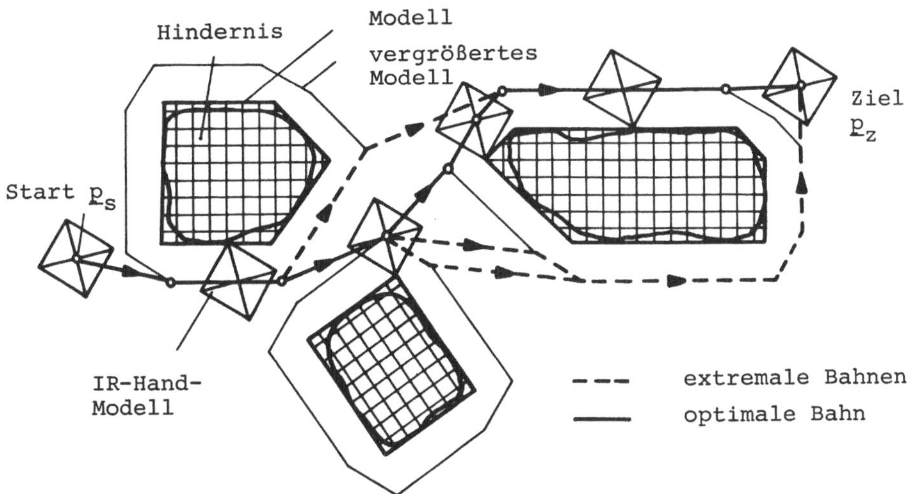

Bild 7:   Planung einer optimalen Umgehungstrajektorie

Zunächst wird das Umweltmodell virtuell so transformiert, daß sich der
Greifer zu einem Punkt verkleinert und sich das Hindernis in entsprechender Weise vergrößert [23, 24]. Danach wird in der transformierten
IR-Umwelt der optimale Pfad zwischen p_s und p_z gesucht. Falls - wie in
dem dargestellten Beispiel - Polyeder bzw. Quader als Hüllkörper gewählt
werden, so wird sich der optimale Pfad aus Geradenabschnitten zwischen
p_s und p_z zusammensetzen, die entlang der Kanten der vergrößerten Hin-
dernismodelle verlaufen, wie sich beweisen läßt [23, 24]. Zur Selektion
des optimalen Pfades aus der Schar extremaler Pfade stehen ausgereifte
Algorithmen zur Verfügung [29, 30].

Das betrachtete einfache Beispiel läßt bereits erkennen, daß sich das
Problem der Bahnoptimierung erheblich kompliziert, wenn dreidimensionale
Umweltmodelle und IR mit wenigstens sechs Freiheitsgraden zu berücksichtigen sind, wie von UDAPA [25, 26] und LOZANO-PEREZ [23, 24] gezeigt wird. In vielen Fällen ist es daher sinnvoller, durch graphische
Simulation die optimale kollisionsfreie Bahn durch eine komplexe IR-
Umwelt zu ermitteln. Hierbei werden IR und IR-Umwelt durch dreidimensionale Strichzeichnungen beschrieben, die sich aus CAD-Daten generieren
lassen. Diese graphischen Modelle sind am Bildschirm darstellbar und
können mit Hilfe eines Joysticks naturgetreu bewegt werden. Kollisionen
lassen sich auf diesem Wege sowohl subjektiv durch den Operator als
auch objektiv durch den Rechner erkennen [31,32].

Um der statisch optimierten kollisionsfreien Bahnkurve eine Zeitabhängig-
keit aufzuprägen, ist es erforderlich, an signifikanten Punkten Geschwin-
digkeits- bzw. Beschleunigungsrandwerte, die aus der Technologie des
Handhabungsprozesses resultieren, vorzugeben. Durch abschnittsweise
Interpolation gewinnt man schließlich die gesuchte kollisionsfreie
Trajektorie $\underline{p}_r(t)$.

Eine modifizierte Version des beschriebenen Open-Loop-Algorithmus wurde
auf dem Führungsrechner eines am IITB verwendeten IR (Bild 1) implementiert und experimentell erprobt. Bei dem in Bild 8 dargestellten Beispiel wurde das einfache zweidimensionale Handhabungsproblem untersucht,
die IR-Hand innerhalb einer bestimmten Zeitraum τ entlang einer Geraden
gemäß

$$\underline{p}_r(t) = \underline{p}_s + \lambda(t)\,(\underline{p}_z - \underline{p}_s)$$

von $\underline{p}_s$ nach $\underline{p}_z$ zu bewegen.

Start-Position

Position 1

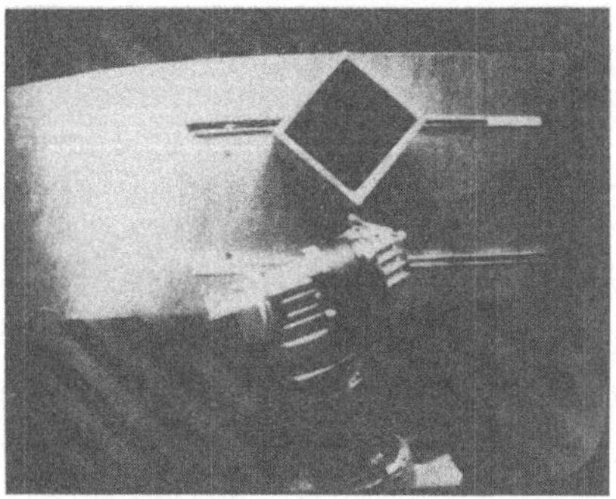

Position 2

Ziel-Position

<u>Bild 8:</u>   Experimentelle Erprobung des Open-Loop-Algorithmus

Bei einem konstanten Orientierungswinkel von 30 ° wirde als Zeitfunk-
tion

$$\lambda(t) = \begin{cases} 0 & \text{für } t < 0 \\ -\dfrac{2t^3}{\tau^3} + \dfrac{3t^2}{\tau^2} & \text{für } 0 \leqq t \leqq \tau \\ 1 & \text{für } \tau < t \end{cases}$$

vorgegeben. Der Bewegungsraum des IR wurde vor Prozeßbeginn mit einem
quaderförmigen Hindernis blockiert, dessen Form, Position und Orientierung
durch einen Bildsensor an der Decke erfaßt wurde. Diese Information wurde
vom Führungsrechner genutzt, um entsprechend dem beschriebenen Open-Loop-
Algorithmus eine modifizierte kollisionsfreie Führungstrajektorie zu berechnen.

4.2 Closed-Loop-Algorithmen

Closed-Loop-Algorithmen setzen voraus, daß sowohl der IR als auch die
Hindernisse während des gesamten Prozesses durch geeignete Sensoren be-
obachtet werden können. In Abhängigkeit vom Sensorprinzip ist es notwendig zu unterscheiden zwischen (Bild 9)

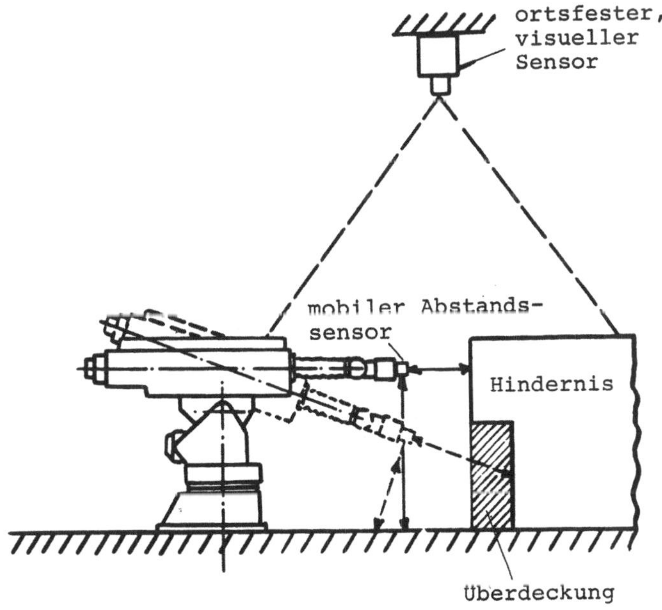

Bild 9:   Prinzip der absoluten und relativen Hindernisüberwachung

- Algorithmen zur absoluten Hindernisüberwachung durch einen raumfesten
  Bildsensor [37, 38] und

- Algorithmen zur relativen Hindernisüberwachung durch Abstandssensoren
  die an der Hand und anderen Gliedern des IR angebracht sind [39-43].

Bei Algorithmen mit absoluter Hindernisüberwachung wird angenommen,
daß die externen Objekte bezüglich Form, Position und Orientierung vollständig beobachtbar sind. Kann man von dieser Prämisse ausgehen, so
ist es zweckmäßig einen Algorithmus einzuführen, dessen Grundprinzip
darauf beruht, allen Hindernissen bezüglich der Hand oder anderer
signifikanter Punkte des IR kollisionsverhütende Abstoßungspotentiale
zuzuordnen. Diese erstmals von KHATIB [37] formulierte Idee sei exem-
plarisch an dem in Bild 10 dargestellten ebenen Simulationsbeispiel
veranschaulicht.

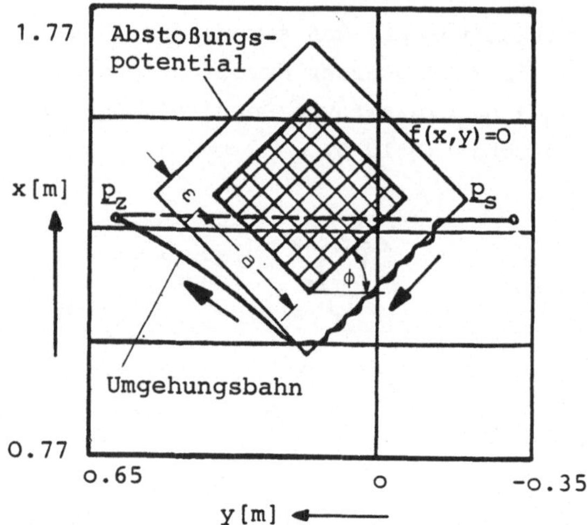

<u>Bild 10:</u>   Simulation des Abstoßungsalgorithmus bei festem Hindernis
            (Phasenverlauf)

Angenommen wird, daß die aktuelle Handtrajektorie $\underline{p}$(t) plötzlich durch
ein kubisches Hindernis gestört wird, dessen Hüllfläche z. B. durch
den Ansatz

$$f(x, y) = [(x-x_0)\cos\phi + (y-y_0)\sin\phi]^8 + [(y-y_0)\cos\phi - (x-x_0)\sin\phi]^8 - a^8 = 0 \tag{9}$$

approximiert werden kann. Gelangt die Hand nun in den Wirkungsbereich des Potentialfeldes

$$V(x,\ y) = \begin{cases} 1/f(x,y)-1/\varepsilon & \text{für } |f(x,y)| \leq \varepsilon \\ 0 & \text{für } |f(x,y)| > \varepsilon \end{cases} \tag{10}$$

das dem Hindernis vom "intelligenten" Bildsensor zugeordnet wird, so
wird entsprechend der Beziehung

$$\underline{F}_p(x,\ y) = \underline{F}_p(p) = \text{grad } (V\ (\underline{p})) \tag{11}$$

eine Abstoßfungskraft $\underline{F}_p$ auf die Hand einwirken. Da deren Amplitude
umgekehrt proportional zum Hindernisabstand ist, wird $\underline{F}_p$ die Hand auf
eine benachbarte kollisionsfreie Trajektorie zwingen. Der Abstoßungskraft $\underline{F}_p$ entsprechen natürlich entsprechende Korrekturkräfte

$$\underline{F}_K(\underline{q}) = \underline{\underline{J}}^T(\underline{q}) \cdot \text{grad } (V(\underline{p})) \tag{12}$$

in den Achsen, die zu den nominellen Antriebskräften $\underline{F}$ hinzu-
addiert werden. Mit $\underline{\underline{J}}(\underline{q}) = \partial\underline{p}(\underline{q})/\partial\underline{q}$ wird die JACOBI-Matrix gekennzeichnet, die aufgrund der eindeutigen Vorwärtstransformationsbezie-
hungen $\underline{p} = \underline{p}(\underline{q})$ direkt berechenbar ist.

Kann davon ausgegangen werden, daß die Bewegung der Achsen nach dem
Prinzip des inversen Systems entkoppelt ist, so daß sechs entkoppelte
Doppelintegrierer zu regeln sind, so läßt sich der Abstoßungsalgorithmus in der Weise modifizieren, daß nicht die Antriebskraft $\underline{F}$, sondern
die Beschleunigung $\ddot{\underline{q}}$ gemäß

$$\ddot{\underline{q}}_k = \underline{\underline{J}}^T(\underline{q})\,\xi\ \text{grad}(\ (\underline{p})) \tag{13}$$

korrigiert wird (Bild 2). Eine andere Variante besteht darin, die
Führungstrajektorie gemäß

$$\overset{\sim}{\underline{p}}_r(t) = \underline{p}_r(t) + \mu\ \text{grad } (V(\underline{p})) \tag{14}$$

on-line zu korrigieren. Mit den Koeffizienten ξ und μ (13) und (14) läßt
sich die "Härte" des Abstoßungspotentials einstellen.
Das Verhalten des Abstoßungsalgorithmus wurde mit Hilfe des digitalen
Simulationssystems DISKOS [44] eingehend untersucht, wobei die gleichen
Randbedingungen gewählt wurden, wie bei den experimentellen Untersuchungen zum Open-Loop-Algorithmus (Bild 8). Lediglich die Forderung
nach konstanter Handorientierung wurde fallengelassen. Die Beschleu-
nigungen wurden beschränkt auf $|\ddot{q}_1| \leq 2$ rad/s^2 und $|q_3| \leq 1{,}8$ m/s^2.

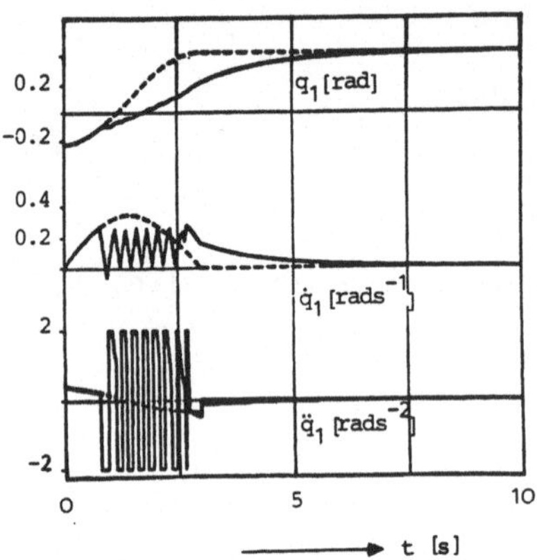
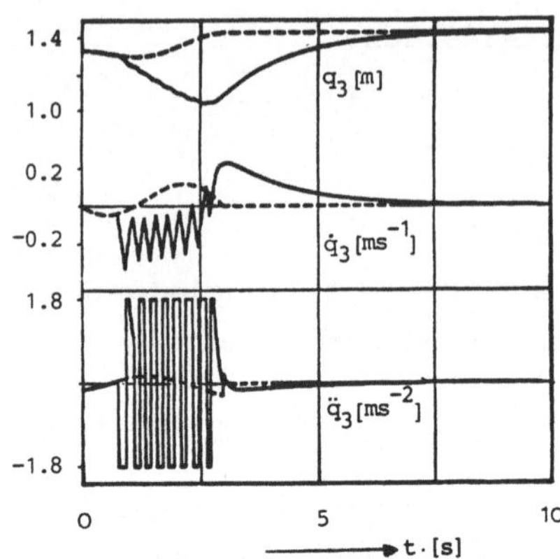

Bild 11: Simulation des Abstoßungsalgorithmus bei festem Hindernis (Zeitverläufe, ——— gestört, - - - ungestört)

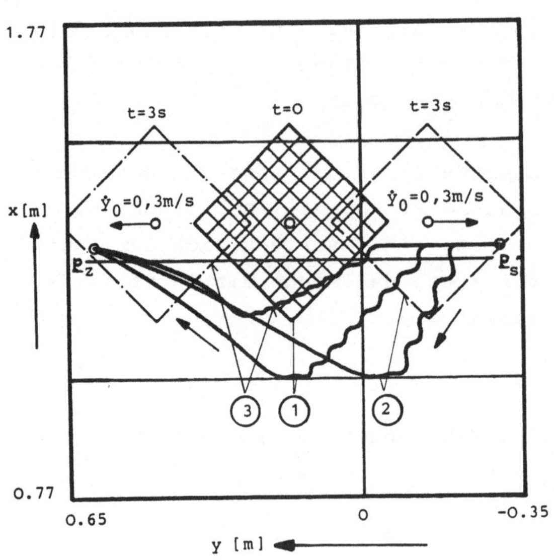

Bild 12: Simulation des Abstoßungsalgorithmus bei Stillstand ① und Bewegung ② , ③ des Hindernisses

Als Potentialschwelle wurde $\varepsilon = 0,05$ m gewählt. Aus dem Phasenverlauf (Bild 10) und den Zeitverläufen der Hauptachsen 1 und 3 (Bild 11) wird ersichtlich, daß die Kollisionsbarriere wie eine Feder wirkt, die eine nichtlineare Schwingung von ca. 5 Hz auslöst. Aus dem Simulationsbeispiel in Bild 12 läßt sich erkennen, daß sich das Prinzip auch auf be-

wegte Hindernisse erfolgreich anwenden läßt. Simuliert wurde z. B. eine
Hindernisgeschwindigkeit von ± 0,3 m/s.

Algorithmen zur relativen Hindernisüberwachung erlangen besonders dann
Bedeutung, wenn die Hand oder das Hindernis wegen Überdeckung von
einem ortsfesten Bildsensor nicht mehr verfolgt werden können. Sie gehen
davon aus, daß die relative Entfernung und Geschwindigkeit zwischen IR
und Hindernis durch Sensoren gemessen werden, die auf den IR-Gliedern,
insbesondere auf der IR-Hand, installiert sind.

Zur Einführung einer kontinuierlichen Abstandsregelung, wie sie z. B.
bei ähnlichen Verkehrs- und Raumfahrtproblemen angewendet wird [46],
steht - von ersten Laborexperimenten abgesehen [42, 43, 47] - noch
keine zuverlässige Hardware zur Verfügung. Wie durch Arbeiten am JET
PROPULSION LABORATORY [39-41] gezeigt wurde, läßt sich auch mit einer
diskontinuierlichen Abstandsmessung eine leistungsfähige Kollisions-
überwachung realisieren. Hierzu werden elektrooptische Abstandssensoren
mit Brennweiten zwischen 5 und 20 cm an den kollisionsgefährdeten
Punkten des IR angebracht. Aus den Binärsignalen, die ausgelöst werden,
wenn das Hindernis in den Brennbereich der Sensoren gelangt, läßt sich
unter Anwendung eines geeigneten heuristischen "Navigations"-Algorith-
mus [41] eine Hindernisumgehung realisieren.

Da der Wirkungsbereich der am IR installierten Sensoren relativ klein
ist, eignen sie sich vornehmlich für taktische Aufgaben der Kollisionsverhütung. Zur Lösung strategischer Probleme der weiträumigen Hindernisumgehung, die besonders bei fahrbaren Robotern auftreten, ist die
Einführung anspruchsvollerer Methoden der künstlichen Intelligenz erforderlich [45].

6. Schlußbemerkungen

Bei der Einführung von fortgeschrittenen IR-Steuerungs- und Regelungs-
systemen für anspruchsvolle Handhabungsaufgaben, die eine intelligente
Kommunikaiton mit der Umgebung mit Hilfe von visuellen und taktilen
Sensoren erfordern, muß den Problemen der Zuverlässigkeit und Sicherheit in Zukunft weit mehr Aufmerksamkeit gewidmet werden, als dies
in der Vergangenheit der Fall war. Der Beitrag zeigt, daß zur Lösung
dieser Probleme bereits verschiedene Ansätze und Methoden zur
Verfügung stehen, für deren Überführung in die Praxis jedoch noch
weitergehende Untersuchungen erforderlich sind. Erste Bemühungen hierzu wurden am IITB bereits unternommen.

<u>7. Literatur</u>

1. Foith, J.P.: Lageerkennung von beliebig orientierten Werkstücken aus der Form ihrer Silhouetten. Proc.8th Int. Symp. on Ind. Robots, Stuttgart (1978), pp. 548-599.

2. Bolle, H.: Externe Lagevermessung von Industrierobotern mittels Laser-Triangulation. In diesem Band.

3. Patzelt, W.: Zur Lageregelung von Industrierobotern bei Entkopplung durch das inverse System. Regelungstechnik Vol. 29 (1981), No. 12, pp. 411-422.

4. Patzelt, W.: Zur Lageregelung von Industrierobotern auf der Grundlage des inversen Systems. Dissertation Uni. Duisburg (1982).

5. Kuntze, H.-B.: Stand und Entwicklungstendenzen des Projektes 'Sehr fortgeschrittene Handhabungssysteme'. FhG-Berichte (1981), No. 1/2, pp. 30-36.

6. Paul. R.C.: Modelling Trajectory Calculation and Servoing of a Computer Controlled Arm. Stanford Artificial Intell. Lab., Stanford Univ., Memo 177 (1972).

7. Bejczy, A.K.: Robot Arm Dynamics and Control. Techn. Memo. 33-669 (NASA-CR-136935), Jet Propulsion Lab. (1974).

8. Horn, B.K.P.; Raibert M.H.: Configuration space control. M.I.T.-Research Rep. No. AIM458, (1977).

9. Luh, J.Y.; M.W. Walker; R.C. Paul: Resolved-Acceleration Control of Mechanical Manipulators. IEEE-Trans. on Automatic Control, Vol. AC-25, No. 3 (1980), pp. 468-474.

10. Steusloff, H. (ed.): Wege zu sehr forgeschrittenen Handhabungssystemen. Fachberichte Messen, Steuern, Regeln, Springer-Verlag Berlin, Heidelberg, New York, Vol. 4 (1980).

11. Büchsenschütz, B.; Grimm, R.; Rudolf, M.: Ein-/Ausgabe-Farbbildschirmsystem zur Bahnvorgabe. In [10].

12. Blume, C.; Dillmann, R.: Frei programmierbare Manipulatoren. Vogel-Verlag, Würzburg (1981).

13. Clark, R.N.; C.J. Masreliez; J.W. Burrows: Functionally Redundance Altimeter. IEEE-Trans. on Aerospace and Eletronic Systems, Vol. AES-12, No. 4 (1976).

14. Frank, P.M.; L. Keller: Sensitivity Discriminating Observer Design for Instrument Failure Detection. IEEE-Trans. on Aerospace and Electronic Systems, Vol. AES-16, No. 4 (1980), pp. 460-466.

15. Sänger, F.: Zur theoretischen Optimierung der Systemverfügbarkeit von Prozeßrechnern mit funktionsbeteiligter Redundanz. FhG-Berichte No 1/2 (1978), S. 48-54.

16. Tsukamoto, J.; T. Terano: Failure diagnosis by using fuzzy logic. Proc. IEEE Conf. on Dicision and Control (1977), pp. 1390-1395.

17. Yagar, R.R.: Fuzzy sets in robotics. Robotics Today, Winter (1981-82), pp. 48-49.

18. Steusloff, H.: Regelung und Steuerung mit Mikroprozessoren für Mehr-
    größenaggregate am Beispiel von Handhabungssystemen. In Fachberichte
    Messen-Steuern-Regeln. Springer-Verlag Berlin, Heidelberg, New
    York, Vol. 5, (1980), pp. 617-636.

19. Steusloff, H.: Antriebs- und Steuerungstechnik unter besonderer
    Berücksichtigung des Ausfallverhaltens. In [10].

20. Syrbe, M.: Über die Beschreibung fehlertoleranter Systeme. Regelungs-
    technik Vol. 28 (1980), No. 9, S. 280-289.

21. Syrbe, M.: Übersicht über ein Projekt "Sehr fortgeschrittene Hand-
    habungssysteme". In [10].

22. Ignatyev, M.B.; F. M. Kulakov; A.M. Pokrovskij: Robot Manipulator
    Control Algorithms. Rep. No. JPRS 59717, NTIS, Springfield, VA,
    (1973).

23. Lozano-Perez, T.: Spatial Reasoning in the Planning of Robot Mo-
    tions. Proc. Joint Automatic Control Conf., Charlottesville, VA
    (1981).

24. Lozano-Perez, T.; M.A. Wesley: An Algorithm for Planning Colli-
    sion-Free Paths among Plyhedral Obstacles. Comm of the ACM, Vol.
    22, No. 10 (1979), pp. 560-570.

25. Udapa, S.M.: Collision Detection and Avoidance in Computer Control-
    led Manipulators. Ph.D.-Dissertation California Institute of
    Technology (1977).

26. Udapa, S.M.: Collision Detection and Avoidance in Computer Control-
    led Manipulators. Proc. 5th Int. Joint Conf. on Artificial Intel-
    ligence (IJCAI) (1977), pp. 737-748.

27. Prajoux, R.; R. Sobek; A. Laporte; R. Chatila: A Robot System
    Utilizing Task-Specific Planning in a Blocks-World Assembly
    Experiment. Proc. 10th Int. Symp. on Industrial Robots, Milan
    (Italy), (1980), pp. 281-292.

28. Braid, I.C.: The Synthesis of Solids Bounded by Many Faces. Comm.
    of the ACM, Vol. 18, No 4 (1975), pp. 209-216.

29. Lee, C.Y.: An Algorithm for Path Connections and its Applications.
    IRE Trans. on Electronic Comp., Vol. EC-10 (1961), pp. 346-365.

30. Knödel, W.: Graphentheoretische Methoden und ihre Anwendungen.
    Springer-Verlag Berlin, Heidelberg, New York (1969).

31. Rembold, U.; Blume, C.; R. Dillmann.: Entwicklungen auf dem Gebiet
    der Programmiersprachen und Programmiersysteme für Roboter.
    Forschungsbericht KfK-PFT51 des BMFT, Bonn (1983).

32. Anderson, R.O.: Detecting and eliminating collisions in NC machining.
    Computer-aided design, Vol. 10 (1978), No. 4, pp. 231-236.

33. Meisel, K.-H. Programmierung und Führung von Roboterbewegungen.
    In [10].

34. Paul, R.P.: Robot manipulators: mathematics, programming and control.
    Cambridge MA (USA): M.I.T. Press, 1981.

35. Taylor, R.R.: Planning and Execution of Straight Line Manipulator
    Trajectories. IBM J. Res. And Dev. Vol 23, (1979), No. 4, pp.
    424-436.

36. Elgerd, O.: Control systems theory. Mc. Graw Hill Book Co. New-
    York (1967), p. 562.

37. Khatib, O.; J.F. Le Maitre: Dynamic Control Manipulators Opera-
    ting in a Complex Environment Proc. 3rd. Int. CISM-IFTOMN-Symp.
    Udine (Italy) (1978), pp. 267-282.

38. Haass, U.; Kuntze, H.-B.; Schill, W.: A Surveillance System for
    Obstacle Recognition and Collision Avoidance Control . Proc. 2nd
    Int. Conf. on Robot Vision and Sensory Controls, Stuttgart (1982).

39. Bejczy, A.K.: Algorithmic Formulation of Control Problems in Mani-
    pulation. Proc. 1975 Int. Conf. on Cyb. and Society (1975), pp.
    135-142.

40. Dobrotin, B.; R. Lewis: A Practical Manipulator System. Proc.
    5th Int. Joint Conf. on Art. Intell. Cambridge, MA (1977).

41. Thompson, A.M.: The Navigation System of the JPL-Robot. Proc.
    5th Int. Joint Conf. on Art. Intell. Cambridge, MA (1977).

42. Tsuboi, Y; T. Inoue: Positioning Method for a Robot with TV
    Camera in Three-Dimensional Space. Systems, Computers, Controls,
    Vol. 8, No. 4 (1977), pp.77-85.

43. Mc Entire, R.H.: Three Dimension Accuracy Measurement Methods for
    Robots. The Industrial Robot (1976), pp. 105-112.

44. Kuntze, H.-B.; H. Bolle: Optimization of the Mechanics and
    the Control of Elastic Systems with DISCOS. Proc. of the 10th
    IMACS World Congress, Montreal (1982).

45. Albus, J.S.: Brains, Behaviour and Robotics.Byte Books, Mc Graw
    Hill Book Co., Peterborough (USA) (1981)·

46. Athans, M.; W.S. Levine; A.H. Levis: On the optimal and suboptimal
    Position and Velocity Control of a String of High Speed-Vehicles.
    Res. Rep. ESL-R-291, MIT., Electr. Syst. Lab., Cambridge (Mass.
    /USA) (1966).

47. Luh, J.Y; E. S. Yam: Three-D-Vision for Robotic Systems. Proc.
    1st Conf. on Robot Vision and Sensory Control, Stratford upon
    Avon (England) (1981).

<u>Bildschirmorientierte Programmierung von IR</u>

<u>Video screen aided programming of industrial robots</u>

P.-J. Becker, K.-H. Meisel
Fraunhofer-Institut für Informations- und Datenverarbeitung (IITB)
7500 Karlsruhe

<u>Summary</u>

The use of colour video system for the control and supervision of complex
industrial plants is now a well established technology. Even operators
with small knowledge in information science are thus able to program
these systems. In this paper we report on the possibilities of using
such colour video systems as aids for the programming of industrial
robots.

Optische Hilfsmittel für die Programmierung von Industrierobotern werden praktisch bei allen Robotersteuerungen eingesetzt. Dies können einfache Ziffern- und Buchstabenanzeigen mit LEDs sein, aber auch mehrzeilige alphanumerische Bildschirmanzeigen. Beim einfachen Teach-in-Programmieren [1] dienen sie zur Anzeige der Programmschritte und der eingegebenen Zusatzfunktionen, d. h. als eine einfache Editierhilfe. Ähnlich einfache Funktionen erfüllen diese Anzeigen auch beim Einsatz textueller Programmierverfahren in der üblichen Phase des Eingebens genauer Bahndaten. Neben dieser Benutzerunterstützung beim Programmieren von Industrierobotern können diese Anzeigen auch noch beim Programmablauf zur Anzeige von Systemzuständen, insbesondere auch zur Fehleranzeige dienen.

Sehr viel weiter fortgeschritten ist die Entwicklung von Bildschirmsystemen zur Führung und Überwachung komplexer technischer Anlagen. Durch den Einsatz von Farbbildschirm-Systemen [2] wird es möglich, auch komplexe Funktionsabläufe in übersichtlicher Weise bedienerfreundlich darzustellen, wobei aktuelle Systemzustände sowohl in grober Auflösung graphisch als auch durch Einblenden der Zahlenwerte genau dargestellt werden. Die Führung des Prozesses erfolgt über Bildschirmeingabe, z. B. mit Hife eines Lichtgriffels und virtuellen, in das Bild eingeblendeten Tastaturen. Für die Erstellung der Prozeßablaufdiagramme und das "Anschließen" der realen Prozeßsignale und -meßwerte gibt es problemorientierte Sprachen, so daß diese Aufgabe auch von einem in Datenverarbeitung wenig geschulten Programmierer durchgeführt werden kann. Für die Schulung und das Training der Bediener kann dieses Prozeßleitsystem auch ohne besondere Probleme statt an einen realen Prozeß an ein im Rechner ablaufendes Prozeßmodell angeschlossen werden.

Betrachtet man den Industrieroboter als einen speziellen technischen Prozeß, so liegt es nahe, solche komfortablen Bildschirmsysteme auch bei der Programmierung und Führung von Industrierobotern einzusetzen. Zusammen mit einer höheren Programmiersprache für Roboter, wie z. B. AL [3] oder ROBEX [4], verringern graphische Bildschirmsysteme die Anforderungen an das Abstraktionsvermögen des Programmierers durch eine bildhafte Darstellung des Ablaufs mit künstlich erzeugten oder auch mit realen Szenen des Roboter-Arbeitsplatzes. Die Eingabe von Bewegungsabläufen kann dann nicht mehr nur durch Niederschreiben von Programmbefehlen, sondern mit Hilfe eines Lichtgriffels auch direkt durch Eingabe über den Bildschirm erfolgen. Vom Einblenden künstlicher Szenen führt ein weiterer Schritt dann zu einem übersichtlichen direkten Einbeziehen von CAD-Daten in den Programmablauf.

Erste Ansätze für die Programmierung von Industrierobotern über Bildschirm wurden mit dem EAF-System (Ein-Ausgabe-Farbbildschirm-System)
des IITB realisiert, doch ohne Verbindung mit einer speziellen höheren
Programmiersprache [5], [6]. Bild 1 zeigt den Versuchsaufbau, bei dem
ein Industrieroboter Teile von einem laufenden Band greift und geordnet
auf einer Palette ablegt. Die verschiedenen Teile kommen ungeordnet auf
dem Band an, ein optischer Sensor erkennt Typ und Lage der Teile, gibt
die Information an die Steuerung des Industrieroboters, die dann die
Ablaufprogramme entsprechend anpaßt.

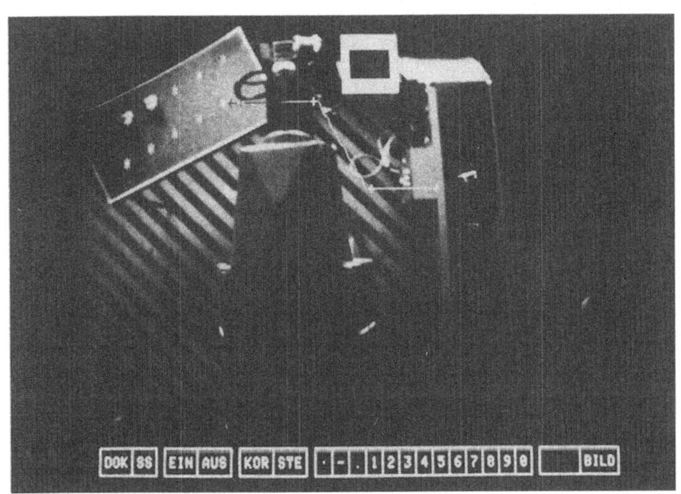

Bild 1: Versuchsaufbau: Greifen ungeordneter Teile von einem laufenden
        Band und geordnetes Ablegen.

Bild 2 ist eine Bildschirmaufnahme und zeigt eine gemischt dargestellte
reale und künstliche Szene. Über Kamera eingeblendet sieht man den Roboter, das Förderband mit ankommenden Werkstücken, den Ablagetisch und
ein Hindernis. Virtuell, d. h. künstlich, sind neben der virtuellen
Funktionstastatur auch die Bahnkurve mitsamt den zugehörigen Stützpunkten
eingeblendet. Hierbei ist ersichtlich, daß große Teile der Bahn mit aus-
reichender Genauigkeit direkt über den Bildschirm eingebbar sind (z. B.
Stützpunkte zum Umfahren des Hindernisses), daß jedoch die Werte für
ausgezeichnete Bahnpunkte (z. B. Ablagepunkte) noch zusätzlich über die
Tastatur genau angegeben werden müssen.

Bild 2: Reale Szene (Roboter mit laufendem Transportband rechts, Ablagetisch links oben und Hindernis Mitte oben) und künstlicher Szene
(Roboterbahn mit Stützpunkten, virtuelle Tastatur).

Die Auswahl dieser Punkte geschieht aber ebenfalls über den Bildschirm,
d. h. ein schrittweises Durchblättern des Ablaufprogrammes, bis dieser
Punkt gefunden ist, entfällt.

Wie bei einem Editiervorgang vom Bediener am Bildschirm Bahnkurven eingegeben werden können, ist in Bild 3 gezeigt. Hierbei wählt der Bediener
interaktiv und dialoggeführt Funktionstasten, Menüfelder oder Optionen
an oder trägt mit dem Lichtgriffel Zahlen und Zuordnungen in Schablonen
ein.

Neue Bahnkurven können hiermit erstellt, bereits existierende können
betrachtet und/oder verändert werden. Editorfunktionen, wie Löschen und
Einfügen von Koordinaten, aber auch Kopieren von anderen Bahnen stei-
gern den Komfort. Speziell bei diesem Beispiel sind Raumkoordinaten samt
zugehörigen Informationen, wie Drehwinkel, Fahrzeit, Wartezeit, Greifer-
steuerung und Sonderinformationen eingebbar. Die Art der Kurvendurch-
fahrung (Bahntyp) selbst kann durch Parameter, wie Geradenzug, Sprung
mit Zeitkriterien, Punkt-zu-Punkt-Fahren usw. beschrieben oder geändert
werden. Zusätzlich zu Bahnen können über diesen alphanumerischen Editor

- besondere Tätigkeiten, wie z. B. Palettieren, Arbeiten mit Werkstücken
  eingegeben werden,

- in einer weiteren Stufe Bahnen bzw. Tätigkeiten zu Bahngruppen zusammengefaßt werden,

- die Abarbeitung von Werkstücksarten modulo n festgelegt werden,

- die Peripherie wie Sensorinformationen und die externe Vermessung integriert werden

- sowie schließlich die Gesamtablaufsteuerung eingegeben werden.

BAHN: 0011   BAHNTYP: PUNKT-ZU-PUNKT FAHREN█

PUNKT-NR	X-KOR (Meter)	Y-KOR (Meter)	Z-KOR (Meter)	DREHWINKEL (Radian)	FAHRZEIT (Sec)	WARTEZEIT (Sec)	GREIFER (-1,0,1)	SONDER2	SONDER3	
Format	-1,0000	1,0000	1,0000	-3,1415	15,00	10,00	1	0	-1	
01	-0,8500	1,1220	0,4500	3,1415	5,00	0,00	0	0	0	
02	-0,8500	1,1220	0,3500	3,1415	1,00	0,00	-1	0	0	
03	-0,8500	1,1220	0,4500	3,1415	5,00	0,00	0	0	0	
04	0,6000	1,0000	0,4000	0,0000	5,00	0,00	0	0	0	
05	.....	.....	.....	3,1415	5,00	0,00	0	0	0	
06	.....	.....	.....	3,1415	5,00	0,00	0	0	0	
07	.....	.....	.....	3,1415	5,00	0,00	0	0	0	
08	.....	.....	.....	3,1415	5,00	0,00	0	0	0	
09	.....	.....	.....	3,1415	5,00	0,00	0	0	0	
10	.....	.....	.....	3,1415	5,00	0,00	0	0	0	
11	.....	.....	.....	3,1415	5,00	0,00	0	0	0	
12	.....	.....	.....	3,1415	5,00	0,00	0	0	0	
13	.....	.....	.....	3,1415	5,00	0,00	0	0	0	
14	.....	.....	.....	3,1415	5,00	0,00	0	0	0	
15	.....	.....	.....	3,1415	5,00	0,00	0	0	0	
16	.....	.....	.....	3,1415	5,00	0,00	0	0	0	
17	.....	.....	.....	3,1415	5,00	0,00	0	0	0	

16:13   ZEILENEDITOR█   KAMERABILD █   ENDE█

```
Q W E R T Z U I O P Ü :   0 . °   NEG       7 8 9  KOMP LOE
 A S D F G H J K L Ö Ä   & ( ) ²  █ █ █   0  4 5 6  WERT LIST
  Y X C V B N M , . /    # $ % ²  █ █ █ █   . 1 2 3  BILD TAST
```

Bild 3: Bildschirmeditor zur Bahneingabe

Neben dem Bahneditor lassen sich weitere Sonderfunktionen realisieren,
wie z. B. eine Palettenfunktion. Nach der Definition einer Palette
durch Eingabe einer Palettennummer, der Zahl der Ablagepunkte und eines
Paletten-Bezugspunktes wird dem Bediener eine Tabellen-Schablone auf dem
Bildschirm angeboten (Bild 4), in die er wieder die Bahn-Stützpunkte ein-
trägt.

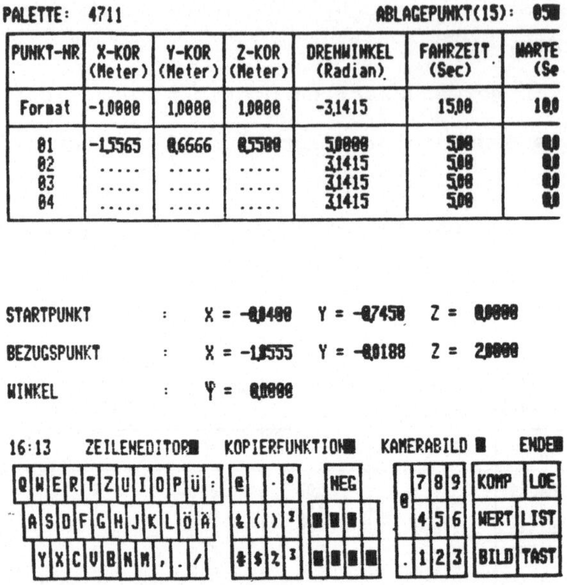

PALETTE: 4711   ABLAGEPUNKT(15): 05█

PUNKT-NR.	X-KOR (Meter)	Y-KOR (Meter)	Z-KOR (Meter)	DREHWINKEL (Radian)	FAHRZEIT (Sec)	WARTE (Se
Format	-1,0000	1,0000	1,0000	-3,1415	15,00	10,0
01	-1,5565	0,6666	0,5500	5,0000	5,00	0,0
02	.....	.....	.....	3,1415	5,00	0,0
03	.....	.....	.....	3,1415	5,00	0,0
04	.....	.....	.....	3,1415	5,00	0,0

STARTPUNKT   :   X = -0,0400   Y = -0,7450   Z = 0,0000

BEZUGSPUNKT   :   X = -1,0555   Y = -0,0188   Z = 2,0000

WINKEL   :   Ψ = 0,0000

16:13   ZEILENEDITOR█   KOPIERFUNKTION█   KAMERABILD █   ENDE█

Bild 4: Bildschirmeditor für Palettierfunktion

Natürlich stellt sich die Frage, ob der Hardware- und Softwareaufwand eines EAF-ähnlichen Systems für die Programmierung von Robotern gerechtfertigt ist. Bei Industrierobotern, die als Einzelsystem laufen, sind solche Zweifel sicherlich angebracht; es lassen sich aber auch hier in der Steuerung benutzerfreundlichere Programmierhilfen mit Bildschirmgeräte realisieren, wenn die Struktur der Steuerungsprogramme geeignet gewählt ist. Die meisten Industrieroboter jedoch sind in Gesamtsystemen integriert, für deren Führung in einer modernen Anlage EAF-ähnliche Systeme eingesetzt werden. Diese stehen dann auch ohne Mehraufwand zur Programmerstellung zur Verfügung.

Literatur

1. Blume, Chr.; W. Jakob: Was leisten Programmiersprachen für Industrieroboter? Elektronik 6, (1982), S. 65-70.

2. Grimm, R. et al.: Bildprogrammierbares Ein-/Ausgabe-Farbbildschirmsystem (EAF) als Warte - Grundprinzipien, Realisierung, Erprobung. PDV-Berichte KfK-PDV 134, Kernforschungszentrum Karlsruhe, Dez. 1978.

3. Rembold, U.; Chr. Blume: Stand des AI-Programmiersystems und zukünftige Arbeiten. In H.Wolter(Hrsg.): Höhere Programiersprachen für Industrieroboter. Kernforschungszentrum Karlsruhe, PFT 51 (1983).

4. Zühlke, H.: Stand der Entwicklung des ROBEX-Programmiersystems und zukünftige Arbeiten. In: H. Wolter (Hrsg.): Höhere Programmiersprachen für Industrieroboter. Kernforschungszentrum Karlsruhe, PFT 51 (1983).

5. Meisel, K.-H.: Methods for Optimal Guidance of Industrial Robot Motions. Preprints of 2. IFAC/IFIP Symposium "Information Control Problems in Manufacturing Technology, Stuttgart, Oct. 1979.

6. Rudolf, M.: Ein-/Ausgabe-Bildschirmgerät mit gemischt dargestellten realen und künstlichen Szenen, eine neue Möglichkeit zur Prozeßsteuerung. In Ernst, D.; M. Thoma (Hrsg.): Meß- und Automatisierungstechnik, S. 811, (1980), Springer-Verlag Berlin.

<u>Leistungsfähigkeit und Grenzen optischer Verfahren zur</u>
<u>externen Positionsvermessung von Handhabungssystemen</u>

<u>Optical methods for external position-measurement</u>
<u>of industrial robots</u>

Georg Zimmermann
Fraunhofer-Institut für Informations- und Datenverarbeitung (IITB)
7500 Karlsruhe

<u>Summary</u>

In an working place equipped with an industrial robot, the knowledge
of the exact position of the hand of the robot and of the parts that
are handled, is of crucial importance. Consequently, there must be
provided facilities for external measurement. In a (hypothetical)
working place, several tasks of this kind are demonstrated (Fig. 1):

The whole place is monitored for safeguarding. One type of workpiece
is fed by an conveyor belt, its position is measured, then it is taken
by the robot and assembled with a second part. Before assembling, the
position of the part relative to the gripper is determined. After
assembling, the parts are machined by the robot. The assembly is then
placed on a pallet, the position of which must be measured.

Some of these measurements may be done by the internal references of
the robot, but with heavy loads, high dynamics, temperature effects
etc., external referencing is necessary.

Optical methods are discussed to accomplish the different needs of
these measuring tasks. It is shown, which errors may occur and how
to avoid them.

The tasks are classified according to the measuring accuracy and the
range which is needed, and to the complexity of the measuring scene
(Fig. 4). The complexity of a scene depends on the content of the
scene. The safeguarding scene e. g. is highly complex, because there
are unknown objects to be expected.

The complexity of the scene determines, how sophisticated the sensor
must be. The accuracy and the range determine the selection of the
optics. The measuring tasks shown above are discussed in these terms.
Examples for implementations are given.

1. Einleitung

Bei der automatischen Handhabung und Bearbeitung von Werkstücken ist
es von entscheidender Bedeutung, den Ort der Werkstücke und des Greifers bzw. Werkzeugs des Handhabungssystems (HHS) genau zu kennen. Diese
Meßaufgaben sind nicht in jedem Fall mit den internen Meßwertgebern der
HHS zu erledigen. Es müssen deshalb Möglichkeiten vorgesehen werden,
unabhängig vom HHS externe Vermessungen vorzunehmen.

In Bild 1 ist ein hypothetischer Arbeitsplatz dargestellt, an dem die
bei einer Montage- und Bearbeitungsaufgabe eines HHS anfallenden externen Vermessungsaufgaben demonstriert werden. Bei diesem Einsatzfall
sind folgende Aufgaben angenommen (siehe auch Tabelle 1).

- Es wird der gesamte Arbeitsraum überwacht. Dies dient zur Sicherheit
  des Menschen im Arbeitsbereich des HHS und des Gerätes selbst, falls
  technische Fehlfunktionen auftreten. Die damit zusammenhängende Problematik wird im Beitrag von U. Haass in diesem Band behandelt.

- Die für diese Aufgabe notwendige Auflösung des Sensors liegt im De-
  zimeterbereich, der Arbeitsbereich ist in der Größenordnung von 20 m^2.

- Für den Arbeitsablauf wird angenommen, daß ein Werkstück geordnet an-
  geliefert und blind auf den Montagetisch abgelegt wird.

- Ein weiteres Werkstück kommt ungeordnet vom Fließband und wird in der
  Lage vermessen (notwendige Auflösung: ca. 1 Millimeter, Bereich: ca.
  1/4 m^2), vom Roboter gegriffen und zum Montagetisch gebracht. Vor
  dem Ablegen wird die relative Lage des Werkstücks zur Roboterhand genau vermessen (Auflösung: ca. 1/10 mm, Bereich: ca. 0,01 m^2) und
  dann mit dem ersten Werkstück zusammengefügt.

- Anschließend wird das Projekt noch nachbearbeitet. Dazu liegt Werkzeug auf dem vorderen Tisch bereit. Hier muß eventuell auf Vorhandensein geprüft und die Lage des Werkzeugs vermessen werden. Diese Meßaufgaben sind ähnlich wie die Werkstückvermessung und werden hier
  nicht besonders behandelt.

- Nach der Verarbeitung erfolgt die Ablage des Produktes auf einer
  Palette, deren genaue Position ebenfalls extern vermessen wird.
  (Auflösung: ca. 1 mm, Bereich: ca. 1/2 m^2)

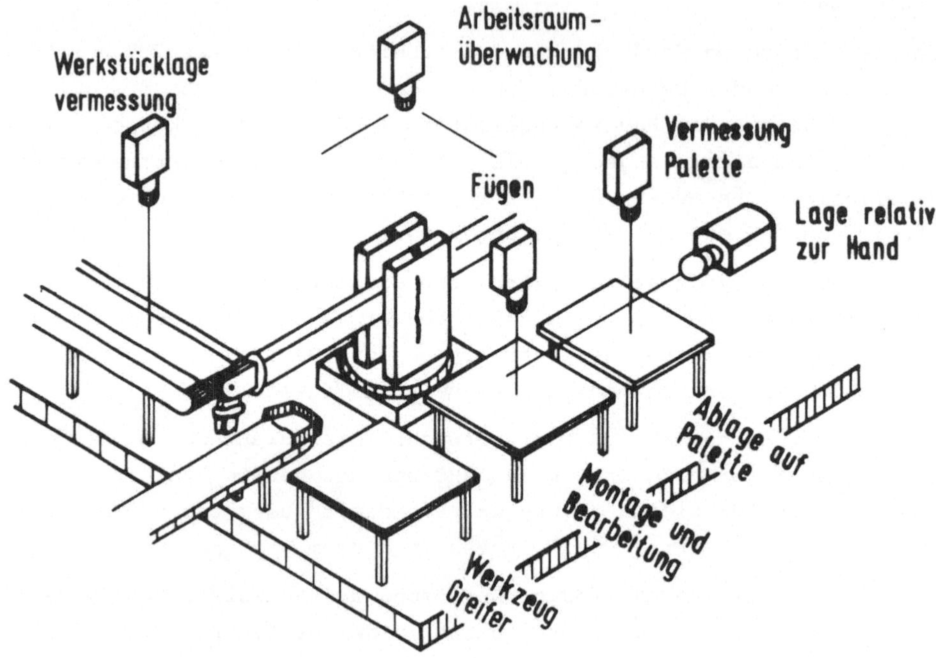

Bild 1: (Hypothetischer) Aufbau zur automatischen Montage und Bearbeitung von zwei Werkstücken

In diesem hypothetischen Arbeitsplatz ist schon eine neuartige Tätigkeit des Handhabungssystems angedeutet, nämlich der Einsatz als Werkzeugmaschine. Bei der externen Vermessung muß hierbei eigentlich der Eingriffspunkt des Werkzeugs vermessen werden. Dies ist in den meisten Fällen aber nicht möglich,und man muß sich damit begnügen, die Hand des Roboters zu vermessen. Im Beitrag von P.-J. Becker in diesem Band wird ein Einsatzfall geschildert, bei dem eine Genauigkeit von 1/10 mm in einem Bereich von 1 m^3 gefordert ist.

TABELLE 1

	Arbeitsraum-überwachung	Werkstück-überwachung	Palette	Werkzeug-maschine
Auflösung	~dm	mm	<mm	1/10 mm
Freiheits-grade	2(3)	2	2	3
Arbeits-bereich	20 m²	1/4 m²	1/2 m²	m³
Bildszene	sehr komplex	komplex	einfach	einfach
Sensor	TV	TV	TV	pos. Diode
Drehspiegel	nein	nein	nein	ja
Vortrag Vorführung	1983	1979 1981 1983	1981	1983

2. Wahl der Meßmethode

Die externe Vermessung kann grundsätzlich mit verschiedenen physika-
lischen Meßmethoden realisiert werden. Für den praktischen Einsatz sind
jedoch nur berührungslose Methoden geeignet. Die ganze Klasse der mechanischen Meßmethoden, die zu einer großen Präzision entwickelt sind,
scheidet damit aus.

Von den weiteren Methoden ist die akustische Vermessung nicht zu bevor-
zugen, da sie methodisch noch nicht gut entwickelt und außerdem anfällig auf Schwankungen des Luftzustandes ist (Druck, Temperatur,
Feuchtigkeit).

Meßmethoden mit Mikrowellen sind diesem Problem gut angepaßt, entsprechende Entwicklungen sind zur Zeit im Gange. Hierbei ist allerdings

vorausgesetzt, daß ein aktiver oder passiver Transponder am Meßobjekt
befestigt werden kann.

Es bleiben die optischen Verfahren. Interferometrische Methoden sind
für das vorliegende Problem zu genau und zu aufwendig. Es bleiben also
Methoden, die inkohärentes Licht verwenden. Dies hat den Vorteil, daß
gewöhnliche Beleuchtungsquellen verwendet werden können.

Optische Messungen erlauben außerdem zweidimensionale Bilddarstellungen.
Dies hat nicht nur den Vorteil der Anschaulichkeit, der beim Entwurf,
Testen und bei der Fehlersuche von größtem Nutzen ist, sondern ermöglicht es auch, die ständig fruchtbarer werdenden Methoden der automatischen Bildverarbeitung einzusetzen. Dadurch kann z. B. die Markierung eines Meßpunktes unnötig werden.

3. Positioniergenauigkeit bestehender HHS

Die externe Vermessung im engeren Sinne, nämlich die Vermessung der
absoluten Position der Roboterhand im Raum, scheint zunächst nicht
notwendig zu sein, da die Handhabungssysteme ja über eigene, interne
Meßaufnehmer verfügen.

Für die Positioniergenauigkeit von HHS werden z. T. Genauigkeiten angegeben, die den oben geforderten durchaus entsprechen [6]. Hierbei ist
jedoch zu beachten, daß sich diese Angaben fast durchweg auf die statistische Wiederholgenauigkeit beziehen. Der Positionsfehler von HHS
besteht jedoch aus mehreren Komponenten [7]: Zu dem

- statistischen Fehler, der die Positioniergenauigkeit bei mehrmaligem
  Anfahren derselben, vom Rechner eingestellten Position bei fester
  Last angibt, kommt noch der

- statische Fehler, der das Verhalten bei wechselnder Last angibt. Das
  Anlaufverhalten des HHS beschreibt der

- Langzeitfehler, der die Änderung der statistisch festgestellten Position in Abhängigkeit von Temperaturänderungen, Fahrzyklen etc. dar-
  stellt. Diese Angabe ist besonders bei hydraulisch betriebenen HHS
  wichtig.

Eine weitere Eigenschaft ist der

- dynamische Fehler, der das Anfahren eines Sollpunktes beschreibt
  (Überschwingen etc.). Weiterhin wird die Positioniergenauigkeit bestimmt vom

- Stillstandsverhalten, das hauptsächlich vom verwendeten Regelungsverfahren und den mechanischen Eigenschaften des HHS bestimmt wird (Haft-
  /Gleitreibung).

Eine externe Vermessung wird also im allgemeinen dann notwendig sein, wenn die Summe der obigen Fehler zu groß wird oder wenn Referenzierungen vorgenommen werden.

4. Optische Wandler

Die Eigenschaften optischer Sensoren im Hinblick auf ihre Verwendbarkeit bei der externen Vermessung wurden bereits in einem früheren Beitrag behandelt [8]. Deshalb sollen hier nur noch die wichtigsten Eigenschaften der Rezeptoren dargestellt werden.

- Vier-Quadranten-Diode:
  Geometrisch präzise definierter Punktedetektor.

- Positionsempfindliche Diode:
  In linearer und flächiger Ausführung lieferbar. Einfache Anordnung, Streulichtunterdrückung durch Wechsellicht möglich. Im Mittenbereich gute Linearität und Auflösung.

- Diodenzeile:
  Geometrisch genau definiert, Punktezahl bis 4096 möglich.

- Diodenarray (CCD-Kamera):
  Geometrisch genau definiert, bildgebend, Kompaktkamera.

Konventionelle TV-Kamera:
Gängige Technik.

Die Anwendungen tendieren bei den bildgebenden Sensoren zu den Diodenarrays.

5. Optische Meßmethoden (ohne Drehspiegel)

Die Meßmethode besteht darin, daß der zu vermessende Bereich mit einem Objektiv auf einen der oben beschriebenen Sensoren abgebildet wird.

Der kleinsten vom Sensor aufgelösten Distanz (in den Sensorkoordinaten), die als Bildpunkt bezeichnet wird, entspricht dann im Objektraum je nach Abbildungsmaßstab ein mehr oder weniger großer Bereich (Bild 2). Ist ein bestimmter Sensor vorgegeben, kann man durch Wahl der Optik eine bestimmte objektseitige (absolute) Auflösung in Bildpunkten pro Millimeter erreichen. Dabei gilt allerdings, daß die absolute Auflösung multipliziert mit dem Meßbereich eine Konstante ergibt. In der Konstanten sind die Sensoreigenschaften enthalten. Es ist also bei gegebenem Sensor nicht gleichzeitig eine große Auflösung und ein großer Meßbereich zu erreichen.

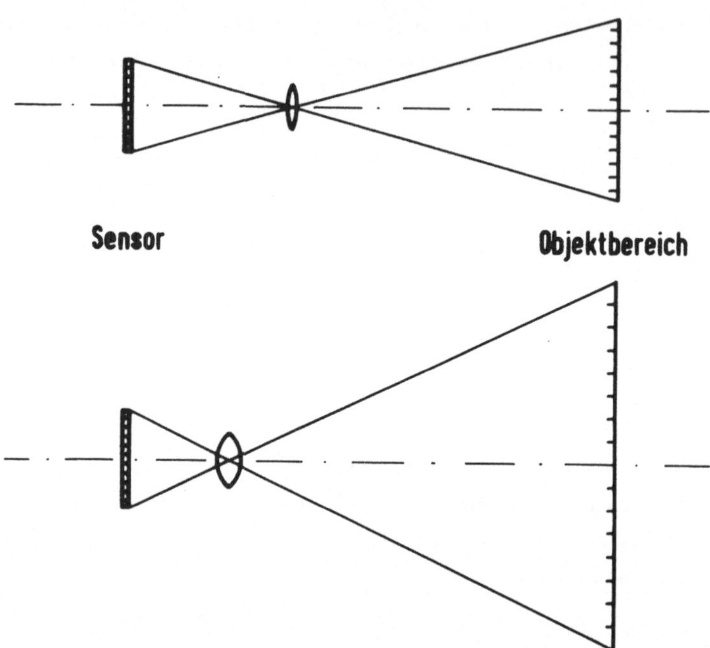

Bild 2: Abbildung eines Objektbereichs auf einem Sensor mit verschiedenen Abbildungsmaßstäben. Das Produkt aus absoluter
Auflösung und Objektbereich ist konstant.

5.1 Fehler bei der optischen Abbildung

- Tangensfehler:

  Die optische Abbildung stellt den 3-dimensionalen Raum durch eine
  Zentralprojektion auf die Ebene dar. Der Sensor sieht also die Verschiebung eines Meßpunktes auf einer Ebene wie eine Bewegung auf
  einer Kugel (Bild 3). Die so entstehenden Fehler können bei einer
  Verschiebung auf der Ebene rechnerisch kompensiert werden.

- Unschärfe:

  Wandert das Meßobjekt aus der Schärfenebene heraus, dann ist zunächst
  nur die Qualität des Bildes gestört. Dem kann man durch Nachfokussie-
  ren oder durch eine kleinere Blende abhelfen. Es ist u. U. auch möglich, die Auswertemethode unempfindlich gegen Defokussierung zu
  machen (Vermessung des Schwerpunktes von Flecken).

  Im jedem Fall bleibt aber eine Maßstabsänderung gegenüber dem vorherigen Zustand übrig. Die Methode der optischen Abbildung (mit nur

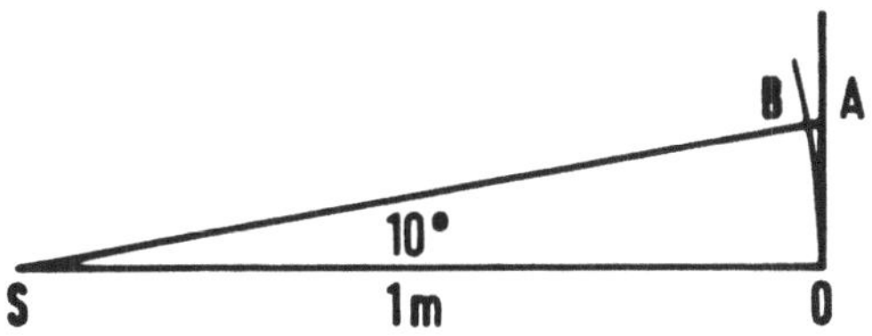

Bild 3: Tangensfehler der optischen Abbildung. Bei einer Verschiebung des Meßpunktes von O nach A wird er vom Sensor S
in B gesehen. Bei den angegebenen Werten beträgt die
Strecke OA 174,5 mm; OB ist 176,3 mm.

einem Sensor) ist also anfällig gegen Verschiebungen aus der Schärfe-
ebene.

- Verzerrungen:
Jedes optische System hat geometrische Abbildungsfehler. Sie sind
konstruktionsbedingt mehr oder weniger groß. Im vorliegenden Meßproblem müssen diese Verzerrungen zusammen mit den Verzerrungen durch
den optischen Wandler betrachtet werden. So ist meist die Qualität
der optoelektronischen Abbildung einer Vidikonkamera erheblich
schlechter als die der Linse. Zur Korrektur empfiehlt es sich, beide
Fehlerquellen zusammenzunehmen und je nach gewünschter Genauigkeit,
eines der folgenden Verfahren anzuwenden:

· Einteilung des Gesichtsfeldes in Unterbereiche und Bestimmung eines
Korrekturwerts für jeden Unterbereich. Es treten gegebenenfalls
Sprünge an den Bereichsgrenzen auf.

· Lineare zweidimensionale Interpolation zwischen den Korrekturwer-
ten der Unterbereiche.

· Approximation der Korrekturwerte durch Polynome höherer Ordnung.

- Vignettierung:
Dieser Linsenfehler bedeutet, daß die übertragene Lichtintensität
zum Bildrand hin abfällt. Eine Abhilfe besteht hier darin, daß ein
Objektiv mit größerem Bildfeld genommen wird. Dies bedeutet gleichzeitig, daß die geometrischen Fehler der Linse nicht so wirksam werden. Es ist daher meist empfehlenswert, bei Meßaufgaben mit Fernseh-
kameras Objektive für Kleinbildphotoapparate zu verwenden.

Weitere Linsenfehler, wie die chromatische Aberration etc. spielen
beim vorliegenden Meßproblem keine besondere Rolle.

6. Optische Abbildung mit Spiegel und Drehversteller

Wenn bei gegebenem Sensor eine hohe absolute Auflösung und ein großer
Meßbereich gefordert ist, muß der von der Linse erfaßte kleine Objektbereich durch Drehspiegel vergrößert werden.

Dabei ist zu beachten, daß der Spiegel ein Oberflächenspiegel ist
(sonst treten Reflektionen an der Glasoberfläche auf), und daß er exakt
auf die Achse des Drehverstellers montiert ist (optischer Versatz).
Um die erreichbare Genauigkeit festzustellen, wurde ein Drehversteller
(PO38 der PI-Instruments) untersucht, der von einem Schrittmotor (Typ
RDM 656/50 von Berger) angetrieben wird.

Der Schrittmotor macht im Vollschrittverfahren 500 und im Halbschrittverfahren 1000 Schritte pro Umdrehung. Die rechnerische Schrittweite
beträgt 43.2' bzw. 21.6'. Beim Halbschrittverfahren wird die höhere
Auflösung also durch eine schlechte Reproduzierbarkeit erkauft.

Zusammen mit dem Drehversteller (Untersetzung 1:180) beträgt die
Schrittweite 14.4" bzw. 7.2". Die Linearität erwies sich als besser als
eine Schrittweite und die Reproduzierbarkeit als besser als 2",wobei die
Grenzen der Abschätzung jeweils durch das verwendete Testverfahren gegeben sind.

Damit steht ein sehr präzises Instrument zur Spiegelverstellung zur
Verfügung. Zur Veranschaulichung sei darauf hingewiesen, daß 14 Winkelsekunden in 1 m Entfernung eine Distanz von 70 µm entspricht,und
daß 2 Winkelsekunden auf dem Erdumfang 62 m entsprechen.

7. Auswahl optischer Meßmethoden und Geräte

Die Wahl des Meßaufbaus hängt vor allem von der Komplexität der Meß-
bzw. Bildszene ab. Dabei ist entscheidend, inwieweit man durch die
Wahl der Randbedingungen definierte Verhältnisse erzeugen kann.

- Eine sehr komplexe Szene liegt vor, wenn Objekte vorkommen können,
  die nicht bekannt sind und die an einem beliebigen Ort erscheinen
  können (Ext. Überwachung).

- Eine komplexe Szene liegt vor, wenn die Lage eines Objektes nur durch
  die Erkennung und Vermessung von einzelnen Bildkomponenten bestimmt
  werden kann   (Werkstückvermessung).

- Eine einfache Szene liegt vor, wenn die Lage eines einfachen, zusam-
  menhängenden geometrischen Gebildes (Kreis, Ellipse) vermessen wird
  (Vermessung der Palette).

- Eine sehr einfache Szene liegt vor, wenn das Meßobjekt Teil des Meßsystems ist (Triangulation).

In vielen Fällen kann man durch Anbringen von Meßmarken u. ä. die
Meßaufgabe vereinfachen. Eine besondere Rolle spielt hierbei die Be-
leuchtungseinrichtung ,die oft eine beträchtliche Vereinfachung des
Problems bewirken kann.

Allgemein zeigt es sich jedoch, daß bei einem gegebenen Problem die
Summe des Aufwandes konstant ist. Sorgt man z. B. durch eine angepaßte
Beleuchtung für eine einfache Bildszene, so ist der Bildverarbeitungs-
aufwand gering und man kann gegebenenfalls einfache, unkomplizierte
Sensoren verwenden. Umgekehrt kann man sich durch einen größeren Aufwand bei der Bildverarbeitung einen Teil des problemspezifischen mechanischen und optischen Aufwands zur Szenengestaltung ersparen.

Die Komplexität der Szene bestimmt, ob ein bildgebender Sensor genommen
werden muß, und wie groß der Aufwand für die Bildverarbeitung sein muß.
Hierbei ist zu beachten, daß Störungen wie Spitzlichter, Fremdobjekte,
Strahlunterbrechungen oder Verschmierung durch Bewegungen die Komplexität der auszuwertenden Aufnahme stark erhöhen können.

Der Trend geht dahin, die einfachen, komplexen und sehr komplexen Bild-
szenen mit modularen Bildverarbeitungssystemen auszuwerten, die den jeweiligen Anforderungen kostengünstig angepaßt und bei Bedarf auch auf-
gerüstet werden können [2]. Bei Meßszenen, die sehr einfach gestaltet
werden können, sind die nicht bildgebenden Sensoren nach wie vor günstiger.

Die Anzahl der benötigten Sensoren wird dadurch bestimmt, wie viele
Freiheitsgrade das Meßobjekt hat.

Die für die Meßaufgabe notwendige Auflösung und der notwendige Meßbereich bestimmen die Wahl des Rezeptors und die Notwendigkeit eines Dreh-
spiegels.

8. Anwendungsbeispiele

Die oben besprochenen Verfahren sind oder werden im IITB realisiert.
Ein industrieller Einsatzfall mit dem am IITB entwickelten Sensorsystem
ist in [1] beschrieben.

- Arbeitsraumüberwachung:
  Hier muß der gesamte Arbeitsbereich gleichzeitig überblickt werden.
  Da die geforderte Auflösung gering ist, kann auf eine aufwendige
  (sehr schnell, Bildspeicherung notwendig) Spiegelabrasterung verzich-

tet werden. Es kommt eine normale Fernsehkamera mit einem kurzbrenn-
weitigen Objektiv zur Anwendung. Die geometrischen Verzerrungen sind
ohne große Bedeutung, eine Korrektur muß nicht angebracht werden. Die
Hauptschwierigkeit dieser Anfwendung liegt darin, wirksame Bildver-
arbeitungsalgorithmen zu finden, die auch das Auftauchen unbekannter
Objekte registrieren und deuten [5].

- Werkstückvermessung:
  Der Arbeitsbereich ist klein (Fließband), die geforderte Auflösung
  liegt bei einem Millimeter. Es wurde eine normale TV-Kamera mit einem
  leichten Teleobjektiv verwendet. Zur Unterdrückung der Bewegungsun-
  schärfe wurde mit einem Infrarotblitzlicht beleuchtet.

  Der Sensor hatte zunächst die Aufgabe, die auf dem Band ankommenden
  (verschiedenen) Werkstücke zu erkennen. Dies geschieht durch Vergleich des binärisierten Bildes mit einem internen Modell [3]. Dieselben Daten werden zur Berechnung der Werkstückposition und des
  Greifpunktes verwendet. Diese Anwendung wurde auf der Zwischenpräsentation 1979 und 1981 demonstriert [4]. Es traten hierbei teilweise
  Schwierigkeiten durch die geometrischen Verzerrungen auf. Da zu diesem Zeitpunkt noch keine brauchbaren CCD-Kameras auf dem Markt waren,
  wurde ein Korrekturalgorithmus entwickelt. Weitere Anwendungen mit
  diesem Sensorsystem werden in dem Beitrag von H. Geißelmann in diesem Band behandelt.

- Vermessung der Palette:
  Bei dieser Anwendung wird in einem Bereich von einem halben Quadrat-
  meter eine Auflösung von einem Millimeter gefordert. Es wurde eine
  CCD-Kamera mit einem Teleobjektiv verwendet, um eine gute Linearität
  und durch die große Entfernung vom Meßobjekt kleine Tangensfehler zu
  bekommen.

  Da sich an der Palette Leuchtmarken anbringen lassen, ist die Bildszene einfach. Der praktische Betrieb zeigte allerdings, daß durch
  Reflexionen an benachbarten Metallteilen Spitzlichter auftauchten,
  die ebenso hell wie die Leuchtmarken wirkten. Solche Störungen können durch heuristische Verfahren (Verfolgen des Ortes des Meßpunktes,
  Nichtzulassen von Sprüngen) und durch Bildverarbeitungsmethoden (Bestimmen von Fläche und Form des Meß- und Störlichtes) beseitigt werden.

  Eine weitere Meßmethode, die bei einer solchen Aufgabe angebracht
  ist, besteht in der Verwendung einer positionsempfindlichen Diode.
  Hierbei kann Störlicht durch Verwendung von getaktetem Licht unter-

drückt werden. Es ist allerdings dafür zu sorgen, daß das Meßlicht
ausschließlich direkt zum Sensor gelangt und nicht irgendwo gespiegelt
wird.

Die Vermessung der Palettenposition wurde in der Zwischenpräsentation
1981 bei der Ablage der Werkstücke demonstriert.

- Triangulation, Werkzeugmaschine:
  Die hohe Genauigkeit und der große Meßbereich, die bei dieser Anwendung gefordert sind, bedingen eine Meßbereichsaufweitung durch ein
  Spiegelsystem. Da die Meßszene durch Einbeziehen des Meßpunktes in den
  Strahlengang (Tripelspiegel) sehr einfach gehalten werden kann, ist
  ein bildgebender Sensor nicht notwendig. Es wird mit einer positionsempfindlichen Diode gearbeitet. Auf Probleme dieser Anwendungen wird
  in den Beiträgen von H. Bolle und P.-J. Becker eingegangen.

In Bild 4 ist nochmals graphisch dargestellt, wie diese Anwendungsfälle
nach Komplexität der Szene, benötigtem Bereich und benötigter Auflösung
einzuordnen sind. Der schraffierte Teil deutet an, in welchen Bereichen
ohne Verwendung einer Spiegelverstellung gearbeitet werden kann. In
Tabelle 1 sind die Parameter der Anwendungsfälle aufgelistet.

9. Schlußbemerkung

Der wirkungsvolle, sichere und flexible Einsatz eines Industrieroboters
wird durch die externe, vom Roboter unabhängige Vermessung unterstützt.
Die optischen Methoden bieten sich dazu an, da sie sich durch die Wahl
der Optik und des Sensors an die verschiedenen Anforderungen gut anpassen lassen. Für die Verarbeitung einfacher Meßszenen gibt es bewährte
Sensoren, für komplexe Szenen werden Sensoren mit intelligenter Bildverarbeitung benötigt. Solche Sensoren sind bereits entwickelt und werden in zunehmendem Maße zur Verfügung gestellt.

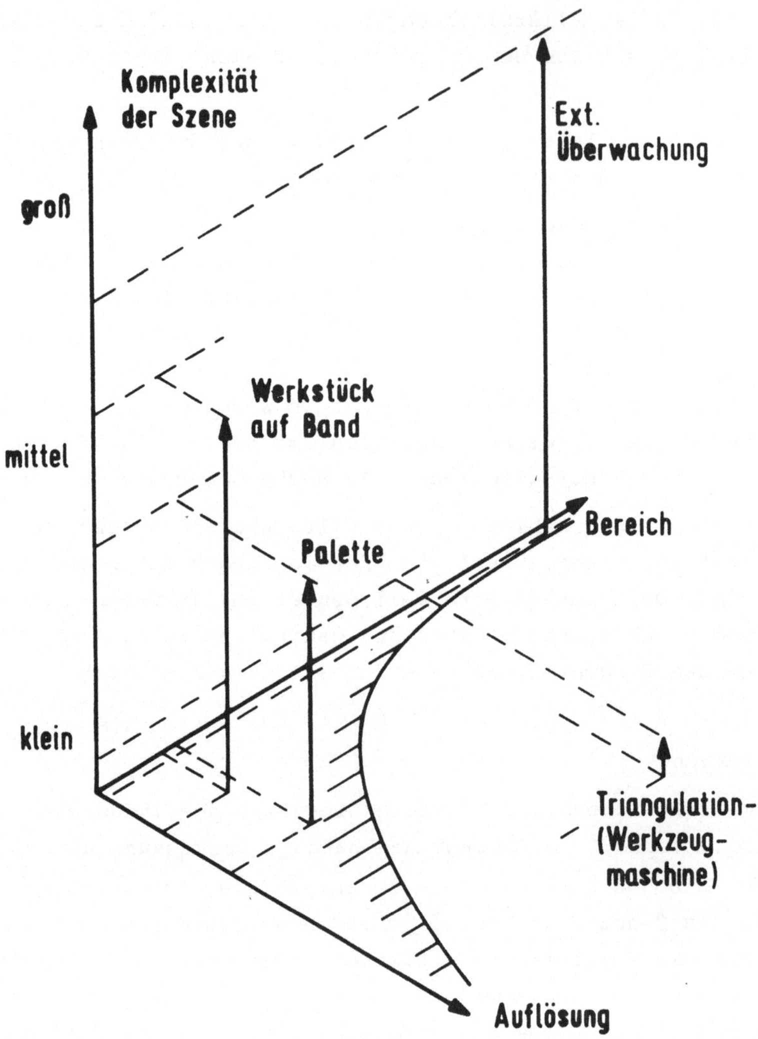

Bild 4: Darstellung der Anwendungsfälle der externen Vermessung in Abhängigkeit von den Variablen Komplexität der Szene, geforderter Meßbereich und notwendige Auflösung.

10. Literatur

1. Brume, W.; Bitter, K.H.: Optoelektronische Bildsensortechnik in
    einer flexiblen Montageanlage. Feinwerktechnik Meßtechnik, 90.
    Jahrgang 1982, Heft 2, S. 53-57.

2. Foith, J.P.: Intelligente Bildsensoren zum Sichten, Handhaben,
    Steuern und Regeln. Fachberichte Messen, Steuern, Regeln, Band 7,
    Springer-Verlag Berlin, Heidelberg, New York 1982.

3. Foith, J.P.; Eisenbarth, C.; Enderle, E.; Geißelmann, H.;
    Ringshauser, H.; Zimmermann, G.: Real-Time Processing of Binary
    Images for Industrial Applications. In: Digital Image Processing
    Systems, (L. Bolc ed.) Springer-Verlag Berlin, Heidelberg, New York
    1981.

4. Foith, J.P.; Eisenbarth, C.; Enderle, E.; Geißelmann, H.; Rings-
    hauser, H.; Zimmermann, G.: Optischer Sensor für die Erkennung von
    Werkstücken auf dem laufenden Band. In: Wege zu sehr fortgeschrit-
    tenen Handhabungssystemen, (Herausg.: H. Steusloff)Fachberichte
    Messen, Steuern, Regeln, Band 4, Springer-Verlag Berlin, Heidelberg,
    New York 1980.

5. Haass, U.: Unfallverhütung und Funktionskontrolle bei Industriero-
    botern durch automatische Bildverarbeitung. IITB-Mitteilungen 1982,
    S. 4-7, Fraunhofer-Institut für Informations- und Datenverarbeitung
    Karlsruhe.

6. Industrial Robot, March 1983, p. 64 ff.

7. Warnecke, H.-J.; Schraft, R.D.: Industrieroboter. 2. Aufl. 1979,
    Krausskopf-Verlag Mainz.

8. Zimmermann, G.: Eigenschaften von optischen Wandlern zur Positions-
    vermessung. In: Wege zu sehr fortgeschrittenen Handhabungssystemen,
    (Herausg.: H. Steusloff) Fachberichte Messen, Steuern, Regeln,
    Band4, Springer-Verlag Berlin, Heidelberg, New York 1980.

<u>Externe 3D-Messung an Industrierobotern</u>

<u>durch Laser-Triangulation</u>

<u>External 3D-Position Measurement of Industrial Robots</u>

<u>by Laser-Triangulation</u>

H. Bolle, H.-J. Rösler

Fraunhofer-Institut für Informations- und Datenverarbeitung (IITB)
7500 Karlsruhe

<u>Summary</u>

So far there exists no satisfactory way for the exact measurement of
the three-dimensional movements of industrial robots. For testing
robots and for accurate handling and machining tasks the usual indirect
measurement by the angular positions of the motors is insufficient
because of elasticity and backlash in the mechanics of the robots.

In this paper we describe a laser-optical system which measures on-line
the position of the robot hand to 10^{-4} in three-dimensional space in
kartesian coordinates by triangulation: Two laser beams follow auto-
matically a special corner cube mounted on the robot. The efforts for
setting up the system are kept low by a semiautomatic calibration
procedure.

1. Einleitung

Die präzise Messung räumlicher Bewegungsabläufe von Industrierobotern
stellt ein bisher nicht befriedigend gelöstes Problem dar. Für das
Testen von Robotern und für präzise Handhabungs- oder Bearbeitungsaufgaben reicht die übliche indirekte Messung über die Positionen der
einzelnen Achsantriebe nicht aus, da die Kinematik von Robotern nicht
frei von Elastizität und Lose (insbesondere der Getriebe) ist.

Eine wirtschaftliche Alternative zur Verbesserung der Positioniergenauigkeit ist das im folgenden beschriebene laseroptische externe Meßverfahren. Einem bestimmten Punkt an der Roboterhand - gekennzeichnet durch
den Eckpunkt eines speziellen Retroreflektors - werden zwei Laserstrahlen automatisch nachgeführt. Durch Triangulation werden aus den
laufend gemessenen Strahlorientierungen die kartesischen Koordinaten
des angepeilten Punktes on-line mit einer relativen Genauigkeit von
10^{-4} in drei Dimensionen bestimmt. Der Aufwand für die Einrichtung des
Meßsystems wird durch ein rechnergestütztes halbautomatisches Referen-
zierverfahren gering gehalten.

2. Funktionsprinzip

Das zugrundeliegende Meßprinzip ist das aus der Geodäsie bekannte Triangulationsverfahren [1], jedoch erweitert um eine automatische Verfolgung des zu messenden Objektes. Bei den Triangulationsverfahren wird
der zu messende Punkt von zwei unterschiedlichen Orten aus angepeilt
und aus der Lage der beiden Orte und den bei der Peilung ermittelten
Winkeln der Ort des Punktes errechnet.

Die Arbeitsweise ist in Bild 1 skizziert. Jeder der beiden Meßköpfe
enthält einen richtungsstabilen Laser, dessen Strahl über einen um zwei
Achsen drehbaren Spiegel vertikal und horizontal abgelenkt werden kann.
Um die Position eines Punktes im Raum mit Triangulationsrechnungen ermitteln zu können, muß dafür gesorgt werden, daß die von den beiden Meßköpfen ausgehenden Laserstrahlen sich in dem zu messenden Punkt im Raum
schneiden. Dies wird dadurch erreicht, daß am zu messenden Objekt ein
spezieller Retroreflektor befestigt wird, dessen Eckpunkt den zu messenden Punkt definiert. Der Retroreflektor besteht aus zwei Zentral-
spiegeln (offene Tripelspiegel), die so angeordnet sind, daß ihre Eckpunkte geometrisch zusammenfallen.

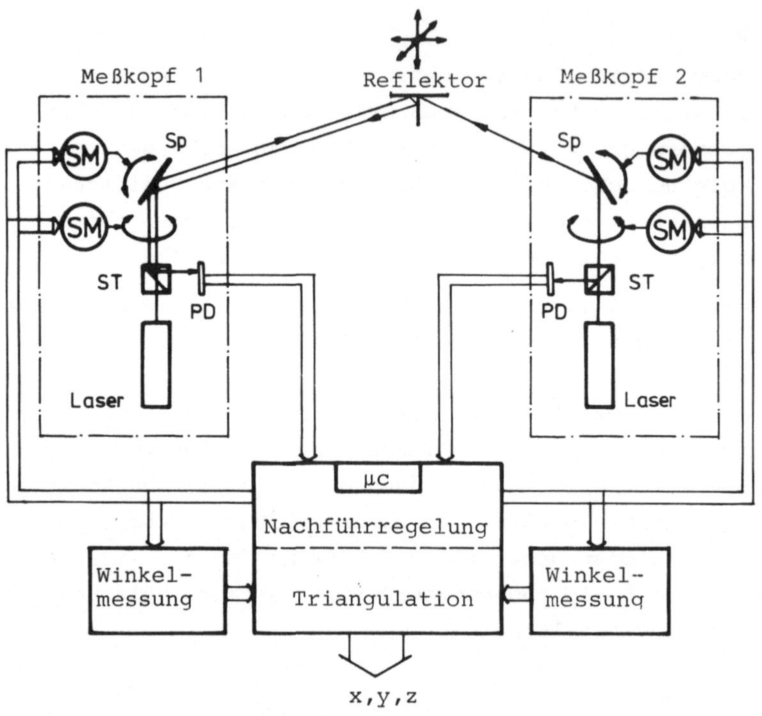

Bild 1: Funktionsskizze des Meßsystems

        (SM: Schrittmotorantrieb des Drehspiegels Sp,
        ST: Strahlteilerwürfel, PD: Posicon-Diode)

Ein Zentralspiegel besteht aus drei senkrecht aufeinanderstehenden
Spiegelebenen (Würfelecke) und hat die Eigenschaft, einen unter belie-
bigem Einfallswinkel einfallenden Strahl in der gleichen Richtung zu
reflektieren. Trifft der einfallende Strahl exakt den Eckpunkt des
Zentralspiegels, wird er in sich selbst reflektiert. Ansonsten ist
der reflektierte Strahl gegenüber dem einfallenden parallel verschoben.
Der Abstand zwischen einfallendem und reflektiertem Strahl ist doppelt
so groß wie der Abstand des einfallenden bzw. reflektierten Strahles
vom Eckpunkt des Zentralspiegels. Man kann den Zentralspiegel um seinen
Eckpunkt drehen, ohne daß sich der reflektierte Strahl ändert. Die
Reflexionseigenschaften eines Zentralspiegels sind in Bild 2 skizziert.

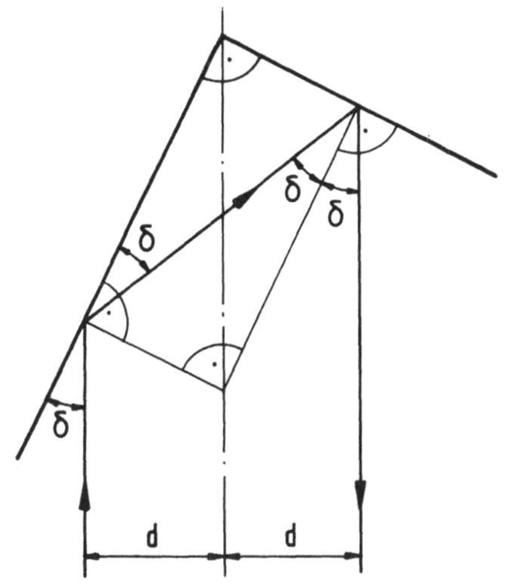

Bild 2: Skizze der Strahlrefle-
xion an einem Zentral-
spiegel

Die oben beschriebenen Reflexionseigenschaften eines Zentralspiegels
werden für die Realisierung einer Nachführregelung ausgenutzt: die
von den beiden Meßköpfen ausgehenden Strahlen treffen (abgesehen von
unvermeidlichen Rest-Regelabweichungen) immer den Eckpunkt des doppelten
Zentralspiegels.

Dazu wird jeweils der am Zentralspiegel antiparallel reflektierte
Strahl mit einem Strahlteiler (Bild 1, ST) auf eine positionsempfindliche Diode (PD, "Posicon") abgezweigt. Mit dem Posicon wird die
Parallelversetzung des reflektierten Strahles, d. h. der Abstand des
vom Meßkopf ausgehenden Strahles vom Zentralspiegeleckpunkt, gemessen
und kann nun als Fehlersignal für die Nachführregelung benutzt werden.
In Bild 1 ist am Meßkopf 1 der Strahlengang für den Fall skizziert, daß
die Spiegelecke nicht exakt getroffen wird.

Zur Berechnung der Position der Spiegelecke müssen die Winkel der beiden Strahlen im Raum und die Position der Drehpunkte bekannt sein.
Die Strahlwinkel werden während der Messung laufend ermittelt (s.
Kap. 3.2), während die Position der Meßköpfe (der Strahldrehpunkte)
vor der Messung in einem Referenzierlauf bestimmt wird (s. Kap. 4.3).

Die Nachführregelung und die Triangulationsrechnungen werden von einem
Digitalrechner durchgeführt, der außerdem noch die Aufgabe des Referen-
zierens, der Benutzerführung und der Ausgabe der bei der Messung ermittelten Koordinaten des Meßpunktes übernimmt (s. Kap. 3).

3. Aufbau des Meßsystems

3.1 Optisch-mechanischer Aufbau

Die wichtigsten Komponenten des optisch-mechanischen Aufbaus wurden im
vorigen Kapitel bereits kurz erläutert. Hier noch einige Details der kon-
kreten Realisierung:

- Die Strahlablenkung in jedem Meßkopf erfolgt durch einen auf einem
  Drehtisch (Drehachse horizontal, Strahlablenkung vertikal) befestig-
  ten Oberflächenspiegel. Dieser Drehtisch ist senkrecht auf einem
  zweiten (Drehachse vertikal, Strahlablenkung horizontal) montiert,
  auf dem auch der Strahlteilerwürfel und das Posicon befestigt sind.
  Beide Drehtische werden über Schneckenspindeln (Untersetzung 1 : 180)
  von Schrittmotoren angetrieben. Bei Halbschrittbetrieb der Schrittmotoren (1000 Schritte/U) ergibt sich ein Winkelinkrement am Spiegel
  von 7,2 Bogensekunden. Experimentelle Untersuchungen zur Winkelgenauig-
  keit der Kombination Schrittmotor-Drehtisch ergaben eine Linearität
  besser als ein Winkelinkrement und eine Reproduzierbarkeit besser als
  2 Bogensekunden [2].

  Der Laser wird im Meßkopf so justiert, daß sein Strahl genau mit der
  vertikalen Drehachse fluchtet und im Schnittpunkt beider Drehachsen
  auf die Spiegeloberfläche auftrifft. Ein Winkelinkrement entspricht
  in 1,5 m Abstand einem Weginkrement von 0,05 mm in horizontaler Richtung bzw. 0,1 mm in vertikaler Richtung.

- Die positionsempfindliche Diode hat eine aktive Fläche von $10 \times 10 \ \text{mm}^2$.
  Die experimentell ermittelte Ortsauflösung für den auftreffenden Lichtfleck ist besser als 0,02 mm bei Lichtfleckdurchmessern zwischen 1
  und 4 mm. Die Linearität ist innerhalb eines Bereiches von etwa
  $2 \times 2 \ \text{mm}^2$ besser als 1 %.

  Um den Lichtfleck auf dem Posicon möglichst klein zu halten, wird
  der Laserstrahl mit einer Strahlaufweitungsoptik über den gesamten
  Strahlweg (inklusive Strahlteiler und Zentralspiegel) auf das Posicon fokussiert. Zur Unterdrückung von Fremdlicht ist unmittelbar
  vor dem Posicon ein schmalbandiges Interferenzfilter für die Laser-
  wellenlänge (633 nm) angebracht.

3.2 Elektronik

Die elektronische Hardware des Meßsystems besteht - neben dem Rechner -
aus drei Hauptkomponenten:

- Die <u>Posicon-Elektronik</u> dient der Umwandlung der primär als Differenz-
  ströme vorliegenden Ausgangssignale der Posicon-Dioden in Ausgangs-
  spannungen, die der Verschiebung des auftreffenden Lichtflecks auf
  der aktiven Fläche proportional sind. Die einer Lichtfleckverschie-
  bung entsprechenden Differenzsignale werden mit einem - der auffallen-
  den Gesamtintensität proportionalen - Summensignal normiert, so daß
  die Ausgangssignale in weiten Grenzen unabhängig von der Lichtintensität sind.Die insgesamt vier Posiconsignale (für die vertikale und
  horizontale Verschiebung auf beiden Posicons) werden über eine
  Analogeingabe vom Digitalrechner erfaßt. Zusätzlich wird in jedem
  Posicon der Gesamtstrom (Summensignal) erfaßt, um zu entscheiden,
  ob der reflektierte Strahl überhaupt das Posicon trifft, d. h. ob
  die Nachführregelung arbeiten kann. Näheres zur Verwendung von positionsempfindlichen Fotodioden für Wegmessungen siehe z. B. in [3],
  [4].

- Die <u>Schrittmotorsteuerungen</u> schalten bei jedem Schrittimpuls den zugehörigen Schrittmotor um einen Halbschritt weiter. Die Drehrichtung
  wird dabei durch ein gesondertes Drehrichtungssignal bestimmt.

  Die im Rechner berechneten Stellgrößen der Nachführregelung für die
  insgesamt vier Drehachsen werden mit einem vierkanaligen Analogausgang
  als Analogspannungen ausgegeben. Diese werden in vier spannungsge-
  steuerten Oszillatoren (VCO) in Schrittimpulsfrequenzen und Dreh-
  richtungssignale für die Schrittmotorsteuerungen umgewandelt. Um
  Schrittfehler der Schrittmotoren zu vermeiden, müssen sowohl die
  Pulsfrequenz als auch die zeitlichen Frequenzänderungen begrenzt
  werden. Diese Begrenzungen werden per Software im Rechner eingehalten.

- Die <u>Schrittzählerstufen</u> summieren die für die Schrittmotoransteuerung
  verwendeten Schrittimpulse drehrichtungsgerecht auf. Alle vier Zähler
  werden über eine gemeinsame 16-bit-Binärschnittstelle des Rechners
  im Zeitmulitplex adressiert und ausgelesen. Die Zählerstände aller
  vier Zähler ergeben - mit Kenntnis der Nullagen - die vier Richtungen der beiden Laserstrahlem im Raum. Jeder Schrittmotor ist mit
  einer Referenzlichtschranke mechanisch verkoppelt, mit deren Hilfe
  die Nullpunkte der Schrittzähler, d. h. der Winkelskalen nach dem
  Einschalten der Meßapparatur inkrementgenau definiert werden können
  (Nullauf). Zur Referenzierung des Gesamtsystems siehe Abschnitt 4.3.

4. Software

Die für den Betrieb des Meßsystems erstellte Software besteht aus drei
Hauptteilen: der Nachführregelung, der Triangulationsrechnung und dem
- nur beim Einrichten des Meßsystems erforderlichen - Referenzieren.
Genaue Beschreibungen der verwendeten Programme und Algorithmen sind
in [5] angegeben.

4.1 Nachführregelung

Die Nachführregelung ist für jede der vier Drehachsen als digitale Regelung mit PD-Algorithmen realisiert. Da die beiden Drehachsen jedes
Meßkopfes durch die optisch-mechanische Anordnung entkoppelt sind,
können für jede Achse voneinander unabhängige Regler realisiert werden.

Die Regelkreise für die vertikale bzw. horizontale Strahlnachführung
weisen qualitativ dieselbe Struktur auf. Sie unterscheiden sich lediglich um den Faktor 2 in der Strahlablenkung (bedingt durch die optische
Anordnung, s. Abschnitt 3.1) und in der Größe der zu beschleunigenden
Massenträgheitsmomente.

Führungsgröße der Regelkreise sind die Winkel (vertikal bzw. horizontal) unter denen die Laserstrahlen die Zentralspiegelecke exakt treffen
würden. Die Regelabweichungen - d. h. die Abstände der hin- bzw. rück-
laufenden Strahlen von der Spiegelecke - werden mit den Posicon-Dioden
ermittelt. Die bei der Positionsmessung durch Triangulation (s. nächster
Abschnitt) laufend berechneten wirksamen Strahllängen (Meßkopf - Spiegelecke) werden zur Adaption der Reglerparameter benutzt.

Über die VCO-Schaltungen stellt der Regler die Schrittimpulsfrequenzen,
d. h. die Winkelgeschwindigkeiten der Laserstrahlen. Die Reglerzyklus-
zeit beträgt etwa 5 msec (für alle vier Regelkreise),die Taktzeit für
die Koordinatenberechnung etwa 10 msec.

4.2 Triangulation

Die Nachführregelung führt die beiden Laserstrahlen dem zu vermessenden
Punkt (Eckpunkt des Doppelzentralspiegels) automatisch nach. Aus den
dabei laufend ermittelten Winkeln wird der Schnittpunkt der beiden
Strahlen im Raum errechnet. Nur wenn beide Strahlen exakt die Ecke des
Zentralspiegels treffen, ist ihr Schnittpunkt identisch mit dem zu ver-
messenden Punkt. Meistens werden sich die Strahlen (im mathematisch
strengen Sinn) überhaupt nicht schneiden, denn die Regelung kann die
Strahlen - insbesondere bei hohen Geschwindigkeiten des Zielpunktes -
nicht beliebig genau nachführen. Hinzu kommt eine Quantisierung der
Strahlwinkel durch die Schrittmotorantriebe.

Deshalb wird zunächst jeder Strahl mit der Ebene zum Schnitt gebracht, die der andere Strahl und die z-Achse aufspannen. Aus dem Mittelwert der auf diese Weise erhaltenenen Schnittpunkte werden die beiden effektiven Strahllängen (Strahldrehpunkt - Zentralspiegelecke) ermittelt. Aus den Regelabweichungen - d. h. den Abständen der Strahlen von der Spiegelecke -, die mit den Posicondioden gemessen werden, werden mit Kenntnis der effektiven Strahllängen Korrekturwinkel berechnet, mit denen die über die Schrittzähler ermittelten Winkel feinkorrigiert werden.

Mit den korrigierten Winkeln werden dann in der oben beschriebenen Weise wieder zwei Schnittpunkte errechnet, deren Mittelwert als Ergebnis der Triangulation - d. h. als Position des zu vermessenden Punktes - ausgegeben wird.

4.3 Referenzieren

Die im vorigen Abschnitt erläuterte Positionsbestimmung durch Triangulation hat zur Voraussetzung, daß die Position und die Orientierung der Meßköpfe im Raum mit mindestens derselben Genauigkeit bekannt sind, mit der gemessen werden soll. Um bei der Inbetriebnahme des Meßsystems aufwendiges Ausrichten, Vermessen und Nivellieren der Meßköpfe zu umgehen, kann das Meßsystem in einem Referenzierlauf halbautomatisch eingemessen werden. Hierzu werden mit den Meßköpfen drei - zuvor exakt vermessene - Referenzpunkte angepeilt. Aus den dabei ermittelten Winkeln und den Koordinaten der Referenzpunkte bestimmt der Rechner durch "Rückwärtseinschneiden" (s. z. B. [1])die Position und Orientierung

der beiden Meßköpfe im Koordinatensystem   der Referenzpunkte ("Messkoordinatensystem ").

Die drei Referenzpunkte, die z. B. an einem gesonderten "Referenziergestell" oder am zu vermessenden Objekt selbst befestigt werden können, dürfen nicht auf einer Geraden liegen, weil dann das für das Rückwärtseinschneiden verwendete Gleichungssystem keine eindeutigen Lösungen hat. Das Einmessen des Triangulationssystems dauert etwa 5 Minuten, danach ist das System betriebsfähig.

Die im Referenzierlauf ermittelten Daten für die Meßköpfe werden in einer Datei gespeichert und von dort wieder eingelesen, so daß ein erneuter Referenzierlauf nur nach einer Änderung der Meßkopfaufstellung notwendig wird.

Die Position des zu vermessenden Punktes wird in dem (kartesischen) Koordinatensystem ausgegeben, in dem die Referenzpunkte angegeben wurden (Meßkoordinatensystem).

5. Erste Erfahrungen beim Betrieb

Die ersten Erfahrungen beim Betrieb des als Laborprototyp aufgebauten
Meßsystems zeigen, daß eine Meßgenauigkeit von ca. $\pm$ 0,1 mm innerhalb
eines Meßvolumens von etwa 1x1x0,5 m^3 eingehalten werden kann, solange
die Geschwindigkeit des Meßobjektes kleiner als 100 mm/sec ist. Bei
höheren Geschwindigkeiten nimmt die Meßgenauigkeit, bedingt durch grös-
ser werdende Regelabweichungen und die Nichtlinearität der Posicon-
Dioden, ab.

Die maximale Objektgeschwindigkeit, bis zu der die Regelung dem Objekt
folgen kann, beträgt etwa 0,5 m/sec bei einer effektiven Strahllänge
von ca. 2 m. Die Folgegeschwindigkeit ist im wesentlichen begrenzt
durch die Dynamik der Schrittmotorantriebe.

Für die Meßgenauigkeit ausschlaggebend sind insbesondere:

- Die exakte Justierung der Meßköpfe in sich, d. h. die Lage und Ortho-
  gonalität der Drehachsen zueinander, sowie das exakte Fluchten der
  Laserstrahlen mit den vertikalen Drehachsen. Ungenauigkeiten in der
  Meßkopfjustage werden teilweise durch das spezielle Referenzierver-
  fahren kompensiert. Für die Meßkopfjustage ist ein interferometrisches
  Verfahren in Entwicklung, über das hier noch nicht berichtet werden
  kann.

- Die Genauigkeit der Lage der Referenzpunkte, da diese direkt in die
  Meßgenauigkeit eingeht.

- Die Genauigkeit des verwendeten Zentralspiegels. Um für eine effektive
  Strahllänge von 2 m eine Meßgenauigkeit von 0,1 mm erreichen zu können, darf der Zentralspiegel einen Parallelitätsfehler von maximal
  5 Bogensekunden aufweisen.

6. Typische Anwendungen

Mit dem im vorangehenden beschriebenen laseroptischen Meßsystem kann
die räumliche Position eines bewegten Objektes on-line mit hoher Präzision (typisch 0,1 mm auf 1 m Meßbereich in allen drei Dimensionen)
gemessen werden.

Einen typischen Einsatzfall für ein solches Meßsystem stellt die präzise
Überprüfung räumlicher Bewegungsabläufe von Industrierobotern dar. Anwendungen hierfür sind in der Entwicklung bzw. Fertigungsausgangskontrol-
le bei Roboterherstellern zu sehen. Mit dem Meßsystem kann einerseits
die Positioniergenauigkeit (Absolutgenauigkeit bzw. Reproduzierbarkeit)
roboterunabhängig ermittelt werden, andererseits kann auch das dynamische

Verhalten des Roboters detailliert untersucht und so die Einstellung von Mechanik und Antriebsregelkreisen optimiert werden.

Roboteranwender wiederum haben mit dem Meßsystem ein Instrument zur Hand, mit dessen Hilfe ein gelieferter Roboter einer präzisen Eingangskontrolle unterzogen werden kann.

Unter bestimmten Randbedingungen - nämlich dann, wenn der Bahnverlauf des Roboters eine optische Verfolgung ohne Strahlabschattung ermöglicht - kann das Meßsystem auch im Robotereinsatz Verwendung finden.

Die Einsatzmöglichkeiten des Triangulationssystems für die Bahnverfolgung von Robotern seien an zwei Beispielen illustriert:

In Bild 3 ist das Ergebnis einer Messung dargestellt, bei der ein Roboter vier Punkte im Raum abfährt. Zwei der dabei mit dem Meßsystem ermittelten Koordinaten werden mit einem X-Y-Schreiber aufgezeichnet. Bei mehrmaligem Abfahren der Bahn zeigt sich, daß der Roboter die eingelernten Eckpunkte mit einer Wiederholgenauigkeit von ca. $\pm$ 0,2 mm anfährt, daß jedoch der Bahnverlauf zwischen den Punkten beträchtlich (bis zu ca. $\pm$ 1 mm) von der Geraden abweicht. Dabei ist auffällig, daß die Abweichungen von der Sollbahn gut reproduzierbar sind.

Ein Beispiel zur Untersuchung des dynamischen Verhaltens zeigt Bild 4. Hierbei wurde der Roboter im Stillstand angestoßen und eine der gemessenen Koordinaten mit einem X-Y-Schreiber aufgezeichnet. Wie man sieht, dauert der Ausschwingvorgang fast eine Sekunde bei Schwingungsamplituden von ca. $\pm$ 1 mm.

Ein weiterer möglicher Einsatzfall des Triangulationssystems ist die Vermessung der Position der Laufkatze von Portalkränen. Die hierbei erreichbare Meßgenauigkeit beträgt wiederum etwa 0,01 % des Meßbereichs (in jeder Raumrichtung).

Die im Triangulationssystem realisierte Möglichkeit, ein Objekt mit einem (oder zwei) Laserstrahlen zu verfolgen, kann auch zur Bahnverfolgung von Bearbeitungsmaschinen, z. B. Tunnelvortriebsmaschinen eingesetzt werden. Die im Laborprototyp erreichte Winkelauflösung ist besser 5 Bogensekunden.

7. Ausblick

Zur Zeit wird an einem Redesign der Optomechanik sowie der Elektronik gearbeitet mit dem Ziel, das Triangulationssystem bis zur Fertigungsreife weiterzuentwickeln.

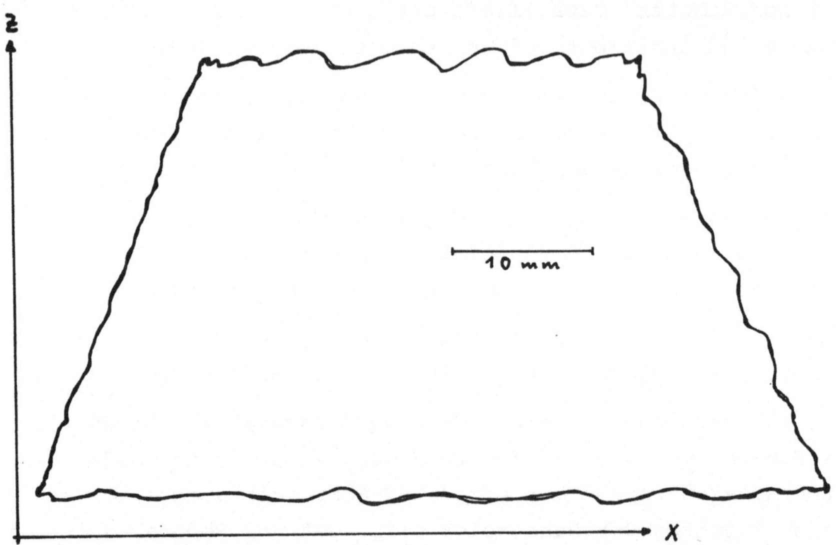

Bild 3: Bahnverlauf eines Roboters mit 4 eingelernten Eckpunkten (zweimaliges Abfahren der Bahn mit
ν = 50 mm/s)

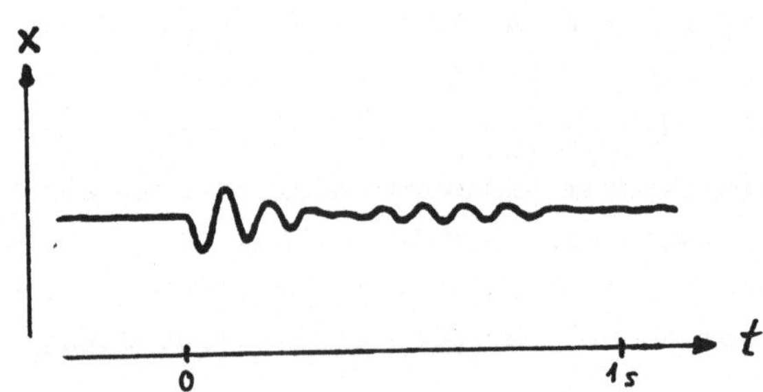

Bild 4: Ausschwingvorgang eines im Stillstand ange-
stoßenen Roboters.

8. Literatur

1. Jordan; Eggert; Kneissl: Handbuch der Vermessungskunde. Bd. II, (1963), S. 34 ff, Metzler-Verlag, Stuttgart.

2. G. Zimmermann: Leistungsfähigkeit und Grenzen optischer Verfahren zur externen Positionsvermessung von Handhabungssystemen. In diesem Band.

3. Position sensing detectors PIN-SC/10, SC/25, SC/50. Datenblatt, United Detector Technology Inc. (UDT), Santa Monica, California.

4. H. Janocha; R. Marquardt: Universell einsetzbares Wegmeßsystem mit analog anzeigenden, positionsempfindlichen Fotodioden. Teil 1: Technisches Messen 10, S. 369-373 (1979); Teil 2: Technisches Messen 11, S. 415-420 (1979).

5. H.-J. Rösler: Aufbau und Entwurf einer rechnergesteuerten Nachführregelung für ein dreidimensionales Meßsystem. Diplomarbeit Universität Karlsruhe, Juni 1983.

Arbeitsraumüberwachung beim Industrieroboter
durch automatische Bildverarbeitung

Image processing for surveillance
of industrial robot workrooms

Uwe L. Haass
Fraunhofer-Institut für Informations- und Datenverarbeitung (IITB)
7500 Karlsruhe

Summary

The operation of industrial robots poses various risks for equipment
and personnel within the workroom. This paper shows how an automatic
visual surveillance system could be used to prevent collisions between man and machine. The system is based on detection, recognition,
and tracking of moving objects and persons from images of the workroom taken by a fixed TV-camera. While motion and current position of
the robot is obtained by extracting characteristic features of the
robot from each image frame,persons intruding into the workroom are
detected by comparing the gray values of consecutive frames. Any
change can be caused by illumination, actual motion, electronic noise,
or technical insufficiencies. A decision is obtained only from con-
sidering regional characteristics. Therefore the image is divided into
square regions of,e.g., 8x8 pixels. Change classification then is per-
formed by evaluating statistics of consecutive gray values within each
of the regions. Since an illumination change leads to constant log-
quotients within a region (the geometry is assumed to be fixed), this
case is decided for by a rating of their calculated variance. Addi-
tional parameters are employed to counter noise and camera effects.
Finally the square regions are labelled as no change,change due to
illumination, change due to motion, or uncertain (i.e. statistical
base is insufficient). All regions indicating motion are used for a
rough segmentation. A trajectory of the intruding person is established as soon as the picture border is trespassed, and cleared when
leaving the field of view. The system has been simulated successfully
in software.

1. Einleitung

Trotz des rasch wachsenden Einsatzes von Industrierobotern (IR) sind
viele damit aufgeworfene sicherheitstechnische Fragen bislang nur unbefriedigend beantwortet worden. Für die Gefährlichkeit eines IR ist
nicht allein dessen kinetische Energie entscheidend. Wegen des großen
Arbeitsraumes, der großen Zahl von Freiheitsgraden und der hohen Geschwindigkeiten sind die Bewegungsabläufe des IR nicht immer richtig
und schnell genug abzuschätzen, um einer möglichen Gefahr auszuwei-
chen.

Mit der VDI-Richtlinie 2853 "Sicherheitstechnische Anforderungen an
Handhabungsgeräte und Industrieroboter" [1], die gegenwärtig überar-
beitet wird, wurde der erste Schritt unternommen, den Gefahren durch
entsprechende Sicherheitsbestimmungen zu begegnen. Die darin enthaltenen Empfehlungen wurden allerdings auf der Grundlage konventioneller
Sicherheitseinrichtungen entwickelt. So wird in erster Linie ein di-
rekter Schutz angestrebt, d.h. der Zutritt von Personen in den Arbeitsraum eines IR ist während des Betriebs durch bestimmte Maßnahmen
zu verwehren.

Für den Fall, daß aber Personen aus betrieblichen Gründen in den Arbeitsbereich des IR eintreten müssen, z.B. bei Einrichte- und War-
tungsarbeiten sowie beim Zuführen von Teilen, sind sowohl für den Betrieb des IR sehr einschneidende Vorschriften zu beachten (wie z.B.
Schleichfahrt und Totmannschalterbedienung) als auch eine Reihe von
indirekten Schutzeinrichtungen gefordert. Hierzu zählen Lichtschranken, Trittmatten und Reißleinen, die den Roboter bereits vor dem Auftreten einer akuten Gefahrensituation abschalten sollen.

Der Anwender fordert Schutzeinrichtungen, die zwar einen wirksamen
Schutz bieten, aber den Betrieb auch nicht stören. Absperrungen be-
hindern den Produktionsablauf, und indirekte Schutzmaßnahmen sind
nicht nur der Gefahr mechanischer Störungen (z.B. aufgrund von Verun-
reinigungen) oder manipulierter Umgehung ausgesetzt, sondern können
häufig die Bewegung des IR nicht rechtzeitig zum Halt bringen. Dies
kann von konventionellen Schutzeinrichtungen auch nicht erwartet werden, da Informationen über die aktuelle Lage und den Bewegungszustand
des IR nicht gewonnen und verarbeitet werden. Mit den oben erwähnten
Maßnahmen wird eine technologische Lücke zwischen Roboter und Sicher-
heitsvorkehrungen deutlich, die dazu führt, daß in der Abwägung zwischen ungehindertem Betrieb des IR und wirksamen Schutzmaßnahmen die

Entscheidung bislang nur für einen restriktiven Betrieb ausfallen
konnte.

2. Systemansatz

Das Ziel der vorliegenden Arbeit ist es, einen Beitrag zur Entwicklung
eines elektronischen Überwachungssystems zu leisten, das aus den Bildern einer fest über dem IR positionierten TV-Kamera automatisch die
Lage und den Bewegungszustand des IR ermittelt. Außerdem sollen Personen, die in den Arbeitsraum eindringen, detektiert und verfolgt werden, und im Falle einer möglichen Kollision soll ein entsprechendes
Signal zur Weiterverarbeitung gegeben werden (d.h. Notstop oder Aus-
weichmanöver).

Eine Wunschvorstellung zur Lösung dieser Aufgabe wäre ein System, das
alle Gegenstände im Arbeitsraum "kennt" und in der Lage ist, eindrin-
gende Personen von diesen oder nach Möglichkeit auch von "unbekannten"
Gegenständen zu unterscheiden. Eine entsprechende automatische Über-
wachungseinrichtung ist beim heutigen Stand der Technik noch nicht
realisierbar. Dagegen bietet sich eine technisch realisierbare Alternative an, bei der auf das "Erkennen" von Bildinhalten weitgehend verzichtet wird, dafür aber Veränderungen im Bild registriert werden.
Der Sensor "sieht" also nur veränderte Bildteile, alle anderen werden
nicht berücksichtigt. Auf diese Weise wird nicht nur eine beträchtliche Datenreduktion, sondern auch eine Konzentration auf diejenigen
Bildteile erreicht, von denen die Gefahren ausgehen.

Dabei muß aber bedacht werden, daß nicht alle Bildänderungen auch ihre
Ursache in bewegten Objekten haben. So führen Beleuchtungsänderungen,
Schweißlichtflackern, Funkensprühen, vorbeiziehende Dämpfe und sich
bewegende Schatten zu Änderungen an Bildstellen, an denen sich nicht
notwendigerweise auch Szenenteile bewegt haben.

Welche dieser Bildänderungen vom Verfahren unterschieden werden müssen, wird vom Anwendungsfall abhängen. Jedoch sind wohl alle IR in
Räumen eingesetzt, in denen die Beleuchtung Ungleichmäßgkeiten unter-
worfen ist und in denen bewegte Schatten auftreten. Für die vorliegende Arbeit wurde deshalb die Forderung gestellt, das Verfahren so zu
entwickeln, daß Beleuchtungseffekte unterdrückt werden.

Um eine einfache geometrische Beziehung zwischen dem von der Fernsehkamera erfaßten Bild und der Lage der Gegenstände im Arbeitsraum her-
zustellen, wurde die Kamera über dem IR in der Verlängerung seiner

Grundachse angebracht und senkrecht nach unten gerichtet (Bild 1).
Bei Bewegungen, die vorzugsweise in einer horizontalen Ebene ablaufen,
wird eine Beschreibung aller in die zweidimensionale Bildebene proji-
zierten Bewegungstrajektorien ausreichen. Die Erfassung räumlicher
Trajektorien würde eine aufwendigere Anordnung erforderlich machen,
z.B. durch Stereo-Kamera-Systeme. Solche weitergehenden Zielsetzun-
gen blieben in dieser Arbeit unberücksichtigt.

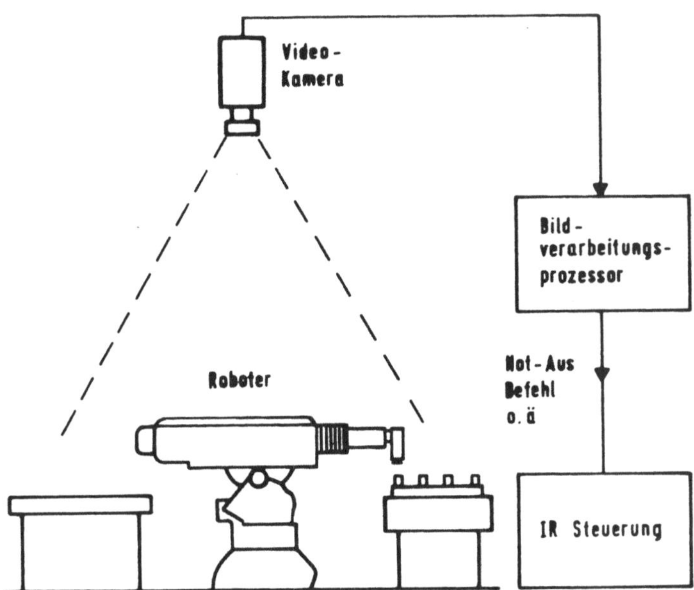

Bild 1: Schema der Arbeitsraumüberwachung mit Videokamera und Bild-
verarbeitungsprozessor.

3. Rahmenbedingungen für das Überwachungssystem

An das Verfahren werden die folgenden Anforderungen gestellt:

1. es soll Änderungen im Bild erfassen und

2. wesentliche Ursachen von Änderungen unterscheiden können,
   d.h. Bewegung und Beleuchtungsänderung. Dazu gehören bewegte
   Schatten genauso wie Änderungen der Gesamthelligkeit durch die
   automatischen Verstärkungsregelung der Kamera.

3. es soll unempfindlich sein gegen Störungen wie Rauschen, das dem
    Video-Signal additiv überlagert sein kann, Vibrationen, die sich
    über die Kamerahalterung auf das Bild übertragen und Zeilenjitter,
    einem statistisch schwankenden horizontalen Versatz der einzelnen
    Bildzeilen; dieser kann insbesondere bei Videokameras mit analogem
    Signalausgang durch die bei der Digitalisierung auftretenden
    Phasenfehler in der Erkennung der Horizontal-Synchronimpulse auf-
    treten.

4. es soll bewegte Objekte vom ruhenden Hintergrund trennen und ver-
    folgen können.

5. es soll mit einem möglichst geringen Aufwand als eigenständiges
    Gerät technisch zu realisieren sein.

6. es soll sich selbst überwachen, das heißt z.B. bei Bildausfall
    entsprechende Signale abgeben können.

4. Diskriminierung von Änderungsursachen

Das einfachste Verfahren zur Detektion von Bildänderungen arbeitet wie
folgt: zwei aufeinanderfolgende Einzelbilder werden Pixel für Pixel
voneinander subtrahiert:

$$x_2[m,n] - x_1[m,n]$$

mit x_2 dem Grauwert zur Zeit T_2 (aktueller Wert), x_1 dem Grauwert zur
Zeit T_1 (Referenzwert) und $[m,n]$ den Indices der Pixelposition. Über-
all dort, wo sich der Grauwert des Bildpunktes nicht verändert hat,
ist die Differenz gleich Null.

In ähnlicher Weise kann der Quotient von aktuellem und Referenzgrau-
wert zur Entscheidung herangezogen werden:

$$\frac{x_2[m,n]}{x_1[m,n]} \ .$$

Wird der Quotient logarithmiert, so erhält man ebenso wie bei der Differenzbildung einen Wert gleich Null, wenn sich der Grauwert nicht
geändert hat, und aus dem Vorzeichen läßt sich erkennen, ob der aktuelle Grauwert größer oder kleiner als der Referenzwert ist.

Es bleibt aber noch die Frage zu beantworten, ob die Änderung auf die Bewegung eines Objektes oder auf Beleuchtungsschwankungen zurückzuführen ist.

Für Beleuchtungsveränderungen kann von folgender Modellvorstellung Gebrauch gemacht werden: unter der Voraussetzung einer festen Geometrie von Beleuchtungswinkel und Szene ist die Helligkeit s an der Bildstelle [m,n] gleich dem Produkt aus der Reflektivität r, einer Objekteigenschaft, und der einfallenden Beleuchtung l, d.h.

$$s[m,n] = r[m,n] \cdot l[m,n] \ .$$

Bei ideal linearer Übertragungskennlinie von Kamera und Digitalisierer ist der Grauwert x[m,n] eine lineare Funktion der Helligkeit s[m,n]. Wird davon ausgegangen, daß die Geometrie der Szene sich nicht, die Beleuchtung aber um den Faktor c verändert hat, dann kann dieser Faktor durch die Quotientenbildung gewonnen werden:

$$\log \frac{x_2[m,n]}{x_1[m,n]} = \log \frac{r[m,n] \cdot c \cdot l_1[m,n]}{r[m,n] \cdot l_1[m,n]} = \log c \ .$$

Aus dem lokalen Quotienten oder der Differenz eines Grauwertpaares läßt sich die Ursache der Grauwertänderung aber noch nicht erkennen. Hierzu bedarf es einer regionalen Betrachtung. Unter der Annahme, daß eine Beleuchtungsänderung mit konstantem Faktor c auf ein Gebiet wirkt, das mehrere benachbarte Pixel umfaßt, dann läßt die relative Häufigkeit dieses Faktors über ein oder mehrere geschlossene Gebiete auf eine Bildänderung aufgrund von Beleuchtungsschwankungen schließen. Die Entscheidung wird also unter Anwendung von Plausibilitätskriterien getroffen, die von einer regionalen Homogenität der Ursachen ausgehen [2].

Die einfachste Form der Einteilung in regionale Teilgebiete ist die Parzellierung des Bildfeldes in gleich große Quadrate von z.B. 8x8 oder 16x16 Bildpunkten. Da die Entscheidung für die Ursache der Bildänderung jetzt für eine ganze Parzelle getroffen wird, wird zwar eine starke Reduzierung der Daten erreicht, es vermindert sich aber auch die örtliche Auflösung im selben Maße. Gleichzeitig wird eine grobe Segmentierung des Bildes nach Ursachen von Bildänderungen erzielt. Dies Verfahren verspricht eine kostengünstige Realisierung in Hardware.

Als Alternative zur Parzellenbewertung ist eine Segmentation des gesamten Bildes entsprechend den Differenzen und Log-Quotienten denkbar, indem von einem 'Keim-Pixel' die Suche nach angrenzenden Bildpunkten gestartet wird, welche das Plausibilitätskriterium erfüllen (sog. Region Growing). Die Nachteile eines solchen Verfahrens bestehen nicht nur im beträchtlichen Zeitaufwand für die Suche, Markierung und Beschreibung homogener Gebiete, sondern auch in der Erfordernis, es wegen seiner flexiblen Vorgehensweise zum größten Teil in Software, d.h. zuungunsten einer speziellen Hardware implementieren zu müssen, was die Verarbeitung der Bildfolgen in Echtzeit beim gegenwärtigen Stand der Technik problematisch erscheinen läßt.

5. Eliminierung von Störeffekten

Additives Rauschen kann bei der Differenz- und Log-Quotientenbildung auch dann zu Werten ungleich 0 führen, wenn sich die Szene nicht geändert hat. Ein solcher Effekt muß daher erkannt und maskiert werden. Für die Differenz wird deren Absolutwert mit einer vorgegebenen Schwelle verglichen, deren Höhe von der gerätespezifischen Standardabweichung des Rauschens abhängt. Erst beim Überschreiten dieser Schwelle wird für eine signifikante Grauwertänderung entschieden. Beim Quotienten tritt noch ein zusätzlicher Effekt auf. So ist der Quotient bei niedrigen Grauwerten viel anfälliger gegen additive Störungen als bei hohen Grauwerten: Während zum Beispiel 20/10 = 2 und 200/100 = 2 identisch sind, führt eine Rauschkomponente von +5 im Zähler und -5 im Nenner zu 25/5 = 5 für die niedrigeren und 205/95 = 2,16 für die hohen Grauwerte.

Auch die Aussteuerungsgrenzen der Kamera werfen Probleme auf. Eine Grauwertänderung jenseits dieser Werte kann nicht mehr registriert werden, wohingegen eine Änderung aus dem zulässigen Bereich über die Grenzen hinweg (oder umgekehrt) immerhin noch auf Bildänderung schließen lassen, auch wenn deren Quotient bzw. Differenz für die Plausibilitätsprüfung nicht mehr auswertbar ist. Beim Vorhandensein von additivem Rauschen und nichtlinearen Abweichungen der Kamerakennlinie an den Aussteuerungsgrenzen empfiehlt es sich, diese durch Clipping so zu setzen, daß im Falle nichtlinearer Abweichungen die Differenz- und Quotientenbildung unberücksichtigt bleibt.

Elektronischer Jitter und mechanische Vibrationen wirken sich in ähnlicher Form aus. Während Jitter als eine Instabilität des Bildes haupt-

sächlich in Zeilenrichtung zu erwarten ist, kann es bei Vibrationen
natürlich zu Instabilitäten in sowohl Zeilen- als auch Spaltenrich-
tung kommen. Der entstehende Effekt soll anhand des Zeilenjitters erläutert werden: Der Zusammenhang zwischen statistischem Zeilenversatz
ε, dem Gradienten des Grauwertes entlang der Zeile x' und dem Differenzbild wird an der in Bild 2 dargestellten Grauwertrampe deutlich:

$$(x_2-x_1) = \varepsilon \cdot x' \quad .$$

Auch bei einer nichtlinear verlaufenden Grauwertfunktion kann diese
Beziehung als Anhaltswert dienen; in diesem Fall nämlich ergibt sie
sich aus einer bereits nach dem ersten Glied abgebrochenen Taylorrei-
henentwicklung.

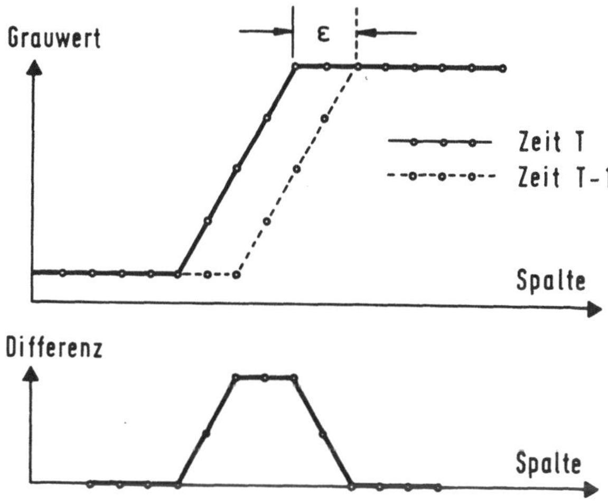

Bild 2:   Zeilenjitter eines Fernsehbildes und sein Einfluß auf das
Differenzbild.

Dieser Zusammenhang läßt sich an einem zweidimensionalen Histogramm
deutlich machen (Bild 3), in dem in der einen Richtung der Gradient
und in der anderen Richtung die Differenz zweier aufeinanderfolgender
Einzelbildpunkte eingetragen sind. Das dargestellte Histogramm wurde
von einer Szene erstellt, in der sich weder die Beleuchtung noch die
Objekte verändert hatten. Für jeden Bildpunkt wurde die Differenz von

zwei nacheinander aufgenommenen Bildern wie auch der Gradient der Grauwertfunktion im zweiten Bild berechnet und in das Histogramm eingetragen. Deutlich ist eine Konzentration der Differenz/Gradienten - Paare innerhalb eines Sektors zu erkennen, der einem statistisch schwankenden Jitter entspricht, dessen Betrag aber über einen gewissen Wert nur selten hinausgeht. Die Anhäufung von Wertepaaren in einem Streifen parallel zur Gradientenwert-Achse ist auf additives Rauschen zurückzuführen. In der Nähe des Koordinatenursprunges tritt eine zusätzliche starke Anhebung des Histogrammes wegen der im verwendeten Bild zahlreich vertretenen Stellen mit einem flachen Grauwertverlauf (homogener Bildinhalt) auf. Eine Maskierung kann nun auf einfache Weise dadurch erfolgen, daß man nur solche Pixel weiter berücksichtigt, bei denen die Differenz/Gradienten-Kombination außerhalb des durch ε vorgegebenen Sektors liegt. Um Vibrationen zu maskieren, wird das gleiche Verfahren auf den horizontalen wie auch vertikalen Gradienten angewendet.

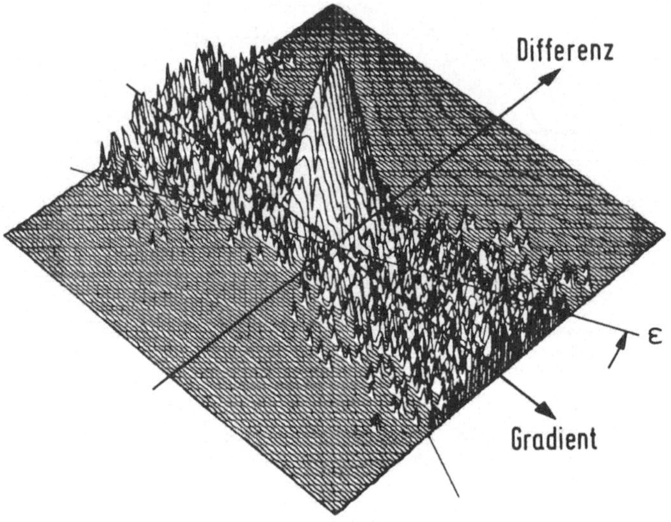

Bild 3: Zweidimensionales Histogramm aus Gradient und Differenz bei unverändertem Bild zur Verdeutlichung der Jitter- und Rauscheffekte.

6. Verfolgung von Merkmalen

Da der Roboter ein bekannter Bestandteil der Szene ist, bietet sich
hier ein Verfahren an, das weniger aufwendig und dennoch genauer als
das im vorigen Abschnitt beschriebene Verfahren der Parzellenklassifi-
kation ist. Die Bewegung des IR kann dadurch bestimmt werden, daß ge-
wisse charakteristische Merkmale von Bild zu Bild verfolgt werden, die
sich bei allen praktisch vorkommenden Beleuchtungsverhältnissen einfach detektieren lassen. In unserem Fall wurde die Drehlage des Roboters durch eine Vermessung der Winkellage von drei Streifen auf der
Abdeckung ermittelt. Geeignet sind aber auch andere kontrastreiche
Merkmale, welche die Lage des Roboters optisch markieren, und die
eventuell auch mit Farbe leicht nachträglich aufgetragen werden können. Die Winkellage der Streifen wurde innerhalb eines rechteckigen
Bildausschnittes (30x30 Bildpunkte) ermittelt, der über die Hauptachse
des IR gesetzt war (Bild 4). Da die Grauwerte innerhalb dieses Fen-
sters im wesentlichen durch den grauen Hintergrund und die schwarzen
Streifen bestimmt sind, konnte durch eine dynamisch sich anpassende
Umwandlung dieses Bildausschnittes in ein Binärbild eine weitestgehen-
de Unabhängigkeit von der Beleuchtung erzielt werden. Die über einen
Konturenverfolger aus dem Binärbild ermittelte Winkellage der Streifen
und damit der Drehlage des Roboters ist im Bild 4 durch eine mittels
Computergrafik erstellte Begrenzungslinie angedeutet. Aufgrund der gegebenen Geometrie des IR ist in unserem Beispiel eine rechteckige Begrenzungslinie ausreichend. Für Roboter mit komplizierteren Bewegungs-
möglichkeiten ist eventuell eine Untergliederung in mehrere, miteinander verbundene Umgrenzungseinheiten erforderlich. Die Verfolgung der
Bewegungsabläufe des IR macht eine ständige Neuvermessung der Position
der Merkmale notwendig, um die Geschwindigkeit bzw. Beschleunigung der
Teile zu errechnen.

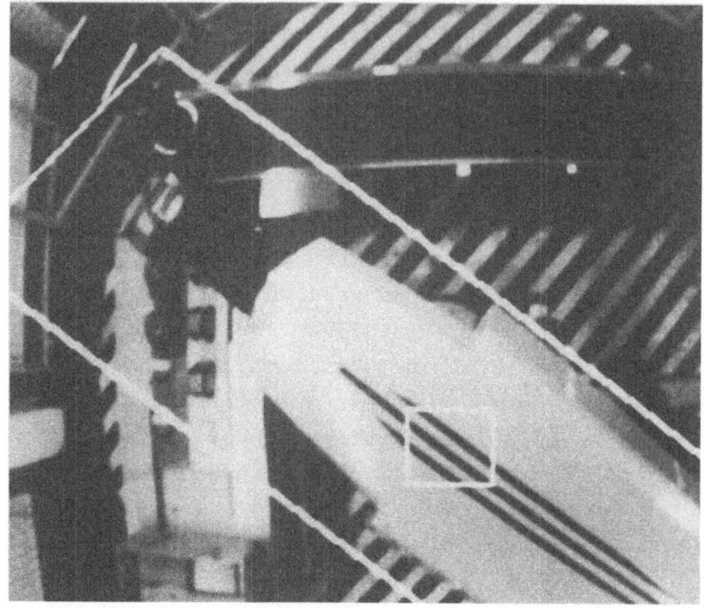

Bild 4: Verfolgung des Roboters durch Merkmalextraktion (hier die schwarzen Linien auf der Abdeckung). Die vom System erkannte Rotationslage des IR-Rumpfes ist durch die mittels Computergrafik erstellte Umgrenzungslinie gekennzeichnet.

7. Gesamtsystem und Beipiele

Bild 5 zeigt das Blockdiagramm des gesamten Systems. Funktionsweise und Anordnung der Systemkomponenten entsprechen den Softwaremoduln,mit denen das Verfahren gestestet wurde, um eine spätere Implementierung in Hardware zu erleichtern. Die von der Fernsehkamera aufgenommenen Einzelbilder werden digitalisiert und mehreren Teilsystemen zugänglich gemacht. Dazu gehören ein Bild-Zwischenspeicher, in dem ein vollständiges Referenzbild abgespeichert wird, die Differenzbildung, Quotientenbildung und der Merkmalextraktor.Bis auf die Merkmalextraktion erfolgen alle weiteren Schritte parzellenweise, d.h. die für die Entscheidung notwendigen Parameter werden getrennt für jede Parzelle berechnet. Im vorliegenden Systementwurf wird dies durch Spezialprozessoren im Videotakt durchgeführt.

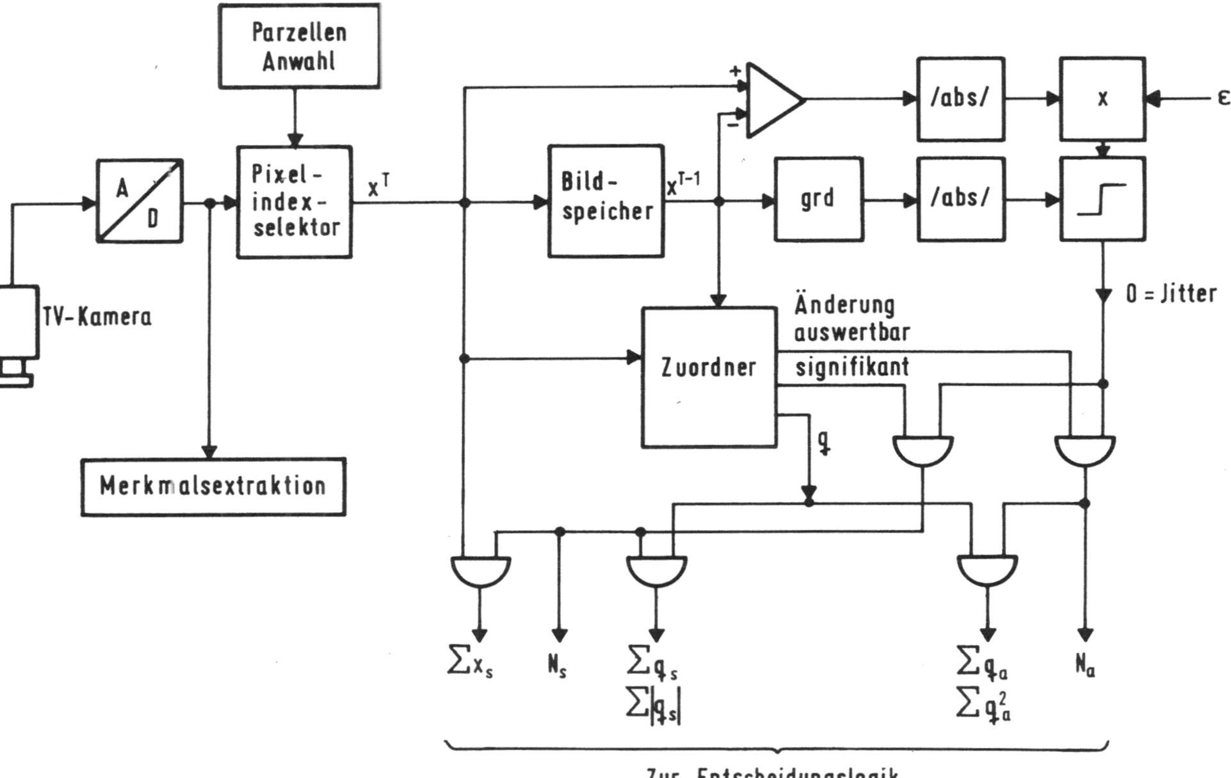

Bild 5: Blockschaltbild des Systems zur Bewegungsdetektion.

Beleuchtungsänderungen bewirken, daß das Vorzeichen von Bilddifferenz und Log-Quotient über ein größeres Gebiet identisch ist. Dies ist aber auch immer dann der Fall, wenn sich ein Objekt mit hohem Kontrast im Verhältnis zum Hintergrund bewegt. Um eine eindeutigere Aussage zu erhalten, wird die Varianz des Quotientenbildes zur Entscheidung herangezogen. Ist diese klein, so wird davon ausgegangen, daß es sich um eine Beleuchtungsänderung mit einem konstanten Faktor handelt.

Während die Differenzbildung über einen Subtrahierer erfolgt, wird der Log-Quotient über eine Zuordner- ('Look-Up-')Tabelle ermittelt, die vor Betriebsbeginn erstellt und geladen wurde. Dieser Zuordner besitzt für jedes Eingangs-Wertepaar, bestehend aus aktuellem und gespeichertem Referenzwert, drei Ausgänge: eine '1' im ersten Ausgang zeigt an, daß sich keiner von den beiden Grauwerten im geclippten Sättigungs- oder Schwarzwertbereich der Kamera befindet und damit eine Änderung auswertbar ist. Auch wenn nur ein Grauwert im Sättigungsbereich liegt, ist diese Information für eine Änderungsdetektion von Interesse. Im zweiten Ausgang erscheint eine '1', wenn die Differenz der beiden Grauwerte signifikant ist, d.h. außerhalb der oben beschriebenen Rauschzone liegt. Der dritte Ausgang enthält schließlich einen skalierten Wert q für den logarithmierten Quotienten. Hierbei wird außerdem noch berücksichtigt, daß das additive Rauschen zu einer grauwertabhängigen Streuung der Quotienten führen kann, d.h. bei niedrigen Grauwerten führen kleine Abweichungen im Grauwert zu größeren Abweichungen des Quotienten als bei hohen.

Zur Maskierung des Zeilenjitters wird der zeilengerichtete Gradient vom Referenzbild über eine 3x1 Maske ermittelt, mit einem erwarteten Wert für ε multipliziert und mit der Grauwertdifferenz verglichen. Am Ausgang des Jittertests finden wir eine logische '1' für den Fall, daß kein Jitter vorliegen dürfte. Unter Anwendung der Jitter-, Rausch- und Sättigungsmaskierung werden nun mehrere statistische Parameter für jeweils eine Parzelle errechnet. Dazu gehören: mittlerer Grauwert, mittlerer Quotient mit und ohne Bereinigung, mittlerer Absolutwert des Quotienten, Varianz des Quotienten sowie die Anzahl der Pixel innerhalb einer Parzelle, für die eine Änderung signifikant bzw. auswertbar ist.

Die so ermittelten Parameter werden jetzt einem Entscheidungsbaum zugeführt, in dem zuerst aus der Anzahl der nicht oder nur teilweise maskierten Pixel eine Entscheidung darüber getroffen wird, ob auch anschließend über den Typ der Bildänderung entschieden werden soll.

Für eine Parzelle werden dann die folgenden Entscheidungen getroffen
und die Parzelle entsprechend gekennzeichnet: (1) keine Änderung, (2)
Änderung aufgrund von Bewegung, (3) Änderung aufgrund von Beleuchtung,
und (4) unsichere Entscheidung (letztere wird getroffen, wenn der Pro-
zentsatz der innerhalb der Parzelle auswertbaren Pixel nicht ausreichend hoch ist; da diese Information aber für eine Nachbearbeitung
immer noch nützlich sein kann, wurde auf die Kenntlichmachung dieses
Falles nicht verzichtet).

Alle Parzellen, in denen für eine Bildänderung aufgrund von Bewegung
entschieden wurde, werden dann zu sogenannten aktiven Zonen zusammengefaßt, die z.B. sich bewegenden Personen zugeordnet werden können.

Im Bild 6 ist dies für eine Beispielszene demonstriert. Parzellen, bei
denen die Logik eine Änderung infolge von Bewegung festgestellt hatte,
sind mit vertikaler Schraffur markiert. Die aufgrund von Beleuchtungsänderungen angesprochenen Parzellen sind durch horizontale Schraffur
kenntlich gemacht. In den Fällen, in denen keine sichere Entscheidung
getroffen werden konnte, wurde eine Kreuzschraffur überlagert.

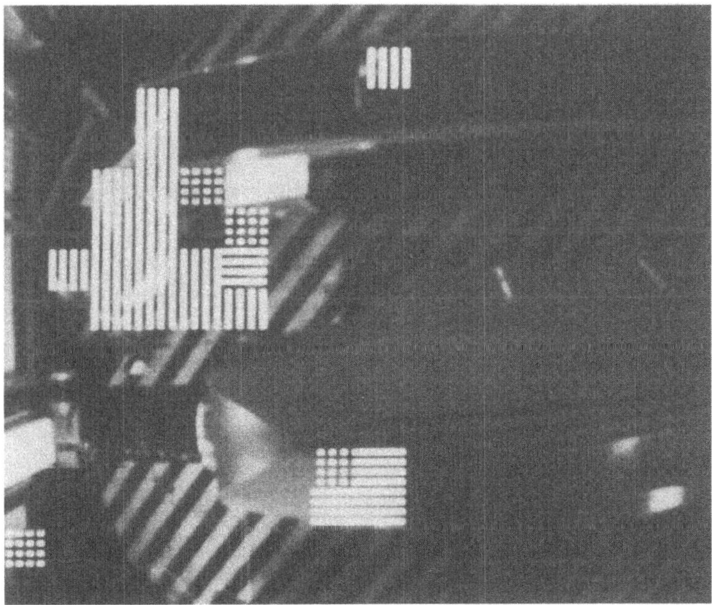

Bild 6: Ergebnis der Bewegungsanalyse. Parzellen, bei welchen Bewegung detektiert wurde, sind durch vertikale Schraffur markiert. Beleuchtungsänderungen sind durch horizontale, Parzellen mit unsicherer Entscheidung durch gekreuzte Schraffur
gekennzeichnet.

Um die Trajektorie der Person im Arbeitsraum zu bestimmen, werden all jene Parzellen zusammengefaßt, bei denen Bewegung detektiert worden war und die sich nicht im maskierten Bereich der Maschinen befinden. Es wird davon ausgegangen, daß beim Eindringen einer Person in den Arbeitsraum ausreichend viele Parzellen am Bildrand ansprechen, so daß der Beginn einer Trajektorie festgelegt werden kann. Der Verlauf der Trajektorie orientiert sich im einfachsten Teil (und dieser wurde implementiert) am geometrischen Schwerpunkt der aktiven Parzellen. Zur Kollisionsverhütung wird ein Kreis um diesen Punkt gezogen, dessen Radius z.B. der Armlänge eines Menschen entspricht.

Für die Verfolgung der Trajektorien werden folgende Vorschriften definiert:

1. sie beginnt am Bildrand (beim Betreten des Arbeitsraumes).

2. sie endet am Bildrand (beim Verlassen des Arbeitsraumes).

3. sollte von keiner Parzelle Bewegung indiziert werden, und eine Trajektorie hatte bislang bestanden, so wird angenommen, daß sich die Person in diesem Augenblick nicht bewegt hat, und die Positionswerte des letzten Ergebnisses werden beibehalten.

8. Zusammenfassung und Ausblick

Das Verfahren wurde in Software erstellt und ist soweit entwickelt, daß die Bewegungen des IR und einer eindringenden Person bei wechselnden Beleuchtungsverhältnissen erkannt werden.

Es bieten sich aber noch einige Punkte zur Verbesserung an. So ist insbesondere das Verfahren zur Bestimmung des Zentrums der bewegten Person durch Berechnung des geometrischen Schwerpunktes über alle aktiven Parzellen unbefriedigend, weil deren Konstellation stark vom Grauwertverlauf des Hintergrundes abhängt. Wenn eine bessere Trennung der bewegten Person bzw. bewegter Objekte vom Hintergrund gewünscht wird, muß zusätzlicher Forschungsaufwand getrieben werden.

Das Ziel dieser Arbeit hatte darin bestanden, die Durchführbarkeit eines Verfahrens zur Überwachung des Arbeitsraumes mit Kamera und Bildverarbeitungsmethoden zu erforschen und zu demonstrieren. Durch die Verwendung 'intelligenter' Algorithmen ist eine weitgehende Unabhängigkeit des Verfahrens von Beleuchtungsschwankungen und den schwerwiegensten Störquellen erreicht worden.

Aufgrund der erfolgreichen Tests mit Videoaufzeichnungen einfacher Arbeitsraumszenen ist eine Weiterentwicklung in Richtung auf die folgenden zusätzlichen Fähigkeiten möglich:

1. Ein flexibles, programmierbares Überwachungssystem, das durch den Aufbau in Modultechnik für Szenen mit wachsender Komplexität erweitert werden kann. Der Überwachungsbereich kann durch die Verwendung weiterer Kameras vergrößert oder durch die Definition nicht-sensitiver Gebiete eingeschränkt werden.

2. Das Verfahren kann zur Funktionskontrolle von einem oder mehreren zusammenarbeitenden IR dienen, da es auf eine Verdrahtung mit der IR-Steuerung nicht angewiesen ist.

3. Mit diesem Verfahren wird sowohl das Eindringen in einen definierten Arbeitsraum als auch der Aufenthalt in der Nähe des IR überwacht, und durch die Einbeziehung von Bewegungsmodellen wird sowohl die Verfolgung bei kurzzeitiger Verdeckung wie auch die Vorhersage von Kollisionen ermöglicht.

4. Grundsätzlich läßt sich das hier beschriebene Überwachungssystem auch im Arbeitsraum anderer Maschinen (z.B. von Kränen oder Handhabungssystemen) anwenden, solange ähnliche Bedingungen vorliegen.

9. Literatur

[1]   VDI-Richtlinie 2853 (Entwurf). VDI-Verlag GmbH, Düsseldorf, 1979.

[2]   Haass, U.L.: A visual surveillance system for tracking of moving objects in industrial workroom environments. Proc. 6th Int. Conf. Pattern Recognition, 19.-22. Okt. 1982, München, S. 757-759.

<u>Erweiterung der Einsatzmöglichkeiten von Industrierobotern</u>
<u>durch Sensoren und taktile Greifer/Sensorsysteme</u>

<u>Increasing the Possibilities for the Applications of</u>
<u>Industrial Robots with Sensors and Tactile Gripper/</u>
<u>Sensor Systems</u>

E. Abele, D. Haaf, J. Spingler, M.C. Wanner, U. Schmidt
Fraunhofer-Institut für Produktionstechnik und Automatisierung (IPA)
7000 Stuttgart 80

<u>Summary</u>

The number of industrial robots applied in the area of assembly is
yet very small - in opposite to other production areas. One reason
for this is, that industrial robots do not yet have the sensitive
abilities required for the assembly process and the control of
assembly operations. One of the objectives of the research work at
the Fraunhofer-Institute for Manufacturing Engineering and Automation (IPA), Stuttgart, was therefore to solve the problems of joi-
ning by means of tactile sensors and visual control. The solutions
which were found and which will be applied for industrial robots in
the future are described in this report.

1.　　　Einleitung

Der Stand der Technik im Bereich der Montage hat eine sehr hohe Bedeutung für die Beurteilung der zukünftigen wirtschaftlichen Konkurrenzfähigkeit der Fertigungsindustrie. Nicht nur die Automobilindustrie sieht in der Montage eine der letzten Rationalisierungsreserven, die es verstärkt zu nutzen gilt.

Die Montage ist jedoch ein Bereich der Fertigungstechnik, in dem der Mensch aufgrund seiner überragenden sensorischen Fähigkeiten nur unter großem technischen und wirtschaftlichem Aufwand durch automatische Systeme ersetzt werden kann. Deshalb muß er auch Tätigkeiten durchführen, die zum einen seinen intellektuellen Fähigkeiten nicht entsprechen (geringe Arbeitsinhalte) oder zu einer hohen psychischen und physischen Belastung des Menschen führen (kurze Taktzeiten, einseitige körperliche Beanspruchung).

Im Mittelpunkt des Interesses steht deshalb der Einsatz von Industrierobotern, die im Bereich der Montage zu einer starken Erhöhung der Flexibilität führen sollten.

Der Einsatz von Industrierobotern in der Montage hat sich in den letzten Jahren in absoluten Zahlen ausgedrückt zwar vervielfacht, im Vergleich zu anderen Einsatzgebieten von Industrierobotern (z. B. Beschichten, Schweißen, Werkzeugmaschinenbeschickung...) werden jedoch in der Montage noch sehr wenige Industrieroboter eingesetzt. Von den Ende 1982 in der Bundesrepublik Deutschland installierten 3500 Industrierobotern waren lediglich 120 Geräte im Montagebereich eingesetzt.

Ein Grund für den derzeit noch geringen Einsatz von Industrierobotern in der Montage liegt vor allem an den hohen Anforderungen an derartige Geräte. Ein wichtiger Problemschwerpunkt liegt hier im Bereich der sensorischen Fähigkeiten des Industrieroboters und der Verknüpfung der Sensorsignale durch die Steuerung des Industrieroboters. Besonders für Montageaufgaben müssen hohe Anforderungen gestellt werden, da der Industrieroboter dieselben Regelvorgänge durchführen muß, die auch der Mensch wie selbstverständlich beim Montieren ausübt, wie z.B. dem Suchen von genauen Positionen beim Fügen (Bolzen-Loch-Problem), dem Überwachen von Montagevorgängen oder dem Anpassen von Einzelteilen und Baugruppen.

Im Mittelpunkt der Forschungsarbeit des Fraunhofer-Instituts für Produktionstechnik und Automatisierung (IPA) Stuttgart, stand dabei der Problemkomplex des Fügens unter Verwendung taktiler Sensoren und die visuelle Überwachung des Montageprozesses.

Hier konnten grundlegende Lösungsansätze gefunden werden, die bei zukünftigen programmierbaren Montagesystemen Verwendung finden werden.
Ein programmierbares Montagesystem besteht aus einem oder mehreren
Industrierobotern, die mit Sensoren, Greifern und Werkzeugen sowie
weiteren, für die Durchführung von Montageaufgaben erforderlichen peripheren Einrichtungen, Magazinen, Montagevorrichtungen, Montagestationen (Schrauben, Pressen) und Verkettungseinrichtungen, ausgestattet sind.

2. Darstellung der Vorentwicklung

2.1 Greifersystem mit Sensoren

Aus der Analyse von Montageaufgaben und aus Montageversuchen konnten
Anforderungen an ein taktiles Greifer/Sensorsystem gestellt werden.
Mit dem taktilen Greifer/Sensorsystem wird die Problematik gelöst,
die infolge Positions- und Formabweichungen zwischen Greifer oder Mon-
tagewerkzeug, Werkstück, teilmontierter Baugruppen und Montagevorrichtung beim Greifen und Fügen von Werkstücken entsteht (Bild 2.1)/1/.

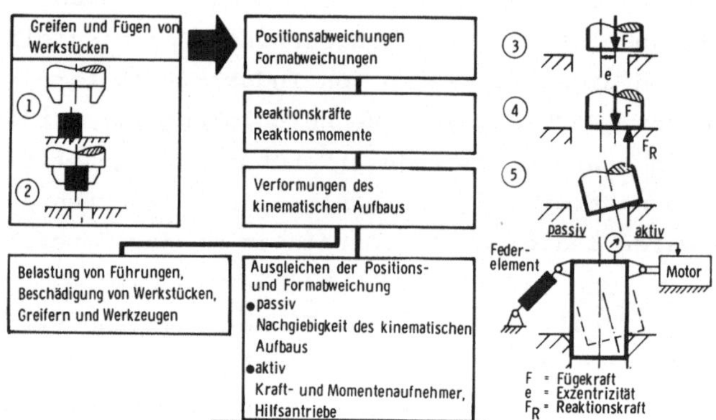

Bild 2.1: Aufgabenstellung und Lösungsansätze für ein taktiles
Greifer/Sensorsystem

Positionsabweichungen können im allgemeinen dabei aufgrund von Posi-
tionierfehlern des Industrieroboters, Programmierfehlern oder Lageab-
weichungen des Werkstücks, zum Beispiel in einer Zuführschiene, entstehen. Formabweichungen treten im allgemeinen aufgrund von Ferti-

gungsfehlern oder ungünstiger Toleranzen der zu fügenden Werkstücke
auf. Beim Greifen oder Fügen können dann Reaktionskräfte und Reak-
tionsmomente entstehen, die über das im Greifer gespannte Werkstück
auf den Greifer und den Arm des Industrieroboters einwirken. Durch
diese Kräfte und Momente kann der kinematische Aufbau des Greifers
und des Roboterarms verformt werden. Neben teilweise hohen Belastungen
von Lagern und Führungen können Beschädigungen an Greifern, Werkzeugen, Werkstücken, teilmontierten Baugruppen und Montagevorrichtungen
auftreten. Das taktile Greifer/Sensorsystem kann aufgrund einer nach-
giebigen Aufhängung Positions- und Formabweichungen ausgleichen und
somit die erfolgreiche Durchführung des Montagevorganges sicherstel-
len (Bild 2.2).

Bild 2.2: Taktiles Greifer/Sensorsystem mit nachgiebiger Auf-
          hängung in sechs Achsen und Wegmeßsystem in Füge-
          richtung

Bei der Entwicklung des taktilen Greifer/Sensorsystems mußten weitere
Funktionen berücksichtigt werden, die eng mit der Aufgabe Greifen und
Fügen verbunden sind. Dazu gehört der Antrieb des Greifers und Werkzeuges und eine Einrichtung zum automatischen Wechseln von probleman-
angepaßten Greifern und Werkzeugen.
Komplexe Handhabungsaufgaben in der Montage erfordern im allgemeinen
unterschiedliche Werkzeuge und Greifer innerhalb eines Arbeitszyklus-
ses des Industrieroboters. Wechseleinrichtungen sind meist sehr groß
und schwer und eignen sich nicht für die Integration in ein komplexes
taktiles Greifer/Sensorsystem. Diese Erkenntnisse führten dazu, daß
für das Problem "Wechselflansch" als prinzipielle Schwachstelle im
Greifer/Sensorsystem als erstes Lösungen gesucht wurden.

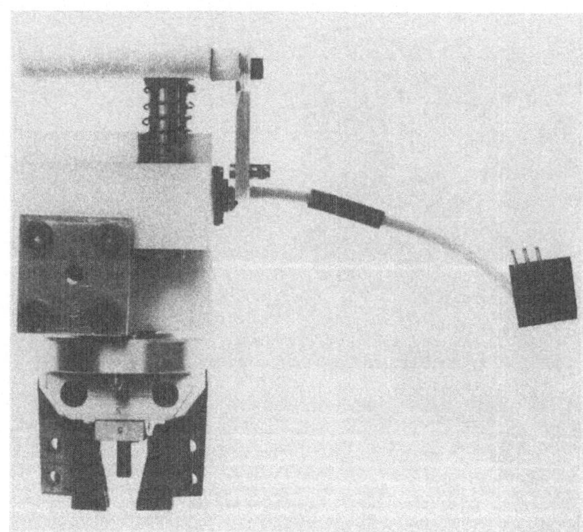

Bild 2.3: Wechselflansch für
Greifer und Werkzeuge

Bild 2.3 zeigt die Wechseleinrichtung mit der der standardisierte
Flansch des Greifers oder Werkzeuges positioniert und pneumatisch ge-
spannt wird.
In die Wechseleinrichtung ist das pneumatische Betätigungselement des
Greifers integriert. Durch die im Wechselflansch integrierte Greifer-
betätigung muß beim Greiferwechsel nur der mechanische Aufbau des
Greifers ausgetauscht werden, die Antriebselemente des Greifers ver-
bleiben am Roboterarm.

Die Greiferbaureihe (<u>Bild 2.4</u>) basiert auf einem einfachen Zangengreifer. Dieser Greifer besteht aus dem standardisierten Flansch,
einem Grundkörper und zwei Zangenhebeln. Er kann durch spezielle
Backen an unterschiedliche Werkstückgeometrien angepaßt werden /1/.

<u>Bild 2.4:</u> Greiferbaureihe mit standardisierter mechanischer
Schnittstelle

Aus Gründen der Massenreduzierung wurde das Prinzip der Greifer und
der Wechseleinrichtungen auch auf eine Variante mit wesentlich kleineren Hauptabmessungen übertragen. <u>Bild 2.5</u> zeigt diese kleine Variante des Wechselgreifers und der Wechseleinrichtung. Die Masse des
Greifers konnte auf 0,060 kg und die der Wechseleinrichtung auf
0,120 kg reduziert werden.

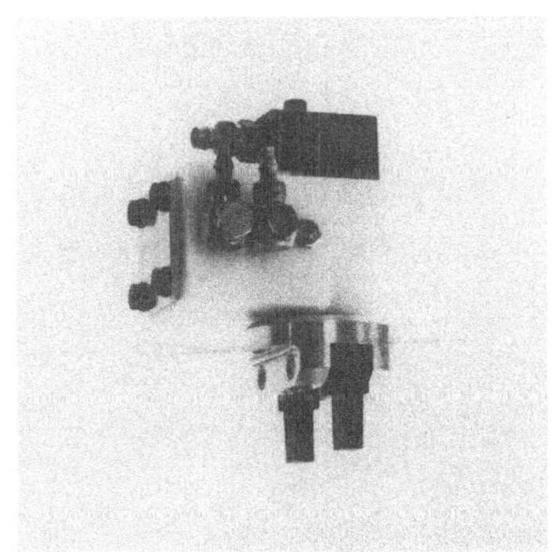

<u>Bild 2.5:</u> Kleiner Wechselflansch für
Greifer und Werkzeuge

2.2 Programmierbares Montagesystem als Versuchsträger

Neben dem im Rahmen des Forschungsvorhabens entwickelten Laborprototyp eines sehr fortgeschrittenen Handhabungssystems (Bild 2.6),wurde
insbesondere ein zweiarmiger SIGMA-Montageroboter (Olivetti) als Versuchsträger zur Durchführung von Montageversuchen verwendet. Um das
taktile Greifer/Sensorsystem unter praxisnahen Bedingungen in Dauer-
versuchen zu erproben und die Möglichkeiten zukünftiger programmier-
barer Montagesysteme aufzuzeigen, wurde der SIGMA-Montageroboter ab-
geändert und mit Zusatzeinrichtungen versehen (Bild 2.7) /2/.

Bild 2.6: Laborprototyp des fortschrittlichen Handhabungssystems

Bild 2.7: Olivetti
SIGMA-
Montageroboter
als
Versuchsträger

Neben dem Überwachen von Montagevorgängen mit taktilen Sensoren ist
die visuelle Überwachung eine wichtige Voraussetzung dafür, daß viele
Montageprozesse sicher und zuverlässig durchgeführt werden können. Im
Bereich der manuellen Montage benutzt der Mensch dabei seinen visuellen Sinn vorwiegend dazu, bereitgestellte Werkstücke zu "finden",
ihre genaue Orientierung zu erkennen, die Bewegungen der Werkstücke,
seiner Hände und eventuell eingesetzter Werkzeuge zu steuern und anschließend die teilmontierte Baugruppe auf richtige Durchführung des
Montagevorganges zu überprüfen.
Zur Erprobung der Kopplung eines Fernsehsensors und eines Industrieroboters bei der Durchführung komplexer Handhabungsaufgaben wurde ein
Fernsehsensor in das programmierbare Montagesystem integriert. Ziel
dabei war, einen einfachen Fernsehsensor zur Überwachung des Montageprozesses zu verwenden, wobei die Bedienung des Fernsehsensors voll
in die Bedienung und Programmierung des Montageroboters integriert
werden sollte, quasi als neue Komponente des programmierbaren Montage-
sytems. Geht man davon aus, daß ein programmierbares Montagesystem im
Bereich kleiner Serien den Anwender aus wirtschaftlichen Gründen dazu
zwingt, den Aufwand für die herkömmliche Art der Überwachung, nämlich
eine große Anzahl von Endschaltern, Lichtschranken, usw. zur Quittie-
rung beinahe jeder Bewegung so weit es geht zu minimieren, dann wird

der Sinn einer solchen übergeordneten visuellen Kontrolle schnell sichtbar. Mit dem Fernsehsensor können programmgesteuerte sehr verschiedene Zustände des Montagesystems abgefragt und zum Beispiel zum Aufruf von geeigneten Unterprogrammen verwendet werden. Damit kann etwa überwacht werden, ob ein Greifer ein Werkstück richtig gegriffen hat oder die programmgemäße Durchführung eines Fügevorganges überprüft werden. Im Prinzip dient der Fernsehsensor deshalb einer allerdings weitgehend vereinfachten Sichtprüfung, bei der es ausreichend ist, verschiedene optische Marken, deren Lage und Form bekannt ist, auf ihr Vorhandensein zu überprüfen.

Dieser Fernsehsensor wurde vom Fraunhofer-Institut für Informations- und Datenverarbeitung (IITB) Karlsruhe gebaut und mit einer Schnittstelle versehen, die die Bedienung des dafür verwendeten Microcomputers durch die Rechnersteuerung und die hochentwickelte Programmiersprache SIGLA des Montageroboters erlaubt /3/.

2.2.1 Verkettung des SIGMA-Montageroboters mit einem Bildauswertungssensor

Das Roboterbetriebssystem POLIPO mit der Sprache SIGLA läuft als Benutzerprogramm auf einer DEC-CPU LSI 11 unter dem Rechnerbetriebssystem RT 11. Das Schema der hardwaremäßigen Verkettung der SIGMA-Steuerung mit dem Zeilensensor zeigt Bild 2.8.

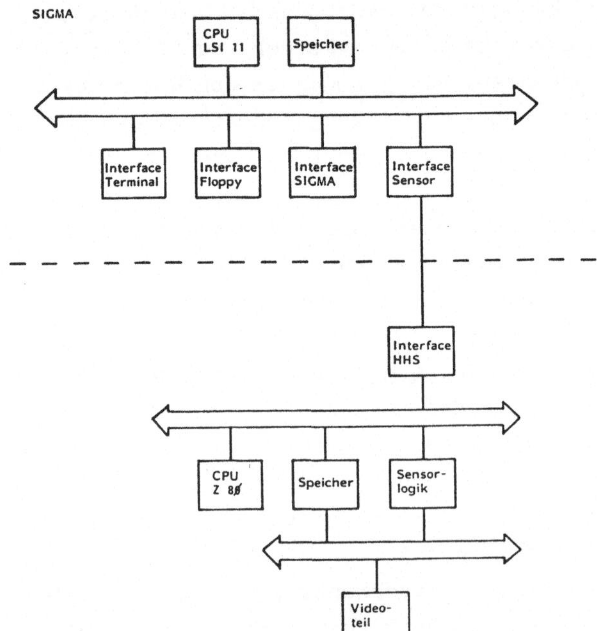

Bild 2.8: Hardwaremäßige Verkettung der SIGMA-Steuerung mit dem Zeilensensor

Die Roboterprogrammiersprache SIGLA wurde in den späten 70er Jahren
für den SIGMA-Montageroboter von Olivetti entwickelt. Die Sprache hat
eine sehr einfache Syntax:

$$YY \; / \; p1, \ldots \ldots, p16;$$

Der Befehlsvorrat umfaßt Befehle zur Programmablaufkontrolle, Bewe-
gungs- und Positionsbefehle, Arithmetikbefehle und Editorkommandos
(Bild 2.9). Über ein Softwareinterface kann der Hersteller für spezielle Anwendungen zusätzliche Befehle einfügen. Diese Möglichkeit
konnte dank der Kooperationsbereitschaft der Fa. Olivetti zur Integration von Sensorbefehlen durch das IPA genutzt werden.

MNEMONIC	INSTRUCTION	MNEMONIC	INSTRUCTION
	JOB CONTROL INSTRUCTIONS		
MD	MEMORY PRINT	ST	STORE
IN	TEACHING	MA	EXECUTION 1 CYCLE
LI	LIST	SA	SEMIAUTO CYCLE
DU	DUMP	AU	AUTO CYCLE
	SYSTEM DRIVE INSTRUCTIONS		
OR	ARMS RESET TO ZERO	HL	HOLD POSITION
MO	AXIS MOTIONS	WA	WAIT
AX	AUXILLIARY COMPONENTS		
	NON STORED INSTRUCTIONS		
CO	CONSOLE	RM	RESTART MOTION
AS	ABS. COORDINATE PRINT	NT	NOTE ON TELEPRINTER
NM	NO MOTION	FI	END OF SUBROUTINE
	LOGICAL INSTRUCTIONS FOR SEQUENCE CHECK		
NU	LABEL	BG	JUMP IF GREATER
JU	JUMP TO A LABEL	LB	LINK LABEL
BL	JUMP IF LESS	KO	LOGIC BLOCK
BE	JUMP IF EQUAL	EX	SUBROUTINE CALL
	GEOMETRIC REFERENCE INSTRUCTIONS		
RI	REFERENCE	II	START OF INCREMENTED VALUE
SP	SET POSITION	IF	END OF INCREMENTED VALUE
CP	LOAD POSITION	QA	ANTICOLLISION DIMENSION
	ARITHMETIC CALCULATION INSTRUCTIONS		
SE	SET	NE	NEGATION
IC	ALGEBRAIC ADDITION		
	EDIT INSTRUCTIONS		
RE	REPLACE	DE	DELETE
PL	PLACE		
	SPECIAL INSTRUCTIONS		
RP	WALL SEARCH	PP	PERMISSION PRESENT
	SENSOR INSTRUCTIONS (IPA)		
SL	SELECT LINES	PS	PROGRAM SCENE
LL	LINE LENGTH	CS	CHECK SCENE
ST	SET TOLERANCE		

Bild 2.9:

SIGLA -
Befehls-
vorrat

Der vom IITB entwickelte Zeilensensor ist ein Bildauswertungs-Sensor der statische Szenen erfaßt und davon ein Binärbild erzeugt. Er wertet jedoch nicht das gesamte Bild aus, sondern lediglich zwei vom Benutzer beliebig anwählbare Zeilen (Bild 2.10). Dadurch kann ein preiswerter Schaltungsaufbau verbunden mit einer niedrigen Auswertezeit erreicht werden.

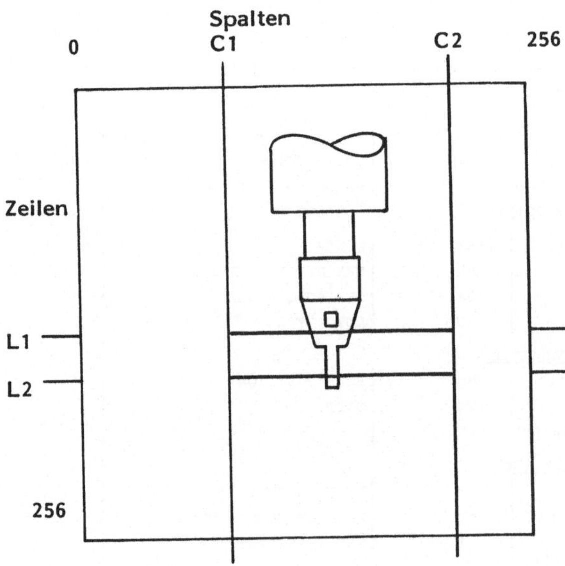

<u>Bild 2.10:</u> In SIGLA programmierbare Zeilen und Spalten
des Zeilensensors

Der Benutzer bestimmt Lage (L1, L2) und Länge (C1, C2, für beide Zeilen gleich) der Zeilen. Innerhalb dieser zwei Zeilen können bis zu 64 Schwarz-Weiß-Übergänge erfaßt und gespeichert werden. Die Auswertelogik des Sensors erkennt Anzahl, Position innerhalb der Zeilen und Abstände der Schwarz-Weiß-Übergänge. Damit ist die Szene nicht mehr einem bestimmten Bildausschnitt zugeordnet. Zeilen und Spalten, obgleich gespeichert, spielen beim Vergleich mit einer aktuellen Szene keine Rolle, da nur die Schwarz-Weiß-Übergänge zur Erkennung maßgebend sind. Ein und dieselbe Szene kann also in verschiedenen Bildausschnitten gesucht und erkannt werden.

Im Speicher des Zeilensensors - 4 K - können ca. 50 - 60 Szenen bestehend aus je 70 Daten, nämlich

- Szenennummer
- Zeile 1
- Zeile 2
- Spalte 1
- Spalte 2
- Toleranz
- 64 Schwarz-Weiß-Übergänge

abgelegt werden. Der Vergleich einer so abgespeicherten Szene mit einer aktuellen Szene dauert etwa 40 ms.

Unter Ausnutzung des schon erwähnten Softwareinterfaces für zusätzliche SIGLA-Befehle wurden folgende Sensorbefehle in die POLIPO-Software integriert:

SL / L1, L2;   Select Lines
Dem Sensor werden die Nummern der Zeilen L1 und L2 übergeben. Die programmierten Zeilen werden auf dem Überwachungsmonitor sichtbar.
LL / C1, C2;   Length of Lines
Dem Sensor werden die Nummern der Spalten übergeben, zwischen denen die Zeilen L1 und L2 ausgewertet werden. Die Zeilen werden auf dem Monitor in dieser Länge abgebildet.
ST / T;   Set Tolerance
Dem Sensor wird ein Toleranzwert übergeben, mit dem die Korrelation zwischen programmierter und aktueller Szene vorgenommen wird.
PS / S;   Program Scene
Die auf dem Monitor dargestellte Szene wird unter der Nummer S wie zuvor beschrieben abgespeichert.

CS / S, L1, L2, C1, C2, Label 1, Label2;   <u>Check Scene</u>
Innerhalb der Zeilen L1 und L2 sowie der Spalten C1 und C2 wird die
auf dem Monitor dargestellte Szene mit der abgespeicherten Szene
Nr. S verglichen. Bei Übereinstimmung der Szenen erfolgt im SIGLA-Programm ein Sprung zum Label 1, andernfalls zum Label2.

An einem kurzen SIGLA-Programm soll gezeigt werden, wie z. B. ein Binärbild systematisch - von oben links diagonal nach unten rechts -
nach einer Szene abgesucht werden kann.

<u>SIGLA-Code</u>	<u>Interpretation</u>
SE/P1,O:	L1 = O
SE/P2,10;	L2 = 10
SE/P3,O;	C1 = O
SE/P4,100;	C2 = 100
NU/1;	Label 1
IC/P1,5;	L1 = L1 + 5
IC/P2,5;	L2 = L2 + 5
BE/P2,256,3;	IF P2>256 JUMP TO Label 3
IC/P3,2;	C1 = C1 + 2
IC/P4,2;	C2 = C2 + 2
BG/P4,256,3;	IF P4>256 JUMP TO Label 3
CS/100,P1,P2,P3,P4,2,1;	Vergleiche Szene 100
	mit der aktuellen Szene
	= : weiter ab Label 2
	$\neq$: weiter ab Label 1

NU/2;

.

.

. Szene erkannt

.

.

NU/3;

.

.

. Fehlerbehandlung

.

.

Die folgenden Abbildungen zeigen einige Anwendungsmöglichkeiten der
Montage mit Sensorüberwachung (Bild 2.11, 2.12, 2.13, 2.14)

Bild 2.11: Visuelles Überprüfen des Vorhandenseins eines Werkstückes in einer Montagevorrichtung (I)

Bild 2.12: Visuelles Überprüfen des Vorhandenseins eines Werkstückes in einer Montagevorrichtung (II)

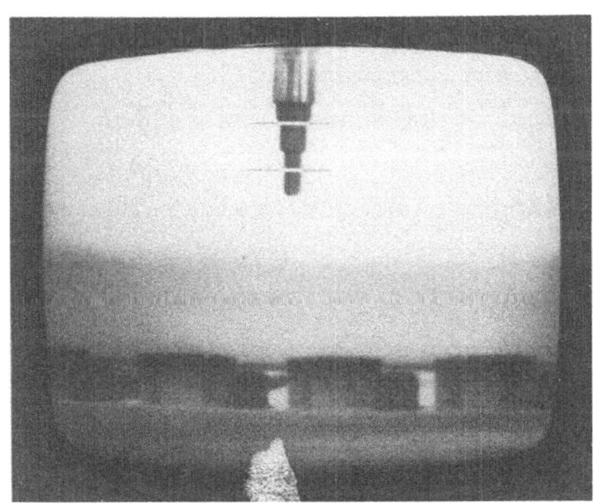

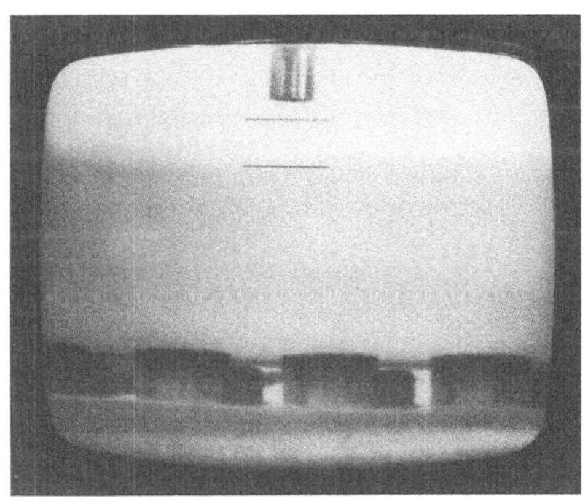

Bild 2.13: Visuelle Vollständigkeitskontrolle eines Werkstückes am Greifer (I)

Bild 2.14: Visuelle Vollständigkeitskontrolle eines Werkstückes am Greifer (II)

3   Modulares taktiles Greifer/Sensorsystem (MTGS)

Aufbauend auf den Erfahrungen, die durch die Versuche mit dem taktilen Greifer/Sensorsystem gewonnen wurden, wurde ein Baukastensystem
eines modularen taktilen Greifer/Sensorsystems (MTGS) entwickelt.

Die Modularität bezieht sich auf folgende Eigenschaften:

o unterschiedlicher Greiferantrieb:
  es steht ein positionierbarer rotatorischer Antrieb mit Gleich-
  strommotor und Potentiometer als Wegmeßsystem oder ein transla-
  torischer Antrieb durch einen Pneumatikzylinder zur Verfügung
o eine modular aufgebaute Schnittstelle zwischen Arm und Greifer ermöglicht es, unterschiedliche Energien (elektrisch und pneumatisch)
  und analoge und digitale elektrische Informationen zwischen diesen
  Komponenten zu übertragen.
o eine Greiferbaureihe mit unterschiedlichen Wirkprinzipien erlaubt
  unterschiedliche Greifarten sowie das Überwachen der Greifkraft.
Die durch Versuche mit den ersten Prototypen der Komponenten des
MTGS (Greiferwechseleinrichtung, Greiferantriebsbaugruppe, Parallelbackengreifer, Zangengreifer, Greiferbacke mit Schalter) gewonnenen
Erkenntnisse, waren die Grundlage für entscheidende Verbesserungen
des MTGS.
Im Vordergrund standen insbesondere:

o Die Reduzierung der Hauptabmessungen und der Masse des MTGS
o die Erhöhung der Zuverlässigkeit der Einzelkomponenten
o Vereinfachung des Aufbaus und der Bauteile und somit Senkung der
  Herstellkosten
o die Verbesserung der elastischen Aufhängung und der Greiferschnitt-
  stelle.
Ergebnis der Entwicklungsarbeiten ist ein Baukastensystem, das mit
variablen Ausbaustufen dem Industrieroboter und den verschiedenen
Füge- und Handhabungserfordernissen angepaßt werden kann (Bild 3.1;
3.2).
Das modulare taktile Greifer/Sensorsystem (MTGS) wird höhen Flexibilitätsanforderungen auf dem Gebiet der Montage und komplexen Aufgabenstellung gerecht.

Bild 3.1: Modulares taktiles Greifer/Sensorsystem

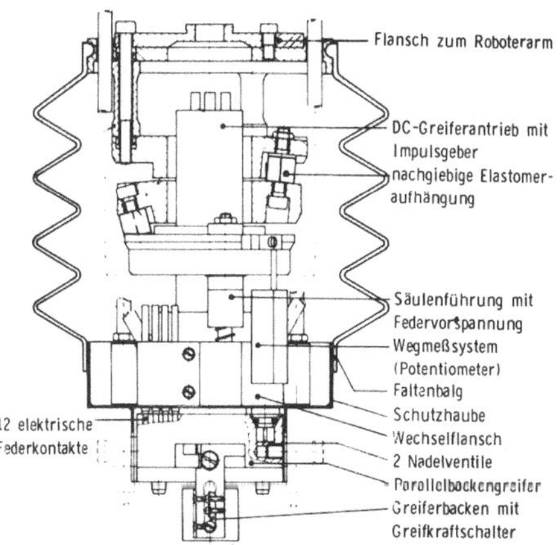

Bild 3.2: Elemente des modularen taktilen Greifer/ Sensorsystems

Es ist gelungen, sensorische Fähigkeiten und eine hohe greifer- bzw. werkzeugbezogene Flexibilität mit geringer Gesamtmasse und kompakten Abmessungen zu vereinen. Taktile Sensoren zur Überwachung der Füge- und Greifkraft sowie des Fügeweges, kombiniert mit einer sechsachsigen, passiven Einrichtung zum Toleranzausgleich beim Fügen, versehen den Industrieroboter mit einem einfachen "Tastgefühl", das die praktischen Anforderungen optimal erfüllt. Eine vereinheitlichte Schnittstelle ermöglicht das automatische Wechseln von Greifern und Werkzeugen durch den Industrieroboter und die Überwachung mechanischer, pneumatischer und elektrischer Energie sowie elektrischer Informationen zwischen dem Arm des Industrieroboters und dem aufgabenspezifischen Greifer bzw. Werkzeug.

Das Baukastensystem besteht aus folgenden Komponenten:

o Greiferwechselflansch

o elektrische Greiferantriebsbaugruppe

o pneumatische Greiferantriebsgruppe

o pneumatische Kupplung Arm/Greifer

o elektrischer Kontaktmodul Arm/Greifer

o sechsachsige nachgiebige Aufhängung mit entkoppelten Freiheitsgraden

o einachsiger Fügeweg/Kraftsensor (max. 8 mm oder 3.8 N)

o Gehäuse mit Schutzhaube und Faltenbalg

o Anschlußflansch für PUMA, SIGMA oder andere Industrieroboter

o Parallelbackengreifer (Hub O ... 25 mm, Greifkraft max. 75 N)

o Greiferbacken mit Greifkraftschalter

o greiferseitige Kontaktplatte und Aufnahme für elektrische und pneumatische Kontakte bzw. Kupplungen

o Zangengreifer für pneumatische Greiferantriebsbaugruppe

o Andrehgreifer mit 1/4" Aufnahme für Schraubwerkzeuge (max. O,6 Nm)

o MTGS-Sensor-Interface mit 3-Schwellen-Komparator zum Einbau im
  Roboterarm

o MTGS-Controller mit Zilog 80 Microcomputer zur Ansteuerung der
  elektrischen Greiferantriebsbaugruppe, Überwachung des Fügeweges/
  Kraftsensors und der Greifkraft und zur Verkettung mit der Steuerung
  eines Industrieroboters.

3.2   Greiferwechseleinrichtung

Durch konstruktive Maßnahmen konnte die Greiferwechseleinrichtung
sehr stark verkleinert werden. Die vorliegende Wechseleinrichtung
hat noch ca. 36 % des Volumens der bisher bekannten Greiferwechseleinrichtung. Außerdem wurde das Funktionsprinzip des Greiferwechsel-
vorganges weiterentwickelt und stark vereinfacht.

In die Greiferwechseleinrichtung wurde eine Schnittstelle zur Übertragung elektrischer analoger und digitaler Informationen, elektrischer Energie und pneumatischer Energie integriert. Insgesamt bis
zu 12 rhodinierte und vergoldete Kontaktstifte, die unter Federvorspannung stehen, können einzeln in die Hülsen einer Aufnahme gesteckt
werden, die an der Greiferwechseleinrichtung befestigt werden kann.
Dadurch ist es möglich, zuverlässig die Informationen von Endschaltern, etc., vom Greifer bzw. Werkzeug über die Armschnittstelle an
die Steuerung des Handhabungsgerätes zu übergeben.

Außerdem können zusätzliche, elektrisch angetriebene und/oder gesteuerte Einrichtungen (z. B. zusätzliche Haltemagnete, pneumatische Miniaturwegventile, elektrische Hilfsantriebe) im Greifer oder Werkzeug installiert werden. Zusammen mit zwei Kupplungen zur Versorgung des Greifers bzw. Werkzeuges mit pneumatischer Energie können nun in den vom IR gehandhabten Greifer bzw. Werkzeuge weitgehend beliebige Sonder- und Hilfsfunktionen betrieben und gesteuert werden.

Die Greiferwechseleinrichtung enthält zudem noch Aufnahmen zur Befestigung

o der Greiferantriebsbaugruppe

o des taktilen Sensors zur Fügekraft/Wegüberwachung

o der Schutzhaube

sowie einen Näherungsinitiator zur Anwesenheitskontrolle des Greifers bzw. Werkzeuges in der Sollposition an der Greiferwechseleinrichtung und einen Stift als Verdrehsicherung für den Greifer.

3.2   Greiferantrieb

Zum Antrieb der Greifer wurden zwei unterschiedliche Funktionsprinzipien realisiert:

o elektrischer Greiferantrieb mit Getriebemotor, optischem Impulsgeber und Endschaltung (rotatorische Antriebsbewegung)

o pneumatischer Greiferantrieb mit beidseitig beaufschlagtem Pneumatikzylinder und Druckstößel (translatorische Antriebsbewegung).

Das MTGS kann mit beiden Greiferantrieben wahlweise ausgerüstet werden.

Da beim elektrischen Greiferantrieb als Wegmeßsystem eine Kombination von optischem Impulsgeber und einem Näherungsinitiator als Endschalter verwendet wurden, können mit dem elektrischen Antrieb auch Bewegungen größer 360° erzeugt werden. Mittels der Positioniersteuerung kann dieser Greiferantrieb einen Greifer mit programmierbarem Hub antreiben.

Beide Greiferantriebe werden über einen auswechselbaren Zwischenflansch mit der Greiferwechseleinrichtung verbunden und verbleiben stets im armseitigen Teil des MTGS.

3.3   Greifer

3.3.1   Parallelbackengreifer mit Greifkraftschalter

Für das MTGS wurde eine Greiferbaureihe entwickelt. Beim Parallelbackengreifer wird die rotatorische Antriebsbewegung des elektrischen
Greiferantriebs durch Ritzel und Zahnstangen in eine Parallelbewegung
von zwei Greiferbacken umgesetzt. Der programmierbare Hub der Greiferbacken beträgt dabei 25 mm. Am Greifer ist eine Kontaktplatte mit
12 Stiften zur Übertragung elektrischer Signale und Energie untergebracht (Bild 3.3).

Zur sensorischen Überwachung der Greifkraft (max. 75 N) wurden die
Greiferbacken überfedernd gestaltet und Näherungsinitatoren in den
Backen eingebaut. (Bild 3.3). Aufgrund der durch die Arm/Greifer-
schnittstelle übertragenen elektrischen Signale und elektrischer sowie pneumatischer Energie kann der Parallelbackengreifer mit zusätzlichen Einrichtungen ausgestattet werden, z. B. mit Haltemagneten,
Vakuumgreifern, pneumatisch angetriebenen Ausstoßern, Näherungsinitia-
toren etc.

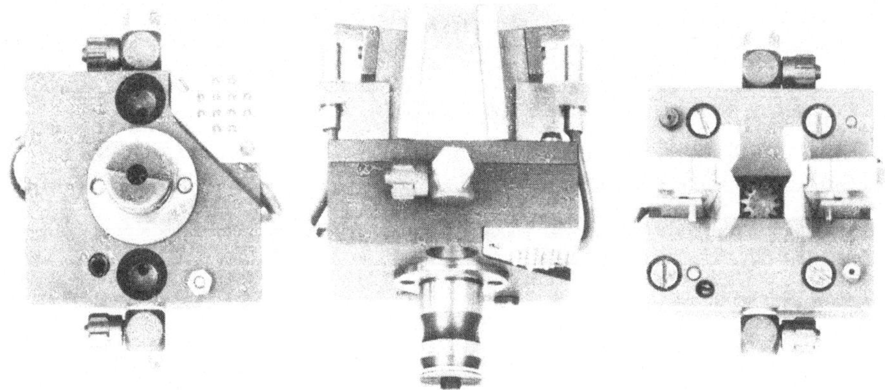

<u>Bild 3.3:</u> Wechselgreifer des modularen taktilen Greifer/
         Sensorsystems

3.3.2   Zangengreifer

Der pneumatisch angetriebene Zangenwechselgreifer (<u>Bild 3.4</u>) entspricht vom Aufbau her den bereits in /2/ vorgestellten Greiferbau-
reihen. Die Hauptabmessungen wurden jedoch reduziert und vereinheit-
licht und der Greifergrundkörper mit den für die Greiferschnitt-
stelle vorgesehenen Aufnahmen versehen.

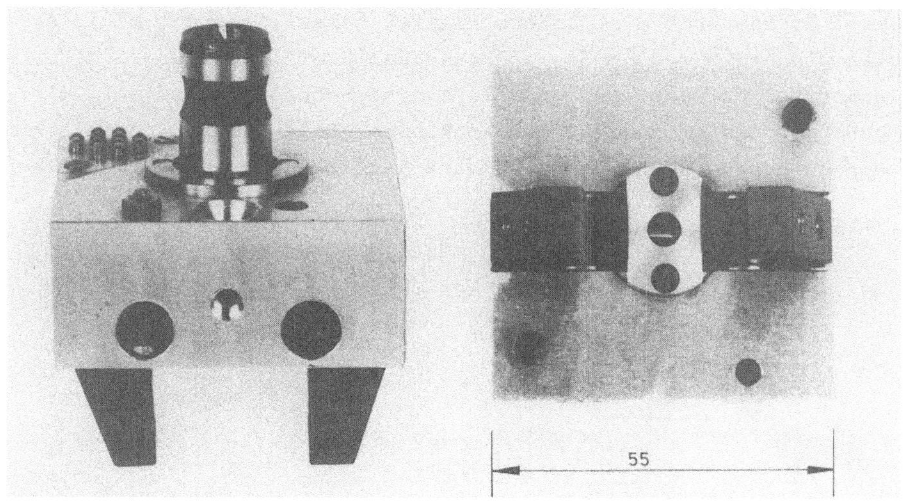

<u>Bild 3.4</u>: Zangenwechselgreifer mit pneumatischer und elektrischer
           Schnittstelle

3.3.3   Andrehgreifer

Das Fügen von Schraubteilen an unterschiedlichen Positionen mit
gleichzeitigem Überwachen von Fügeparametern, wie z. B. Drehmomenten
und Einschubtiefe, stellt ein Querschnittsproblem dar. Besonders aus
dem Bereich der Fertigung von Automobilaggregaten sind Restarbeits-
plätze bekannt, an denen geordnet bereitgestellte Werkstücke mit
Gewinden manuell an den Fügeort gebracht und dort lose angeschraubt
werden.

Als Automatisierungshemmnisse treten bei diesen Arbeitsplätzen verstärkt auf:

o sensorische Überwachung des Fügevorgangs zur Qualitätssicherung der Schraubverbindung

o Fügen gleicher Werkstücke an unterschiedlichen Stellen und eingeschränkte Zugänglichkeit

o Zuverlässigkeitsprobleme beim Zuführen großer Werkstücke (Gewinde größer M 8) mit herkömmlichen Zubringeeinrichtungen (z. B. Schlauch)

Aus diesem Grund wurde ein Sonderschleifer gebaut, bei dem mittels der rotatorischen Bewegung des elektrischen Greiferantriebs und einer genormten Aufnahme für handelsübliche Schraubereinsätze (14") Werkstücke mit Gewinde gefügt werden können (Bild 3.5). Sinnvollerweise werden Schraubwerkzeuge mit magnetischer Klinge verwendet.

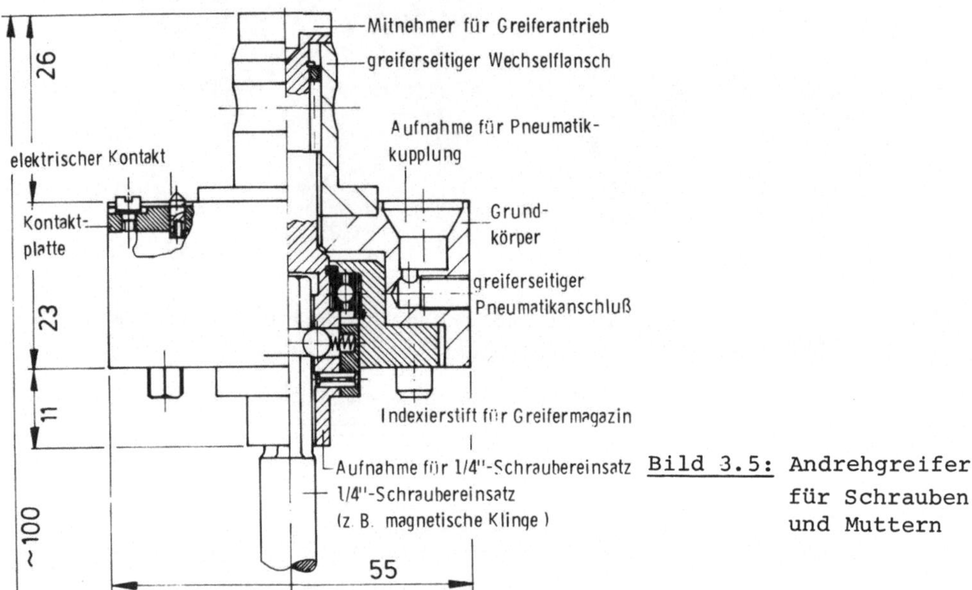

Bild 3.5: Andrehgreifer für Schrauben und Muttern

Aufgrund der Dimensionierung des elektromotorischen Greiferantriebs können keine hohen Momente aufgebaut werden, die für ein Festschrauben notwendig wären. Die Schraubteile können nur lose angeschraubt werden. Dabei kann das Anschraubmoment und die Einschraubtiefe durch eine Motorstromüberwachung bzw. durch das Kraft/Wegmeßsystem des taktilen Sensors überwacht werden. Das eigentliche Anschraubmoment muß durch eine nachgeschaltete herkömmliche Schraubstation aufgebracht werden, wie i. allg. üblich.

3.4 Elastische, passive Ausgleichseinrichtung

3.4.1 Aufgabenstellung und Lösungsansätze für eine nachgiebige (taktile) Aufhängung

Mit taktilen Sensoren sollen Positions- und Formabweichungen zwischen Roboter und externem Werkstück bzw. Werkzeug ausgeglichen werden. Mögliche Fehler sind zugeordnet ihren Freiheitsgrade in Bild 3.6 dargestellt.

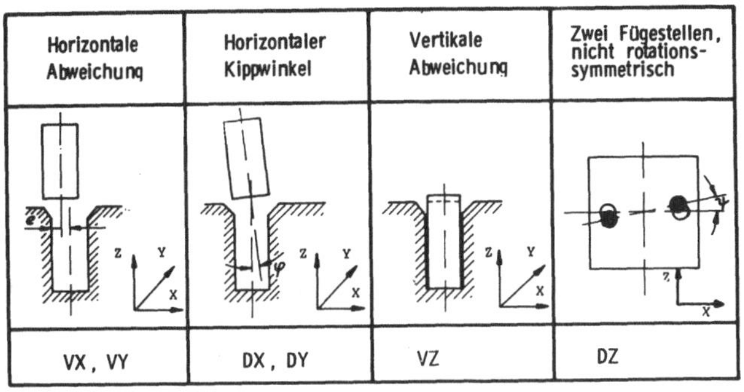

Horizontale Abweichung	Horizontaler Kippwinkel	Vertikale Abweichung	Zwei Fügestellen, nicht rotationssymmetrisch
VX, VY	DX, DY	VZ	DZ

Bild 3.6: Positions- und Formabweichungen zugeordnet ihren Freiheitsgraden

Ein Toleranzausgleich kann auf mehreren Wegen erreicht werden:

o Entwicklung einer Suchstrategie, aktives Ausgleichen durch
  - Industrieroboter
  - Kraft- und Momentensensor

o passives Ausgleichen unter der Voraussetzung geringer Positions- und Formabweichungen und/oder Fügehilfen und/oder formstabiler Fügepartner
  - mit oder ohne Überwachung der Fügekraft

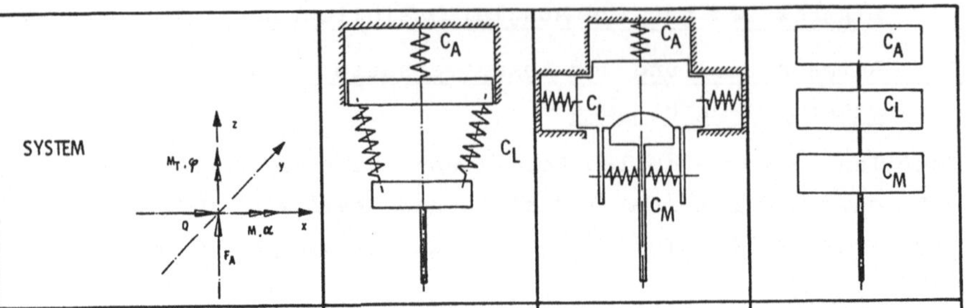

	Elastische Aufhängung mit überlagerten Freiheitsgraden	Geführte elastische Aufhängung	Elastische Aufhängung mit entkoppelten Freiheitsgraden
SYSTEM			
BEZEICHNUNG			
BEWEGUNGS-VERHALTEN — F_A	$\Delta l = \Delta l_{CL} + \Delta l_{CA}$	$\Delta l = \Delta l_{CA}$	$\Delta l = \Delta l_{CA}$
Q	$\Delta l = \Delta l_{CL(Q)} + \Delta l_{CL(M)}$	$\Delta l = \Delta l_{CL(Q)} + \Delta l_{CM(M)}$	$\Delta l = \Delta l_{CL(Q)}$
M	$\Delta l = \Delta l_{CL(M)}$	$\Delta l = \Delta l_{CM(M)}$	$\Delta l = 0,\ \Delta \alpha = \Delta \alpha_{CM}$
M_T	$\Delta \varphi = \Delta \varphi_{CL}$	$\Delta \varphi = \Delta \varphi_{CM} + \Delta \varphi_{CL}$	$\Delta \varphi = \Delta \varphi_{CM} + \Delta \varphi_{CL}$
Entkoppelte Bewegungen		◐	●
Sicherheit gegen Klemmen	◐		◐
Einfache und kompakte Bauweise	●		◐
Schwingungsunempfindlichkeit		◐	●
Lebensdauer	◐	◐	●

Bild 3.7: Fügesensorsystem – elastische Aufhängung

Bei den geforderten kurzen Taktzeiten in der Montage bietet eine passive, nachgiebige Aufhängung erhebliche Vorteile. __Bild 3.7__ zeigt die in der Praxis üblichen Systeme mit ihren wesentlichen Merkmalen. Passive elastische Aufhängungen, bei denen sich die Freiheitsgrade überlagern können, wurden schon sehr frühzeitig am IPA untersucht und beschrieben /1/. Sie haben in der industriellen Fertigung mit verschiedenen Bauformen Eingang gefunden.

3.4.2 Aufbau eines Versuchsstandes zur Fügekraftermittlung

Anfragen aus der Industrie haben dazu geführt, einen Versuchsträger zu bauen (__Bild 3.8__). Bei diesem ist die roboterseitige Basisplatte durch vier Elastomerelemente, die verstellbar angebracht werden können, mit der Grundplatte verbunden. Hiermit wurden Fügeversuche an Robotern und einem speziellen Versuchsaufbau, bestehend aus einem Bohrständer durchgeführt. Gute Fügeergebnisse konnten in fast allen Fällen bei einer 12° - 20° Neigung der Elastomerelemente gegenüber der Z-Achse erzielt werden.

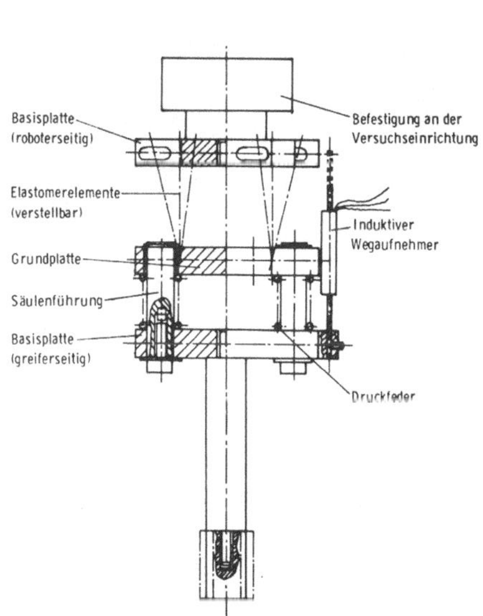

__Bild 3.8:__ Versuchsträger

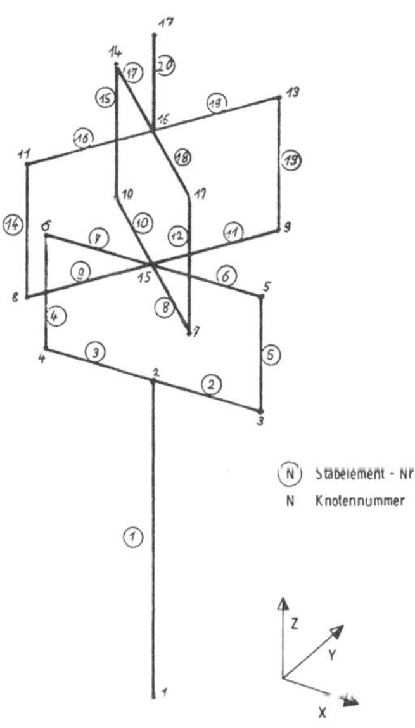

__Bild 3.9:__ FE-Modell

Der Versuchsträger wurde durch ein Finite Element Stabmodell mit dem Programm TPS 10 diskutiert. Alle Stäbe mit Ausnahme der Elastomerelemente (EL. Nr. 12 - 15) werden als unendlich steif angenommen.
Das elastische Verhalten der Elastomerelemente wurde meßtechnisch erfaßt.
Unter Annahme eines nichtlinearen Werkstoffverhaltens wurde das System durch ein Iterationsverfahren, bei dem die Steifigkeiten für jeden Rechenschritt korrigiert werden, nach der Theorie 2. Ordnung berechnet.
Durch Vorgabe der gemessenen Verformungen durch Sonderrandbedingungen konnten die Stützreaktionen in allen 6 Freiheitsgraden ermittelt werden.
Die Vermessung während der Fügeoperation erfolgte auf mehreren Wegen:

- Z-Komponente über Schiebewiderstand auf ein Speicher oszilloskop
- Die Lage der Grundplatte zur Basisplatte durch ein höhenverstellbares Infrarotmeßsystem (<u>Bild 3.10</u>).

Bei diesem Aufbau wurden vier Lichtpunkte auf der Flächendiode, die am unteren Ende des Greiferflansches montiert ist abgebildet. Die Infrarotdioden arbeiten im Pulsbetrieb (5 kHz pro Diode, Auflösung 10 um). Die Zwischenwerte wurden für den Fügevorgang interpoliert.

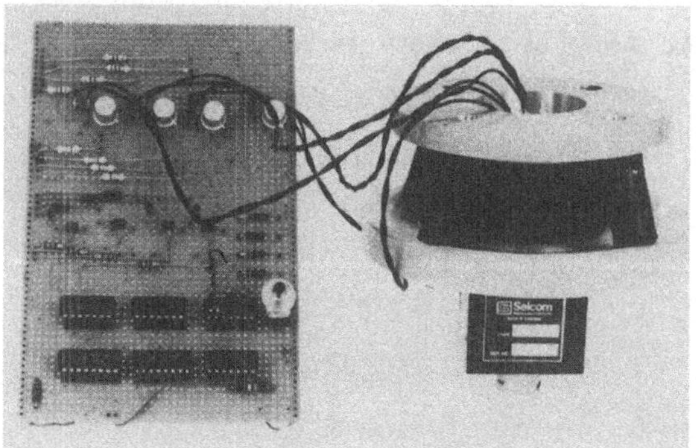

<u>Bild 3.10</u>: Höhenverstellbares Infrarotmeßsystem

Durch ein Rechenprogramm ließen sich die Bewegungen der einzelnen Freiheitsgrade trennen und zuordnen. Der Vorteil des Meßverfahrens ergibt sich aus der berührungslosen Messung und der Schaffung eines reibungsfreien Systems.
Unter Annahme eines quasistatischen Verhaltens konnten für beliebige Fügeoperationen die dabei auftretenden Kräfte bestimmt werden.
<u>Bild 3.11</u> zeigt einen typischen Fügekraftverlauf für ein rotationssymmetrisches Werkstück.

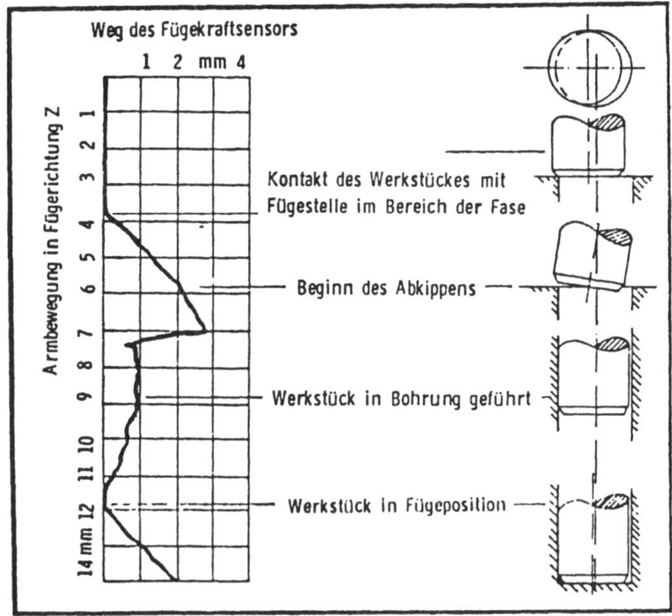

Bild 3.11: Fügekraftverlauf

3.4.3   Elastische Aufhängung mit geführten Freiheitsgraden

Es war naheliegend, auch Überlegungen in Richtung einer geführten
elastischen Aufhängung anzustellen und Versuche durchzuführen. Das
Grundprinzip besteht darin, die Nachgiebigkeit bezüglich Querkraft
und Moment zu trennen und definierte Bewegungen herbeizuführen.
Damit ist auch ein Übergang zu einem aktiven Sensor gegeben.
In Bild 3.12 ist beispielhaft eine ausgeführte elastische Aufhängung
mit geführten Freiheitsgraden dargestellt:
Eine um einen Punkt, außerhalb der Struktur drehbare Kugelpfanne
stützt sich über Elastomerelemente und einer inneren Führungsbahn
auf einem horizontal geführten und elastisch gelagerten Ring ab.

Versuche haben gezeigt, daß sich mit einem derartigen taktilen Sensor die Bewegungen entkoppeln lassen, jedoch die Betriebssicher-
heit (Klemmen, Schwingungen) nicht immer gewährleistet ist.

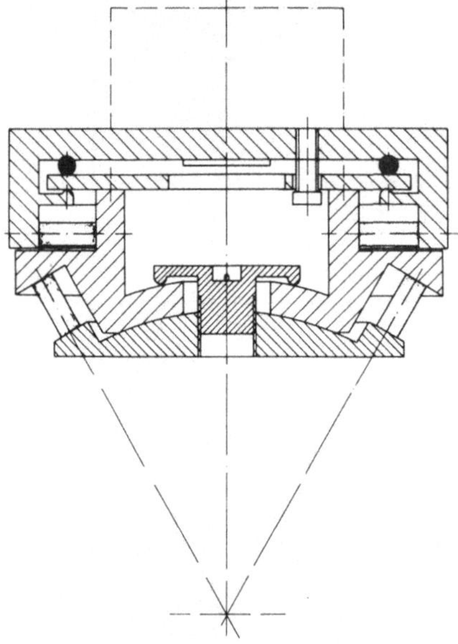

Bild 3.12: Elastische
Aufhängung
mit geführten
Freiheitsgraden

3.4.4   Elastische Aufhängung mit entkoppelten Freiheitsgraden

3.4.4.1 Allgemeines

Ein derartiges System ist dadurch gekennzeichnet, daß an einem bestimmten Punkt, dem Mittelpunkt der Nachgiebigkeit bei Belastung
eines Freiheitsgrades reine Bewegungen in Belastungsrichtung auftreten.
In den USA wurden für die Montage Systeme mit entkoppelten Freiheits·
graden entwickelt, und zwar als Drahtaufhängungen mit entsprechender
Wahl der Steifigkeiten und Orientierung der Elementglieder /5/.
Diese Systeme konnten sich aufgrund ihrer hohen Fertigungskosten und
ihren geringen Dämpfungseigenschaften in der Praxis bisher nicht
durchsetzen.

Elastomerelemente wurden schon sehr frühzeitig vom IPA zum Ausgleich
von Positionsabweichungen eingesetzt /1/. Sie besitzen gute Dämpfungseigenschaften, sind elastisch und können Energie speichern, haben jedoch eine beachtliche Hysterese und können ohne besondere Maßnahmen kaum auf Zug beansprucht werden.

3.4.4.2 Die Anwendung von Scherelementen

Geschichtete Elastomerelemente weisen diese Nachteile nicht auf und haben zusätzlich ein ausgeprägtes orthotropes Werkstoffverhalten. Elastomerelemente können sich bei Druck nur nach außen verformen. Die Druckbeanspruchung kann bei gleichem Material erhöht werden, wenn die Druckfläche zur Oberfläche der möglichen Expansion des Materials erhöht wird. Dies wird erreicht, indem man sehr dünne Metallschichten zwischen die Elastomerschichten einvulkanisiert. Besonders konstruktive Maßnahmen schaffen die Möglichkeit zur Übertragung von Zug.

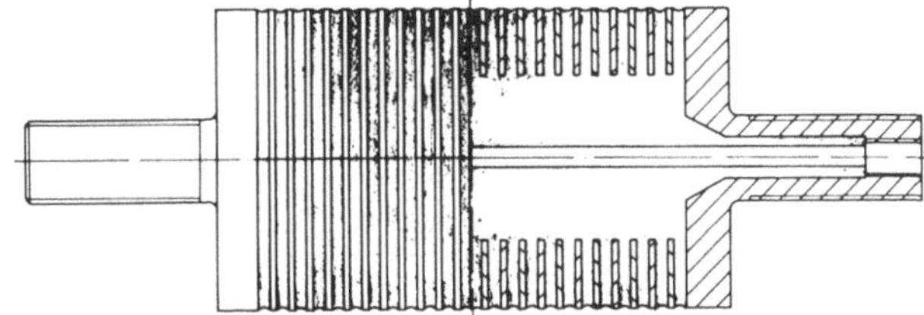

Bild 3.13: Schematische Darstellung eines Scherelementes

In diesem Fall der elastischen Aufhängung kam u. a. ein Scherelement zum Einsatz, das sich vertikal sehr steif, horizontal und radial sehr weich verhält. Eine mögliche Bauform ist im Bild 3.13 dargestellt. Die Gründe für die Anwendung von Scherelementen sind:

o Durch die Anzahl der Zwischenschichten kann der Gestaltsfaktor und damit auch des Verhältnis von Druck/Schersteifigkeit im Bereich von 1/100 beliebig gewählt werden (bei einer Form mit vorgegebenen Abmessungen).

o Zug/Druck Beanspruchung möglich ohne Losreißen des Gummis.

o Sehr hohe Lebensdauer (20 - 400 Mio Lastwechsel)

o Versagen tritt durch langsames Abrasieren der Zwischenschichten ein. Dieser Vorgang dauert sehr lange - er kann visuell überprüft werden. Eine Veränderung der Verformungscharakteristika tritt erst sehr spät ein.

o Die Oberfläche des Gummis ist klein gegenüber der Gesamtoberfläche. Damit ergibt sich bei zusätzlicher Versiegelung ein zuverlässiger Schutz gegen Öl und andere Aggressive Medien.

Zur Herstellung der Scherelemente müssen Formen angefertigt werden. Nur wenige Firmen verfügen über das notwendige Fertigungs Know-how. Im Rahmen des Vorhabens wurden, teils leihweise, verschiedene Elementtypen zur Verfügung gestellt, deren Eigenschaften ermittelt und die rechnerische Lösung für das Gesamtsystem verifiziert.

3.4.4.3 Rechnerische Grundlagen

Als Voraussetzungen für die folgenden Betrachtungen werden quasistatischer Zustand sowie Bolzen und Loch als unverformbar vorausgesetzt. Als Zusammenhang zwischen äußerer Kraft, Steifigkeit des Systems und Verformung für einen beliebigen Punkt der Struktur gilt allgemein:

$$\underline{K \cdot v = f} \tag{1}$$

Dabei ist: K = Steifigkeitsmatrix der Struktur für den Punkt P (6x6)

v = Vektor der Verformung des Punktes P (6x1)

f = Vektor der Kräfte im Punkt P (6x1)

Stellt man die Gleichung um, so ergibt sich für den gleichen Punkt:

$$\underline{v = N \cdot f} \tag{2}$$

Dabei ist: N = Nachgiebigkeitsmatrix der Struktur für den Punkt
P (6x6) = K^{-1}

Um den Punkt im System zu finden, bei dem die Freiheitsgrade entkoppelt sind, muß die Nachgiebigkeit so transformiert werden, daß gilt:

$$
\begin{bmatrix} v_X \\ v_Y \\ v_Z \\ d_X \\ d_Y \\ d_Z \end{bmatrix}
=
\begin{bmatrix}
N_{11} & 0 & 0 & 0 & 0 & 0 \\
0 & N_{22} & 0 & 0 & 0 & 0 \\
0 & 0 & N_{33} & 0 & 0 & 0 \\
0 & 0 & 0 & N_{44} & 0 & 0 \\
0 & 0 & 0 & 0 & N_{55} & 0 \\
0 & 0 & 0 & 0 & 0 & N_{66}
\end{bmatrix}
\cdot
\begin{bmatrix} F_X \\ F_Y \\ F_Z \\ M_X \\ M_Y \\ M_Z \end{bmatrix}
\qquad \text{oder:}\quad \underline{v' = N' \cdot f'} \tag{3}
$$

Diesen Punkt P' nennt man Mittelpunkt der Nachgiebigkeit. Aus Umformungen ergibt sich für die neue Nachgiebigkeitsmatrix N' im Punkt P'

$$\underline{N' = G \cdot N \cdot G^T} \tag{4}$$

Dabei ist: G = Transformationsmatrix (mit den Weggrößen x, y, z)

N = Nachgiebigkeitsmatrix für Punkt P

G^T = Transponierte Transformationsmatrix

F = Vektor der Knotenkräfte im Punkt P'

Aus der Nachgiebigkeitsmatrix läßt sich nach Auflösung der Gleichung (4) die Steifigkeitsmatrix K' ermitteln.

3.4.4.4 Vorgehensweise zur rechnerischen Auslegung

Die Anwendung der FE-Methode ergab sich aus der einfachen Ermittlung der Nachgiebigkeitsmatrix für ein statisch unbestimmtes System sowie der Erfassung des orthotropen Werkstoffverhaltens.

Während bei den normalen Systemkomponenten die Steifigkeit und der E-Modul einfach bestimmt werden konnte, mußten die Scherelemente gesondert betrachtet werden.

Testläufe mit einem einfachen Balkenmodell bestätigten die numerisch einwandfreie Verarbeitung der Scherelemente.

In <u>Bild 3.14</u> ist die praktizierte Vorgehensweise zur Auslegung dargestellt.

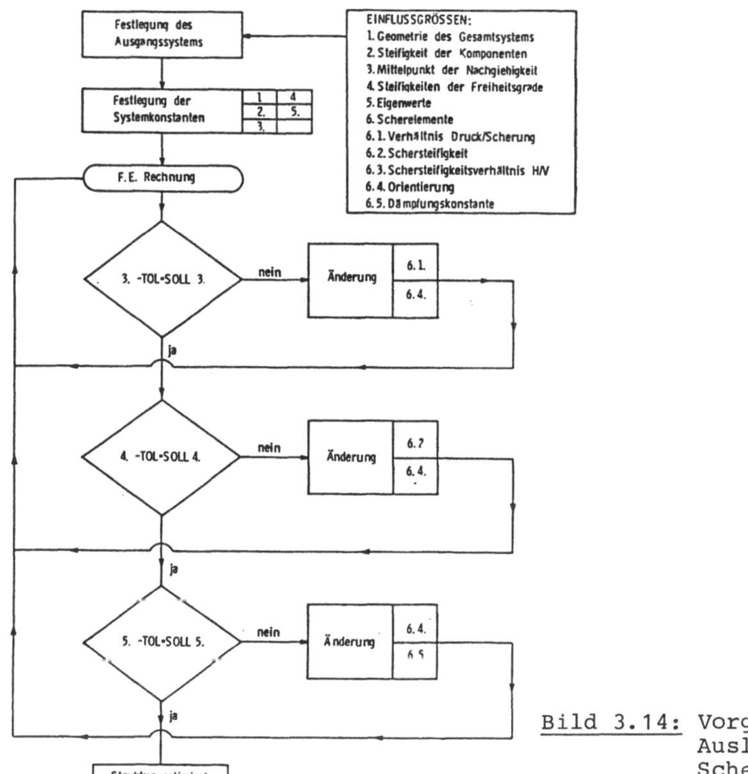

<u>Bild 3.14:</u> Vorgehensweise zur Auslegung von Scherelementen

3.4.4.5 Konstruktive Lösungsansätze

Bei der Anwendung von Scherelementen kann man zwischen zwei Systemen unterscheiden:

o System mit geometrie- und steifigkeitsabhängigem Mittelpunkt der Nachgiebigkeit (GSS). Ergibt sich aus den Steifigkeiten verschiedener gekoppelter Teilsysteme.

o System mit geometrieabhängigem Mittelpunkt der Nachgiebigkeit (GS). Ergibt sich ausschließlich aus der geometrischen Lage.

System GSS

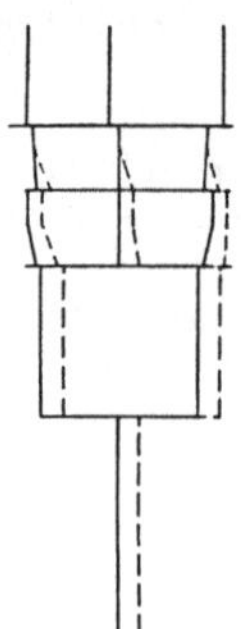

Merkmale:

o Einfache Konstruktion

o Große Bewegungen möglich

o Schwingungsempfindlichkeit

o schwierige Bestimmung des Mittelpunktes
  der Nachgiebigkeit

System GS

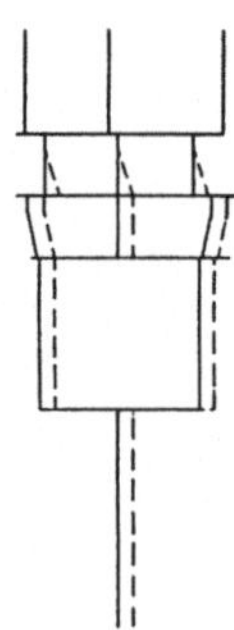

Merkmale:

o Einfache Bestimmung des Mittelpunktes
  der Nachgiebigkeit

o Definierte Bewegung der Teile zueinander, damit einfache Bestimmung der
  Kräfte beim Fügevorgang

o Einfache Nachjustage bei nicht vertika-
  lem Fügen

o Schwingungsempfindlichkeit

o Neigt zum Klemmen beim Fügen außerhalb
  des Mittelpunktes der Nachgiebigkeit.

3.4.4.6 Passive Ausgleichseinrichtung des MTGS

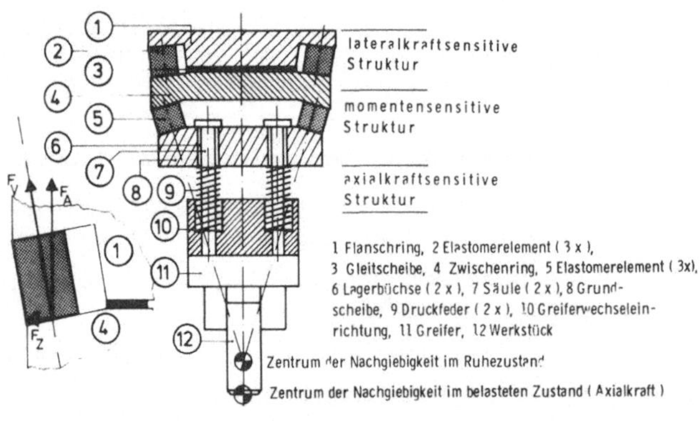

<u>Bild 3.15:</u> Passive Ausgleichseinrichtung des MTGS

Die passive Ausgleichseinrichtung(GSS oder überlagerte Freiheitsgrade)
besteht aus folgenden Teilsystemen (siehe Bild 3.15).

o Horizontalverschiebliche Struktur (Lateralkraft)

Diese besteht aus zwei ringförmigen Teilen, die über ein Gleitlager
achsparallel zueinander ausgelenkt werden können, besteht aus insgesamt drei Elastomerelemente (als Option Scherelemente), die beide
Ringe verbinden und unter Vorspannung stehen. Damit wird ein Kippen
der beiden Ringe beim Auftreten eines Moments verhindert.

o Um das Zentrum der Nachgiebigkeit drehbare Struktur (Moment)

Die Verbindung Zwischenring und Grundscheibe wird durch drei Elastomerelemente hergestellt, die symmetrisch zur Längsachse so angeordnet sind, daß sich diese in ihrer Verlängerung im Mittelpunkt der
Nachgiebigkeit schneiden. Unter Verwendung von Scherelementen wird
dadurch dort bei einer Belastung durch ein Moment eine reine Dreh-
bewegung erzeugt.

o Axialverschiebliche Struktur (Axialkraft)

Diese besteht aus zwei, parallel zur Längsachse angeordneten, unter
Federvorspannung stehenden Wellen, die in Kegelbüchsen geführt sind.
Diese Struktur hat die Aufgabe, beim Überschreiten von Schwellwerten
der Axialkraft die Fügeoperation abzubrechen (Messungen durch Potentiometer). Übergabe der Daten an Robotersteuerung.

Erfolgreich durchgeführte Anwendungsbeispiele des MTGS waren:

o Spielbehaftete Fügeposition

Hier eignet sich besonders eine Einrichtung, bei der die Freiheitsgrade entkoppelt sind, z. B. beim Einsetzen von Wellen in Lager und
Ansetzen von Schrauben.

o Preßverbindung

Eine relativ steife Ausführung hat sich bei Schnappverbindungen
bewährt.

o Aufsetzen auf zwei Fügestellen

Dieses Problem trat besonders im Zusammenhang mit der MTGS-Greifer-
wechseleinrichtung auf. Der hierfür erforderliche rotatorische Frei-
heitsgrad wird durch die horizontal verschiebliche Struktur zusätzlich bereitgestellt.

Die durchgeführten Fügeversuche lassen den Schluß zu, daß sich eine
Struktur wie das MTGS besonders bei kartesischen Geräten (z. B. Olivetti SIGMA) und vertikalen Knickarmgeräten (z. B. PUMA 600) erforderlich ist. Bei Robotern mit horizontalem Knickarm (z. B. SCARA-Familie)
konnte bei Fügeversuchen am IPA kein Bedarf für eine horizontale Nach-

giebigkeit festgestellt werden (Spiele in den Antrieben). Nachgiebigkeit für den Fall des Klemmens (Momentenbelastung) ist jedoch auch
bei diesen Geräten erforderlich.
Bild 3.16 zeigt die Ergebnisse einer durch die FE-Methode berechnete
MTGS-Struktur.

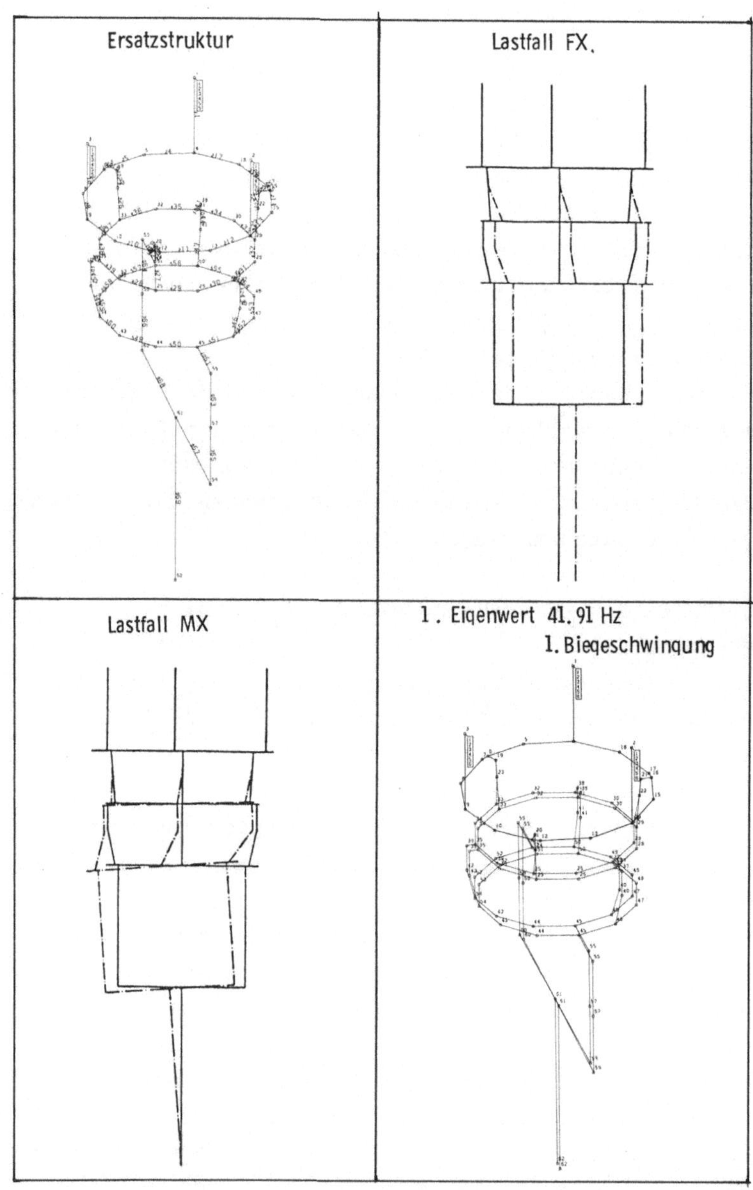

Bild 3.16:
Durch FE-Methode
berechnete
MTGS-Struktur

4. Versuchsaufbau eines programmierbaren Montagesystems

Aufbauend auf den Erfahrungen, die mit dem Industrieroboter SIGMA bei
Durchführen von Fügeaufgaben gemacht werden konnten, wurde ein neuer
Versuchsaufbau mit dem Unimate PUMA 600 als Versuchsträger aufgebaut
(Bild 4.1).

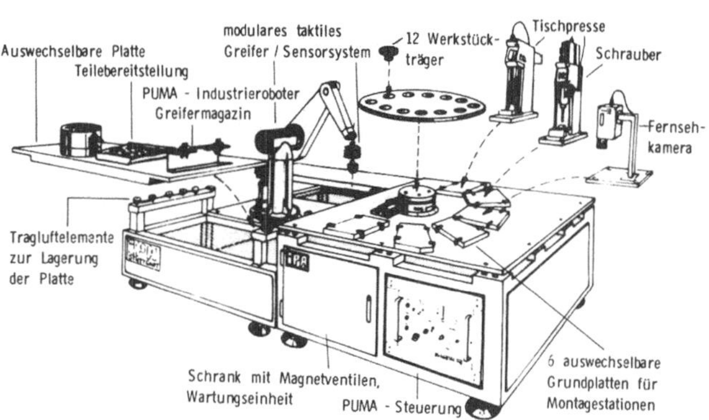

Bild 4.1: Elemente des Versuchsaufbaus mit Puma-Industrie-
          roboter als Versuchsträger

Anders als der für die früheren Versuche verwendete SIGMA, der über
eine einfache kartesisch aufgebaute Kinematikkette verfügt, besitzt
der PUMA 600 insgesamt sechs rotatorische Freiheitsgrade sowie
eine Bahnsteuerung. Mit diesem Gerät können deshalb auch Fügeaufgaben
außerhalb einer vertikalen Hauptfügerichtung mit beliebiger Orientierung im Raum ausgeführt werden.
Mit dem programmierbaren Montagesystem werden die im Rahmen des Vorhabens entwickelten Komponenten unter produktionsnahen Bedingungen
erprobt.

Die Randbedingungen die durch das Zusammenwirken von Montageroboter
und Montagestationen gegeben sind, haben sehr stark die Struktur dieses Montagesystems beeinflußt /2/:

o Die durch den Produktaufbau vorgegebene Montagereihenfolge der Einzelteile enthält in beliebiger Reihenfolge Montagevorgänge die sich
  teilweise durch den Einsatz eines Industrieroboters automatisieren
  lassen, sowie Montagevorgänge, die aufgrund von technologischen

Randbedingungen (vorwiegend hohe Kräfte, Momente und zu handhabende Massen) durch eine herkömmliche Montagestation durchgeführt werden müssen.

o Um unterschiedliche Werkstücke handhaben zu können, usw., muß der Montageroboter seine Greifer automatisch wechseln. Zur Verteilung der dabei entstehenden Nebenzeiten auf eine größere Anzahl von Montagevorgängen, bei denen das jeweils gleiche Werkstück gehandhabt bzw. der gleiche Greifer verwendet werden kann, muß der Industrieroboter stets eine größere Anzahl (zehn oder mehr) identischer Vorgänge ausführen, bevor der Greifer wieder gewechselt wird. Dazu muß eine umlaufende Verkettungseinrichtung

  o die Arbeitsräume des Industrieroboters und der Montagestation verketten sowie

  o dem Industrieroboter eine bestimmte Anzahl von teilmontierten Baugruppen zugleich zuführen.

Besonders geeignet bei kleineren Produkten ist die Verkettung der Arbeitsräume durch einen Rundschalttisch. Der PUMA-Industrieroboter ist auf einem Traggestell aufgebaut. Zu beiden Seiten des Montageroboters können auf einer Luftkissenführung (Tragluftelemente) Platten eingeschoben werden, auf denen aufgabenspezifische Ordnungseinrichtungen, Montagevorrichtungen, Greifermagazine usw. untergebracht sind. Vor dem PUMA ist ein Rundschaltteller aufgebaut mit zwölf auswechselbaren, einfach aufgabenspezifisch herzustellenden Werkstückträgern. Der Montageroboter kann mit dem Rundschaltteller mit bis zu sechs Montagestationen verkettet werden. Die Montagestationen werden über vereinheitlichte Grundplatten mit dem Maschinentisch verbunden, sind über Kegelstifte und Bohrbuchsen indexiert und können somit sehr einfach und schnell ausgewechselt werden.

Zur Durchführung der Dauerversuche für die Erprobung des MTGS, wurde das programmierbare Montagesystem mit den erforderlichen Einrichtungen ausgerüstet (Bild 4.2).

Bild 4.2: Versuchsaufbau zur
Erprobung des MTGS
unter praxisnahen
Bedingungen

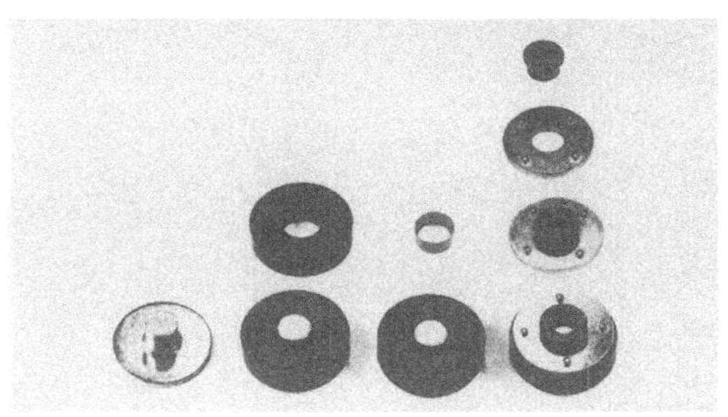

Bild 4.3: Montageaufgabe:
Vormontage Laut-
sprechermagnete

Die Montageaufgabe, Vormontage von Varianten einer Lautsprecherbaugrup-
pe (Bild 4.3), erforderte neben den Ordnungs- und Vereinzelungsein-
richtungen für die Bereitstellung der Einzelteile eine Presse und
eine Magnetisierstation. Der Rundschaltteller wurde mit Werkstückauf-
nahmen versehen für die positionierte Aufnahme der verschiedenen Varianten der Baugruppe. Die Unterschiede der Varianten lagen in den Abmessungen der Einzelteile.
Zur Handhabung der Einzelteile und Durchführung der Montagevorgänge
waren verschiedene Greifer und Werkzeuge erforderlich
o Zwei-Finger-Greifer für den Handhabung von:
  - Kernblech
  - Ferritkern
  - montierte Baugruppe
o Zwei-Finger-Greifer für die Handhabung von:
  - Distanzhülse
  - Zentrierhülse
  - Polblech.
o Kleberwerkzeug zum Auftragen des Klebstoffes.

Die Greifer und die Werkzeuge, die mit Hilfe des MTGS vom Montageroboter automatisch gewechselt wurden, wurden in einem Magazin (<u>Bild 4.4</u>) positioniert bereitgestellt. Der in <u>Bild 4.5</u> dargestellte Montageablauf macht deutlich, wie sich die anteiligen Greiferwechselzeiten pro Baugruppe durch die mehrfache Durchführung identischer Vorgänge reduziert.

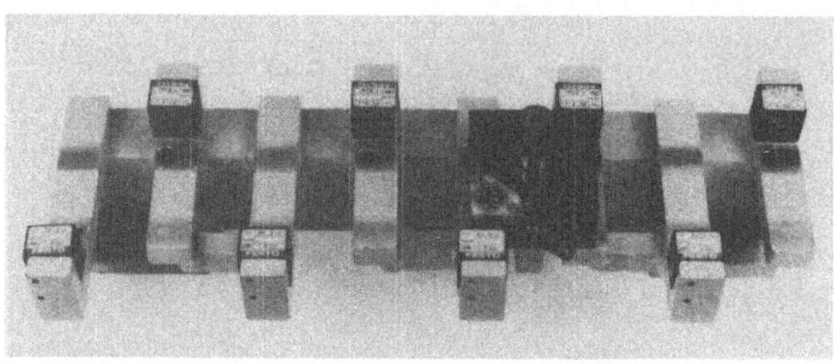

<u>Bild 4.4:</u> Greifermagazin

Montagevorgänge	Zykluszeit (s)	Zykluszeit / Baugruppe (s)
Kernblech in WT	3.5	3.5
Greiferwechsel	8	.6
Kleber auf Kernblech	2.5	2.5
Greiferwechsel	8	.6
Ferritkern Auflegen	3.5	3.5
Greiferwechsel	8	.6
Kleber auf Ferritkern	2.5	2.5
Greiferwechsel	8	.6
Distanzhülse Aufstecken	3	3
Zentrierhülse Greifen	2.5	2.5
Hülse in Polblech Eindrücken	3	3
Greiferwechsel	8	.6
Verpressen	3	-
Magnetisieren	4	-
Baugruppe Ausgeben	4	4
Montagezeit / Baugruppe (s)		27.5

Montagezeit/Baugruppe (s)	27.5
Greiferwechselzeit/Baugruppe (s)	3.0
anteilige Greiferwechselzeit (%)	11

Greifer und Werkzeuge:
1 großer Zwei-Finger-Greifer
2 Kleberwerkzeug
3 kleiner Zwei-Finger-Greifer

□ Greiferwechsel
△ Industrieroboter
○ Montagestation

<u>Bild 4.5:</u> Ablauf der Lautsprechermagnetvormontage

Die Zykluszeit wird nur durch den Montageroboter bestimmt, da die beiden Montagestationen parallel zum Montageroboter arbeiten.
Natürlich ist die Montagezeit für ein Produkt im Falle des Montageroboters i. allg. länger als die Taktzeit einer Montagemaschine. Dennoch ist hier im Einzelfall ein wirtschaftlicher Einsatz möglich, wenn als Vergleich eine manuelle Montage ausgewählt und die hohe Flexibilität des Roboterarbeitsplatzes im Vergleich zu herkömmlichen automatischen Montagemaschinen berücksichtigt wird.

Aufgrund des hohen Wiederverwendungswertes der Grundeinheiten, des
teilweise minimalen Umstellungsaufwandes, können hier jedoch durchaus sinnvolle Einsatzfälle gefunden werden. Der Wiederverwendungswert
lag beim Beispiel des Versuchsaufbaues bei ca. 80 %.

5   Ausblick

Wie Marktprognosen /8/ zeigen, wird die Anzahl der Industrieroboter
im Montagebereich in den nächsten Jahren stark ansteigen. Das haupt-
sächliche Einsatzgebiet von Montagerobotern wird bei Anwendungsfäl-
len mit hohen Flexibilitätsanforderungen liegen. Das heißt, sie werden eingesetzt zur Lösung von Montageproblemen, die aufgrund nied-
riger Stückzahlen, hoher Umrüsthäufigkeit oder zu großer Kompliziert-
heit bisher manuell gelöst wurden.
Voraussetzung für einen breiten, wirtschaftlichen Einsatz von Montagerobotern ist jedoch eine deutliche Senkung des Preises der Industrieroboter sowie der peripheren Einrichtungen.
Bei Industrierobotern ist seit der Markteinführung der sogenannten
Horizontal-Knickarmgeräte (SCARA-TYP) eine deutliche Tendenz zu niedrigeren Preisen erkennbar. Durch den Einsatz der beschriebenen Sensorsysteme und elastischen Ausgleichseinrichtungen, lassen sich auch
der Aufwand und somit die Kosten für die Peripherie in Montagesystemen
erheblich reduzieren. Die Umsetzung dieser Forschungsergebnisse in
die Praxis wird somit zu einem verstärkten Einsatz von Industrierobotern im Montagebereich beitragen können.

Ein Entwicklungsdefizit besteht jedoch derzeit noch auf den Gebieten
der Teilebereitstellung. Der praktische Einsatz des sogenannten "Griff
in die Kiste" erscheint derzeit trotz einiger Aktivitäten nur in be-
grenztem Umfang möglich, da

- die Systeme kein universelles Werkstückspektrum zulassen,
- der Systempreis kaum wirtschaftlich zu rechtfertigen ist,
- die erreichbare Taktzeit noch sehr lang ist.

Deshalb stellt die konventionelle Teilebereitstellung und -handhabung
oft die einzige Lösung und somit einen Flexibilitätsengpaß dar. Damit
die Flexibilität und somit die Möglichkeiten des Industrieroboters
voll ausgenutzt werden können, ist es erforderlich, zukünftig auch
flexible Ordnungs- und Magaziniersysteme zu entwickeln.

184

6   Literatur

/1/   Schweizer, M.;   Taktile Sensoren und ihre Anwendung in
      Haaf, D.:   programmierbaren Montagesystemen.
                            In: Wege zu sehr fortgeschrittenen Hand-
                            habungssystemen.
                            Fachberichte Messen- Steuern- Regeln,
                            Band 4. Springer-Verlag, Berlin - Heidel-
                            berg - New York, 1980.

/2/   Haaf, D.:   Greifersystem mit taktilen Sensoren zum
                            Fügen mit Industrierobotern.
                            Verbindungstechnik 13 (1981) Nr. 4

/3/   Warnecke, H.-J.;   Programmable Assembly System with softwa-
      Haaf, D.;   re integrated optical Sensor for Process
      Schmidt, U.:   Control and fast product change-over.
                            Proceedings of 11th CIRP, Nancy, F, 1979

/4/   Warnecke, H.-J.,   Components für programmable Assembly.
      Haaf, D.:   Proceedings of 2nd ICAA, Brighton, UK,
                            1981.

/5/   Drake, D.;   High Speed Robot Assembly of Precision
      Watson, P;   Parts using Compliance instead of Sensory
      Simunovic, S.:   Feedback,
                            Proceedings of 7th ISIR, Tokyo, 1977.

/6/   Autorenkollektiv: Weiterentwicklung taktiler Sensoren zum
                            Fügen und Integrieren in spezielle Kinema-
                            tiken, in Neue Handhabungssysteme, Jahres-
                            bericht der Arbeitsgemeinschaft Handha-
                            bungssysteme II, 1979.

/7/   Haaf, D.:   Weitere Entwicklungen auf dem Gebiet der
                            programmierbaren Montagesysteme und Kon-
                            sequenzen für die Praxis, Tagungsbricht
                            4. Deutscher Montagekongreß, München 1981.

/8/   N.N.   GEWIPLAN; Marktpotentiale für Fertigungs-
                            technologien 199o, Teil B: Industrierobo-
                            ter, Frankfurt, 1981

<u>Aufgabenspezifische Probleme und Lösungen beim Einsatz</u>
<u>eines Industrieroboters zum Bearbeiten</u>
<u>komplexer Gußstahl-Oberflächen</u>

<u>Problems and solutions by the use of a Robot</u>
<u>as a machine-tool</u>

P.-J. Becker
Fraunhofer-Institut für Informations- und Datenverarbeitung (IITB)
7500 Karlsruhe

<u>Summary</u>

The paper investigates the future extent of technological competition
between advanced industrial robots (IR) and machine-tools. New control
methods for IR have shown that the performance limits of IR which in
contrary to machine-tools are highly elastic are far from being reached.
By further development of control methods the IR will be opened to
machine-tool applications, too. Some exemplified specific problems
and approaches to solutions are shown by use of an application, the
machinig of cast metal pieces.

1. Zielsetzung und Ergebnisse

Die Entwicklung von Industrierobotern und, im Wechselspiel hiermit,
die ihrer Einsatzgebiete machen jetzt rasche Fortschritte. Diese werden
insbesondere getragen durch mikroprozessorgestützte Regelung und Steuerung, durch genauere, vielfältigere und/oder intelligentere Sensoren
sowie durch angepaßtere Antriebe und Roboterkonstruktionen. Damit
wächst das Leistungsvermögen von Robotern ständig an, so daß die Frage
aktuell ist: Wird der Roboter eine technologische Konkurrenz zu herkömmlichen Werkzeugmaschinen?

Im folgenden wird über erste Untersuchungen zu dieser Frage berichtet,
die von Ergebnissen eines vom BMFT geförderten Projektes "Sehr fortgeschrittene Handhabungssysteme" (VV027, KA-SYR/22, KfK-PFT) ausgehen
und von einer Aufgabenstellung bei der Roh- und Maßbearbeitung von
großen Gußteilen. Es wird deutlich, daß die hohe Elastizität von Robotern, die an sich der Benutzung eines Roboters als Werkzeugmaschine
entgegensteht, durch geeignete Sensorausrüstung und durch fortgeschrittene Regelungsverfahren weitgehend aufgehoben werden kann. Damit beginnt die große Flexibilität des Roboters gegenüber der mit Bewegungs-
einschränkungen erkauften Steifigkeit der herkömmlichen Werkzeugmaschine
überlegen zu werden.

2. Einleitung

Die bisherigen Haupteinsatzgebiete von Robotern sind Punktschweißen
und einfache Handhabungsaufgaben /1/. Etwa 60 % der bisher installierten Handhabungsgeräte kommen in einem dieser Bereiche zum Einsatz
(Bild 1).

In zunehmendem Maße werden Roboter auch für das Bahnschweißen und
Beschichten (ungefähr 30 %) und für komplexe Handhabungsaufgaben (7 %)
eingesetzt. Während für die ersten Einsatzgebiete einfache Punkt-zu-
Punkt-Steuerungen ausreichen, erfordern die neuen Einsatzgebiete
aufwendigere Bahnsteuerungen und das Einbeziehen von externen Sensorsignalen.

Zu den komplexen Handhabungsaufgaben gehört auch das Greifen von ungeordneten Teilen von einem laufenden Band. Die bisherigen Arbeiten in
unserem Institut haben gezeigt, daß durch den Einsatz von modernen
Regelungsverfahren die Leistungsfähigkeit von Handhabungssystemen
wesentlich erhöht werden kann bzw. daß anspruchsvolle Aufgaben erst
dadurch lösbar werden /2/, /3/.

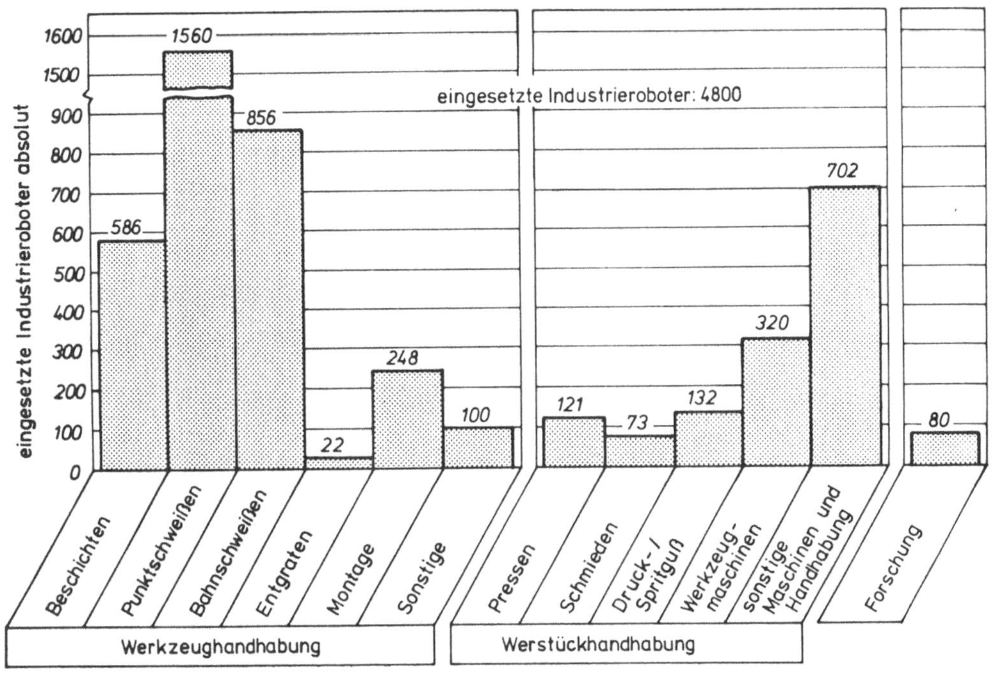

Bild 1: Zahl der in der Bundesrepublik Deutschland eingesetzten
Indstrieroboter für verschiedene Aufgaben /1/

Alle derzeit auf dem Markt erhältlichen Robotersteuerungen besitzen
unterlagerte Geschwindigkeitsregelkreise /4/. Zusammen mit dem Lage-
regelkreis ergibt sich eine Kaskadenstruktur (Bild 2).

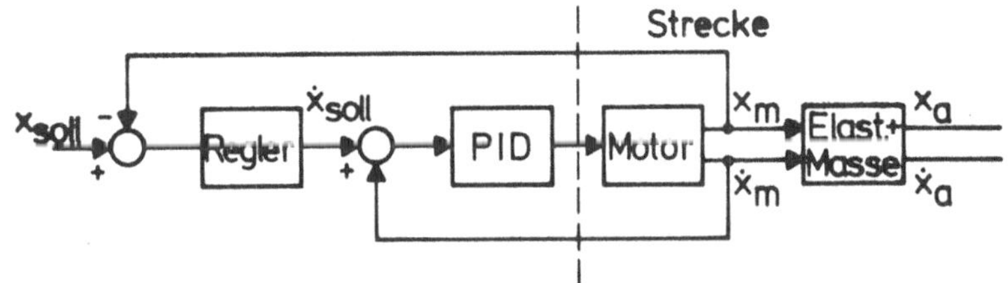

Bild 2: Gegenwärtig übliche Kaskadenregelung für Industrieroboter
mit unterlagertem analogem Geschwindigkeitsregelkreis

Dagegen konnten durch eine strukturvariable Mehrgrößenregelung für
den Griff auf das laufende Band ein zeitsuboptimales und dennoch überschwingfreies Annähern an die bewegten Objekte und ein genaues Folgen
und Greifen vom Band bei hohen Geschwindigkeiten erreicht werden. Bei
künstlich erzeugten Führungssignalen, die dem Regler mit einer kurzen,
festen Taktzeit eingegeben wurden, lag die maximale Bahngeschwindig-

keit bei 0,6 m/s. Beim Test der Regelung in einem realen Aufbau mit
optischen Sensoren und einem Roobter VW R30 lag - bedingt durch
Schwankungen der Abtastzeit und Meßwertschwankungen - die maximale
Geschwindigkeit bei 0,3 m/s. Bild 3 zeigt für eine Achse das über-
schwingfreie Annähern an ein Objekt und das inkrementgenaue Folgen
eines bewegten Objektes.

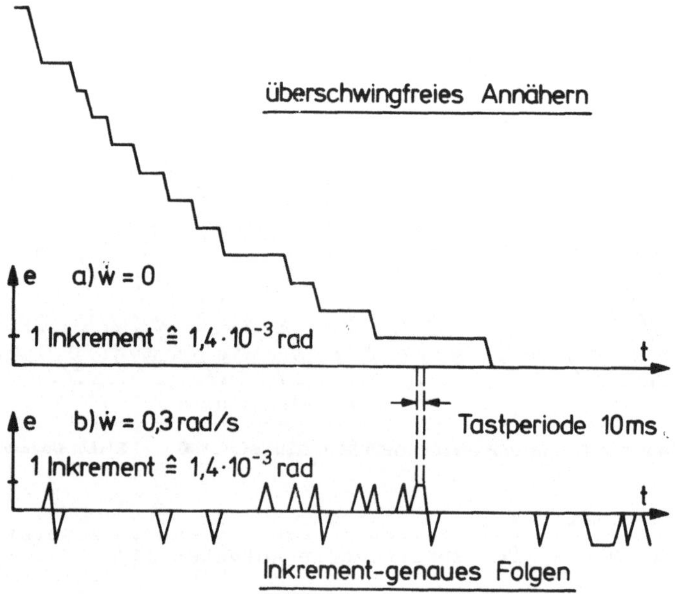

<u>Bild 3</u>: Beispiel für überschwingfreies Annähern des Roboters
an einen Zielpunkt und für das inkrementgenaue Folgen
eines bewegten Ziel (gezeigt sind die Regelabweichungen
einer Achse)

Diese bisherigen Ergebnisse führen zu der Frage, wieweit durch verbesserte Meß-, Regelung- und Steuerungsverfahren neue Einsatzgebiete
für Roboter eröffnet werden. In dieser Arbeit sollen für den Einsatz
eines Handhabungsgerätes als Werkzeugmaschine einige spezielle Prbleme
und Lösungswege aufgezeigt werden.

3. Vergleich Werkzeugmaschine und Roboter

Werkzeugmaschinen besitzen Genauigkeiten im Bereich von einigen μm.
Dies wird erreicht durch einen stabilen und damit in der Produktion
teueren mechanischen Aufbau. Das Werkzeug wird mit Schlitten und
Spindeln geführt, und hierdurch werden die verschiedenen Bewegungsrichtungen entkoppelt. Aus diesen Grundmerkmalen folgen:

- Bei NC-gesteuerten Maschinen reichen einfache Geschwindigkeits-
  regelungen aus,

- der Bewegungsraum der Maschinen ist deutlich eingeschränkt, und
  dies führt zu

- vielen verschiedenen einsatzorientierten Ausführungsformen /5/.

Der Roboter hingegen ist charaktersiert durch einen - im Vergleich
zur Werkzeugmaschine - leichten und daher elastischen mechanischen
Aufbau, wobei die absoluten Ungenauigkeiten im Bereich von mm liegen.
Zudem müssen die Kräfte in allen Bewegungsrichtungen durch die Stell-
antriebe aufgebracht werden. Hieraus folgt für den Roboter:

- Zur "Versteifung" des Gerätes müssen moderne Meß- und Regelungsverfahren eingesetzt werden,

- die Beweglichkeit des Gerätes ist wesentlich höher als bei Werkzeugmaschinen, und dies bedeutet,

- das gleiche Gerät kann für verschiedene Einsatzgebiete verwendet
  werden; die Anpassung erfolgt durch die elektronische Steuerung und
  Regelung.

- Der Roboter kann andererseits neue Bearbeitungsverfahren und neue
  Werkzeuge notwendig machen.

4. Roboter zur Maßbearbeitung von Gußrohlingen

Die Möglichkeiten von Robotern sollen in einem Piloteinsatzfall demonstriert werden. Die Aufgabenstellung besteht darin, von Stahlrohlingen
die Gußhaut zu entfernen und sie auf Endmaß zu bearbeiten. Die Oberflächen der zu bearbeitenden Teile besitzen komplexe Formen, gleichzeitig wird eine Genauigkeit von einigen Zehntel mm gefordert bei
einer typischen Teiledimension von etwa 2 m.

Beim heutigen Stand der Technik werden diese Arbeiten überwiegend von
Hand durchgeführt. Die damit verbundene Umweltbelastung der Werker
ist extrem hoch, einmal durch den unvermeidlich hohen Lärmpegel, zum
anderen durch die notwendigen großen Kräfte. Das Ergebnis hiervon ist,
daß für diese Arbeitsplätze nur sehr schwer geeignete Arbeitskräfte
gefunden werden können. Einen Lösungsweg aus diesem Dilemma bietet
der Einsatz eines Roboters, der das Werkzeug (Fräser oder Schleifer)
mit der erforderlichen Genauigkeit führt. Um die notwendige Bewegungs-
freiheit zu erreichen, muß das Werkstück zudem auf einem Schwenk-Drehtisch befestigt und müssen dessen Bewegungen und die des Roboters
koordiniert werden. Bild 4 zeigt eine Skizze des geplanten Aufbaus.

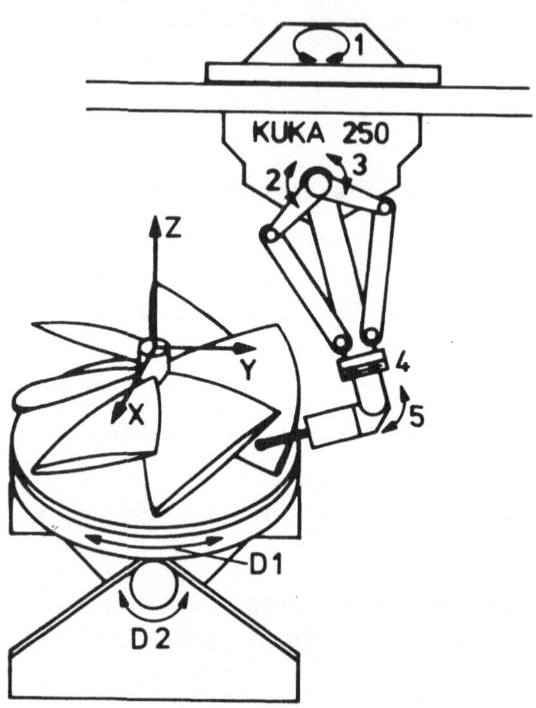

Bild 4: Aufbau des Arbeitsplatzes eines Roboters zum Bearbeiten
von Gußrohlingen

Die Aufgabe des Roboters besteht darin, das Werkzeug auf einer vorgegebenen Bahn mit der Genauigkeit von etwa 0,1 mm zu führen, wobei
durch das Bearbeiten große und schwankende Gegenkräfte auftreten. Zur
Lösung der Aufgabenstellung müssen für ganz unterschiedliche Problemkreise Lösungen gefunden werden.

4.1 Messen der Lage des Werkzeugs

Die Lage des Werkzeugs muß - bezogen auf das Werkstück - mit einer Genauigkeit von ca. 0,1 mm über einen Arbeitsbereich von etwa 1000 mm
in drei Dimensionen gemessen werden. Da heutige Roboter üblicherweise
die Meßsysteme für Lage und Geschwindigkeit direkt am Motor angebracht
haben, führen Belastungen an der Hand von 500 bis 1000 N - bedingt
durch die Elastizität des mechanischen Aufbaus und der Getriebe - zu
Verschiebungen in der Größenordnung von einigen Millimetern. Zur Lösung
des Problems müssen zusätzliche Meßsysteme eingesetzt werden.

Es wurden zwei Alternativwege verfolgt: Zum einen wurden die Winkel
zwischen den einzelnen Achsen des Roboters hinter den Getrieben direkt
gemessen durch hochauflösende inkrementale Winkelgeber. Dies erlaubt

eine genaue Messung unabhängig von Verschiebungen durch die Elastizitäten und Hysteresen in den Getrieben. Der zweite Weg besteht in einer roboterunabhängigen Meßeinrichtung /6/, mit der die Lage eines Punktes auf der Hand des Roboters durch Laser-Triangulation bestimmt wird. (Die Orientierungsänderungen durch die elastischen Verspannungen liegen im zulässigen Toleranzbereich.) Mit diesem Meßverfahren werden sowohl elastische Verspannungen in den Getrieben als auch im mechanischen Aufbau erfaßt.

Der für diesen Einsatzfall gewählte Roboter KUKA IR250 zeichnet sich durch seinen sehr stabilen mechanischen Aufbau aus, so daß mit dem ersten Verfahren eine ausreichende Meßgenauigkeit erreicht wird. Dieser hat zudem den Vorteil der Lagemessung in Achs-Koordinaten, wodurch die Regelungsverfahren nicht zusätzlich verkompliziert werden.

4.2 Regelung elastischer Systeme

Ein zweiter Problemkreis ist die Regelung solcher elastischer Systeme /7/. Bild 5 zeigt ein sehr stark vereinfachtes Modell einer Achse.

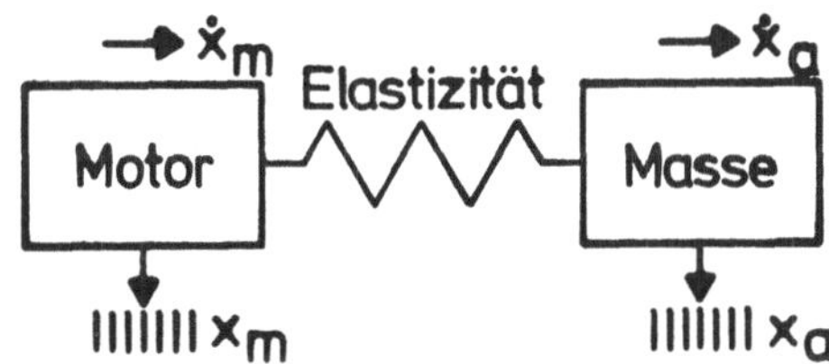

Der Antrieb ist über eine Feder mit einer Masse gekoppelt, wobei die Lage und die Geschwindigkeit der Masse (d. h. des Werkzeugs) geregelt werden sollen. Wie schon im vorhergehenden Abschnitt erläutert, reichen die Standardregelungen heutiger Roboter hierfür nicht aus. Die Lage und die Geschwindigkeit der Hand (d. h. des Werkzeugs) selbst werden bisher weder gemessen noch geregelt. Die zukünftige Lösung wird hier eine Mehrgrößenregelung sein, wobei die Lage und eventuell die Geschwindigkeit des Werkzeugs gemessen werden. Der Ausgang des Reglers stellt direkt das Moment des Antriebmotors. Bild 6 zeigt einen physikalisch anschaulichen Ansatz eines solchen Zustandsreglers mit unvollständiger Rückführung.

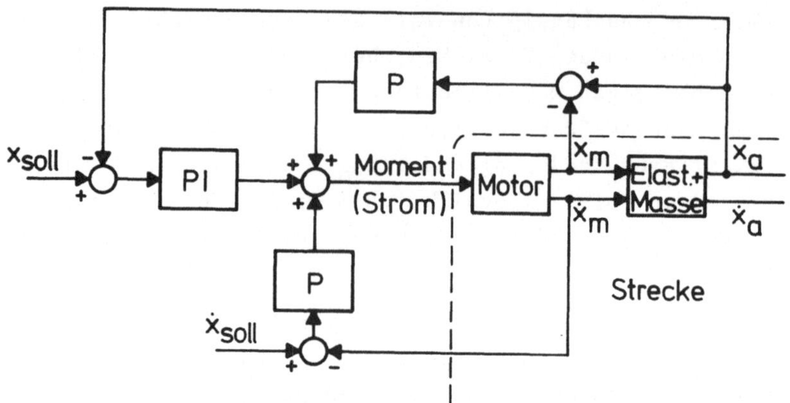

Bild 6: Physikalisch anschaulicher Ansatz für eine Mehrgrößenregelung einer Roboterachse

Neben der Geschwindigkeit am Motor und der Lage an der Hand wird die
Differenz der Lagen zwischen Motor und Hand zurückgeführt. Diese Dif-
ferenz mißt die Verspannung der Elastizität und ist damit ein direktes
Maß für die auftretenden Kräfte.

Kuntze /8/ gibt einen Überblick über Verfahren zur Regelung elastischer
Systeme.

4.3 Koordinatentransformation

Ein dritter Problemkreis sind die Koordinatentransformationen zwischen
den roboterinternen Koordinaten (Winkel der Achsen) und einem externen
roboterbezogenem kartesisichen Koordinatensystem. Die Koordinatentransformationen sind bei vernünftiger Konstruktion des Roboters möglich /9/. Es können aber unter Umständen beim Einsatz von Mikroprozessoren für die Steuerung Rechenzeitprobleme auftreten.

Zu diesen, bei Bahnsteuerungen von IR üblichen Transformationen kommt
eine weitere Transformation zwischen dem externen Roboter-Koordinaten-
system und einem werkstückbezogenem System hinzu, in dem die Daten über
die abzufahrenden Bahnen abgespeichert sind. Die Lage dieser beiden
Koordinatensysteme zueinander ist nicht hinreichend konstant durch
thermische Verschiebungen und eine unterschiedliche Lage des Werkstücks
auf dem Schwenk-Drehtisch. Der Roboter muß zu dem Werkstück-Koordina-
tensystem referenziert werden. Damit können dann auch Toleranzen bei
der Einstellung des Schwenk-Drehtisches und bei den Werkzeugen ausgeglichen werden.

Das Referenzieren, das auch während des Betriebs oder nach

Werkzeugwechsel automatisch ablaufen kann, ist in dem Beitrag von
Salaba und Schill /10/ ausführlich beschrieben.

4.4. Einlernen der Bewegungen

Für die Berechnung von Fräsbahnen auf komplexen Oberflächen gibt es
Lösungen aus dem Bereich von 5- und 6achsigen Fräsmaschinen, die aber
eine Großrechenanlage voraussetzen /11/.

In dem vorliegenden Einsatzfall waren aber einige durch die Struktur
des Betriebes gegebene Randbedingungen einzuhalten: Die Endformen
der zu bearbeitenden Oberflächen liegen nicht in numerischer Form,
sondern als Modell vor, von dem sie abgenommen werden müssen. Das Einlernen und Berechnen der Fräsbahnen soll vollständig in der IR-Steuerung
ablaufen; der Bediener hat wenig Erfahrung mit Datenverarbeitungs-
anlagen, er hat aber gute Kenntnisse über das Material und die Bear-
beitungstechnologie.

Für die Programmierung des Roboters kommt daher nur ein halbautomatisches Verfahren in Frage. Der Bediener wird am Musterstück ein Grob-
raster von Punkten von Hand anfahren, wobei er den Abstand dieser
Stützstellen der Krümmung der Oberfläche anpaßt. Hierbei gibt der
Bediener auch die Orientierung und die Bewegungsrichtung für das Werkzeug von Hand ein. Die Feinabtastung der Oberfläche kann dann automatisch vom Roboter durchgeführt werden. für die Rekonstruktion aus den
abgespeicherten Punkten bieten sich zwei Interpolationsverfahren an:
zweidimensionale Spline-Funktionen und lineare Interpolation. Bei geringem Stützstellenabstand ist die Genauigkeit, mit der die Oberfäche
durch Spline-Funktionen rekonstruiert wird, höher als bei der linearen
Interpolation. Bei einer ungeschickten Wahl des Stützstellenabstandes
können bei der Spline-Interpolation aber sehr große Abweichungen auftreten. Da die lineare Interpolation zudem geringere Rechenzeit verlangt, scheint diese in Verbindung mit dem halbautomatischen Einlern-
verfahren eher für die On-line-Bearbeitung geeignet zu sein. Eine de-
taillierte Darstellung der Verfahren findet sich in /10/.

Falls in einem anderen Einsatzfall die erwähnten einschränkenden
Randbedingungen nicht vorliegen, wird es aber sicher günstiger sein,
die aus CAD-Daten abgeleiteten Bewegungsdaten wie bei Fräsmaschinen
als Eingangsdaten in die Steuerung zu übernehmen.

4.5 Programmierung der Regelungs-und Steuerungseinrichtung (DDC)

Derzeit auf dem Markt befindliche Roboter-Steuerungen auf Mikroprozes-
sorbasis sind fast ausschließlich in Assembler programmiert. (Es ist

hier die Rede von der Programmiersprache des Regelung- und Steuerungs-
rechners, nicht von der Sprache zum Einlernen der Bewegung des Roboters)
Die Ursache hierfür liegt in der beschränkten Rechen- und Speicher-
kapazität der bisher eingesetzten Mikroprozessoren. Für komplexe Handhabungsaufgaben führt dies zu unübersichtlichen, schlecht wartbaren
und nicht portablen Programmen. Die Anpassung an neue Aufgaben oder
das Einbeziehen zusätzlicher externer Sensorsignale ist hierdurch stark
eingeschränkt und aufwendig. Es müssen daher schon in der Grundversion
alle eventuellen Einsatzfälle berücksichtigt werden.

Um auch die Steuerung und Regelung flexibel zu halten, ist es notwendig, höhere Programmiersprachen, wie z. B. PEARL, einzusetzen und
die Programme modular aufzubauen. Bei der Verwendung moderner Mikroprozessoren, wie z. B. INTEL 8086 unterstützt durch 8087, und optimie-
render Compiler und schneller Ablaufsysteme bleiben die Rechenzeiten
in erträglichem Rahmen /12/. Die Programme werden übersichtlich und
können damit leichter übertragen und angepaßt werden. Eine Überprüfung
der technischen Funktionsfähigkeit wird erleichtert. Durch den modularen Aufbau kann der Umfang der Steuerung an die jeweilige Aufgabenstellung angepaßt werden, ebenso die Kosten. Beim Einsatz neuer Sensoren oder für neue Einsatzgebiete genügt es dann, neue Programmodule
zu erstellen und einzubinden. Die für den vorliegenden Einsatzfall
realisierte Steuerung wurde vollständig in PEARL programmiert.

4.6 Frästechnologie

Einen weiteren Problemkreis stellt die Frästechnologie dar. Die mit
dem Roboter aufbringbaren Bearbeitungskräfte von 500 - 1000 N liegen
unterhalb des Kräftebereichs normaler Fräsmaschinen, aber deutlich
oberhalb des Bereichs bei Handbearbeitung.

Wegen der notwendigen Maßhaltigkeit wurden als Werkzeug Fräser gewählt.
Schleifwerkzeuge sind zwar billiger, sie verändern aber während der
Standzeit ihre geometrische Form, so daß die geforderte Genauigkeit
nur mit erheblichem zusätzlichem meßtechnischem Aufwand eingehalten
werden kann. Der im Vergleich zur klassischen Werkzeugmaschine
elastische Aufbau des Roboters verlangt zudem schnell-drehende Werkzeuge, um dadurch die Anregungsfrequenz der Störkräfte groß gegenüber
den   Eigenfrequenzen der Maschine zu halten.

Aus diesen Gründen wurden die ersten Versuche mit Spindelantrieben
mit 12 000 Umdrehungen/min gefahren. Als Werkzeug wurden Hartmetallfräser eingesetzt, wie sie derzeit auch beim Bearbeiten von Hand benutzt werden. Der Antrieb mit dem Fräser ist an einen Roboter

(KUKA IR250) angeflanscht. Bild 7 zeigt das Werkzeug im Eingriff an einem kleinen Stahlgurßteil (ca. 60 x 160 mm^2 Bearbeitungsfläche). Beim Grob-Bearbeiten konnten in den ersten Versuchen Abtragsleistungen von 2,5 - 3,0 kg/h erreicht weerden. (Zum Vergleich: Beim Handbearbeiten können etwa 0,3 kg/h abgetragen werden.) Durch Optimieren der Frästechnologie - Auswahl des Fräsertyps und des Antriebs, Optimierung der Fräsparameter, wie Schnittiefe, Bahnabstand, Vorschubgeschwindigkeit - lassen sich diese Werte sicher noch erhöhen.

Eine fertig bearbeitete Oberfläche ist in Bild 8 zu sehen. Die Abweichungen von der Sollform und die Restwelligkeit der bearbeiteten Fläche liegen unter $\pm$ 0,1 mm.

5. Zusammenfassung

Die bisher erzielten Ergebnisse zeigen, daß das Formfräsen von Stahl-Gußteilen durch einen Roboter mit hoher Genauigkeit möglich ist. Ein wirtschaftlicher Einsatz ist vor allem dort gegeben, wo Teile beim derzeitigen Stand der Technik von Hand bearbeitet werden müssen, weil die Beweglichkeit von klassischen Fräsmaschinen nicht ausreicht.

6. Literatur

1. Warnecke, H.-J.; Walther, J.: Automatische Montage - Stand der Technik; 14. Arbeitstagung des IPA vom 25.-27.05.82, Böblingen.

2. Steusloff, H. (ed.): Wege zu sehr fortgeschrittenen Handhabungssystemen. Fachberichte Messen, Steuern, Regeln, Band 4, Springer-Verlag Berlin, Heidelberg, New York, 1980.

3. Patzelt,W.: Zur Lageregelung von Industrierobotern bei Entkopplung durch das inverse System. Regelungstechnik, 29, 4.12, S. 411-422, (1980).

4. Sinning, H.: Steuerung und Regelung der Bewegunjgsachsen von Handhabungseinrichtungen. Reihe Produktionstechnik - Berlin (ed. G. Spur), Carl Hanser Verlag, München-Wien (1980).

5. Bezugsquellen-Nachweis des Vereins deutscher Werkzeugmaschinenfabriken e.V. (VDW) und der Fachgemeinschaft Werkzeugmaschinen im VDMA (18. Ausgabe), Frankfurt 1981.

6. Bolle, H.; Rösler, H.-J.: Externe 3D-Lagemessung an Industrierobotern durch Laser-Triangulation. In diesem Band.

7. Truckenbrodt, A.: Bewegungsverhalten und Regelung hybrider Mehrkörpersysteme mit Anwendung auf Industrieroboter. Fortschrittsberichte der VDE-Z. Reihe 8, 33 (1980).

8. Kuntze, H.-B.: Regelungsalgorithmen für Industrieroboter - eine Übersicht. In diesem Band.

9. Meisel, K.-H.: Programmierung und Führung von Roboterbewegungen.
    Fachberichte Messen-Steuern-Regeln,Band 4, Springer-Verlag Berlin,
    Heidelberg,New York (1980).

10. Salaba, M; Schill, W.: Anwendungs- und steuerungsangepaßtes Ein-
    lernen, Abspeichern und Berechnen von Fräsbahnen. In diesen Band.

11. Henning, H.: Fünfachsiges NC-Fräsen gekrümmter Flächen. Beitrag
    zur numerischen Flächendarstellung, Programmierung und Fertigung,
    Springer-Verlag Berlin, Heidelberg, New York (1976).

12. Meisel, K.-H.; Steusloff, H.: Kooridantentransformation bei
    Industrierobotern, realisiert mit PEARL. Elektrotechnische Zeit-
    schrift, 14 (1982).

Anwendungs- und steuerungsangepaßtes Einlernen, Abspeichern
und Berechnen von Fräsbahnen

Teaching Recording and Computing of Cutting Trajectories
Adapted for Specific Applications and Control Systems

M. Salaba, W. Schill

Fraunhofer-Institut für Informations- und Datenverarbeitung (IITB)
7500 Karlsruhe

Summary

In this paper a method for teaching, recording and on-line computing
of continuous cutting trajectories for a computer controlled industrial robot (IR) used as cutting machine tool is presented. Like the algorithms for digital closed-loop control and coordinate transformation,
the algorithm of cutting trajectory calculation has been formulated in
the real-time programming language PEARL and implemented on a microcomputer. The proposed concept differs from the other well known methods used for conventional CNC-controlled machine tools in several
points. It requires comparably low processing speed and memory capac-
ity. Both the teaching of the measured points on the pattern workpiece
and the interpolation of the continuous cutting trajectory are perform-
ed on a single microcomputer. The trajectory calculation is done on-
line i.e. after each interpolation step the cutting tool carried in
the IR hand is newly positioned. The feasibility and good performance
quality of the presented alternative method has been confirmed by experimental investigations using a fast rotating hard metal alloy cutting tool.

1. Einleitung

Zu dem anspruchsvollen Problem, gekrümmte Werkstückoberflächen mit Hilfe fünfachsiger NC-gesteuerter Werkzeugmaschinen zu fräsen, wurden in der Vergangenheit verschiedene ausgereifte Lösungen vorgestellt, die jedoch mit einem beachtlichen rechentechnischen Aufwand verbunden sind [1-7]. Darüber hinaus ist häufig eine Bearbeitung komplex geformter Werkstückprofile aufgrund der eingeschränkten Kinematik der Werkzeugmaschinen nicht mehr möglich.

Die weniger aufwendige Lösung dieses Problems durch einen flexibler einsetzbaren mehrachsigen Industrieroboter (IR) scheiterte bisher

(1) an der vergleichsweise elastischen Mechanik der IR-Glieder, die bei Beibehaltung der traditionellen Regelungsprinzipien eine zu große Nachgiebigkeit bzw. zu geringe Bearbeitungskraft des in der IR-Hand geführten Fräswerkzeuges zur Folge hat, sowie

(2) an den zu hohen Leistungsforderungen an die verfügbaren Mikrorechner bezüglich Speicheraufwand und Rechengeschwindigkeit bei der Berechnung der Sollfräsbahn.

Auf der Grundlage eines Anwendungsfalles, bei dem eine größere, geometrisch komplizierte Hartmetalloberfläche mit Hilfe eines IR sehr genau zu fräsen ist [8], wurden am IITB zu den Problemen (1) und (2) alternative Lösungen vorgeschlagen bzw. realisiert. Zur Lösung des Nachgiebigkeitsproblems (1) wurde ein neuartiges Regelungskonzept entwickelt und erfolgreich erprobt, das dem IR die zur Bearbeitung erforderliche mechanische Steifheit vermittelt [8-10].

Das Anliegen dieses Beitrages besteht darin, einen Lösungsweg zum Problem (2) der Fräsbahnberechnung vorzustellen, der von vergleichsweise geringen Bearbeitungskräften (500 bis 1000 N) ausgeht und mit Hilfe eines Mikrorechnersystems mittlerer Leistungsfähigkeit realisiert werden kann.

2. Beschreibung der Werkstückoberfläche

Um die Frästrajektorien im Werkstückkoordinatensystem berechnen zu können, aus denen sich durch Koordinatentransformation die entsprechenden Solltrajektorien für die Antriebsregelkreise im internen Achsenkoordinatensystem des mehrachsigen IR ermitteln lassen, ist es zunächst erforderlich, die Solloberfläche des Werkstücks in geeigneter Form zu beschreiben. Als vorteilhaft erweisen sich solche Modellansätze, die

(1) einerseits die reale Fläche möglichst genau abbilden,

(2) sich aber andererseits in einer bezüglich Rechen- und Speicheraufwand optimalen Datenstruktur ablegen lassen.

Bei dem untersuchten Anwendungsfall ist davon auszugehen, daß ein "Mutterwerkstück" in Originalgröße zur Verfügung steht, das in einer Lernphase durch den mit einem Tastkopf bestückten IR vermessen werden kann. Im folgenden soll zunächst untersucht werden,

- welches Verfahren sich zur Beschreibung der Fläche bezüglich der Forderungen (1) und (2) am besten eignet und

- nach welcher Strategie der Einlernvorgang der Meßpunkte am zweckmäßigsten durchzuführen ist.

2.1 Verfahren zur Beschreibung gekrümmter Flächen

Für die NC-gesteuerte Bearbeitung gekrümmter Werkstückoberflächen wurden in der Vergangenheit zahlreiche ausgereifte Approximations- und Interpolationsverfahren entwickelt [12-16], deren Eignung bezüglich der o. g. Gütekriterien (1) und (2) wesentlich

- von der spezifischen Oberflächentopologie,
- vom Stützstellenabstand,
- von der Genauigkeit der gemessenen Stützpunkte sowie
- von der Leistungsfähigkeit der verfügbaren Rechenanlage

abhängt (näheres vgl. [2, 3, 7, 12, 16]).

Der hohe Rechen- und Speicheraufwand bei der Anwendung von ausgleichenden Approximationsverfahren (z. B. Methode der kleinsten Quadrate [7, 11]) lassen es für den vorliegenden Anwendungsfall sinnvoll erscheinen, die Werkstückoberfläche mit Hilfe eines geeigneten Interpolationsverfahrens zu beschreiben. Folgende zwei Verfahren wurden dabei in die nähere Auswahl gezogen:

- das lineare Interpolationsverfahren [7, 12, 16] und
- das Interpolationsverfahren mit kubischen Splines [3, 6, 7, 12].

Bei beiden Verfahren wird angenommen, daß von der zu beschreibenden Fläche im Werkstückkoordinatensystem ein Netz von Meßpunkten (Vektoren) $\underline{P}_{i,j} = (x_i, y_j, z_{i,j})^T$ für i=0,1,...m; j=0,1,...,n vorliegt, die ein Raster von nxm Rasterelementen (Pflaster) formieren. Die Stützstellen dieser Meßpunkte $\underline{P}_{i,j}$ bilden in der x-y-Ebene ein lineares, i. a.

schiefwinkliges Raster.

Das lineare Interpolationsverfahren geht davon aus, benachbarte (nicht diagonale) Stützpunkte durch Geraden zu verbinden (Bild 1). D. h.

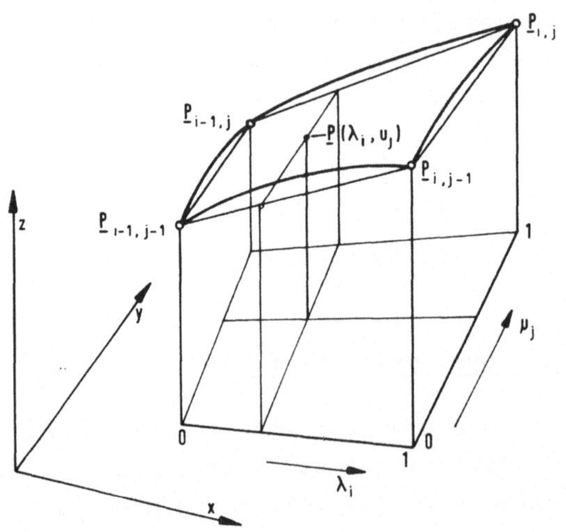

Bild 1: Prinzip der linearen Interpolation gekrümmter Flächen bei einem Pflaster

durch die Punkte $\underline{P}_{i-1,j-1}$ und $\underline{P}_{i,j}$ wird die Gerade

$$\underline{P}_{j-1}(\lambda_i) = \underline{P}_{i-1,j-1} + \lambda_i(\underline{P}_{i,j-1} - \underline{P}_{i-1,j-1}), \qquad (1)$$

durch die Punkte $\underline{P}_{i-1,j}$ und $\underline{P}_{i,j}$ die Gerade

$$\underline{P}_j(\lambda_i) = \underline{P}_{i-1,j} + \lambda_i(\underline{P}_{i,j} - \underline{P}_{i-1,j}), \qquad (2)$$

durch die Punkte $\underline{P}_{i-1,j-1}$ und $\underline{P}_{i-1,j}$ die Gerade

$$\underline{P}_{i-1}(\mu_j) = \underline{P}_{i-1,j-1} + \mu_j(\underline{P}_{i-1,j} - \underline{P}_{i-1,j-1}) \qquad (3)$$

sowie durch die Punkte $\underline{P}_{i,j-1}$ und $\underline{P}_{i,j}$ die Gerade

$$\underline{P}_i(\mu_j) = \underline{P}_{i,j-1} + \mu_j(\underline{P}_{i,j} - \underline{P}_{i,j-1}) \qquad (4)$$

gelegt. Dabei kennzeichnen λ_i und μ_j die Richtungsparameter des betrachteten Pflasters. Ein beliebiger Meßpunkt innerhalb des Pflasters läßt sich in der Weise interpolieren, daß über zwei gegenüberliegende

Grenzgeraden, z. B. $\underline{P}_{j-1}(\lambda_i)$ und $\underline{P}_j(\lambda_i)$ entsprechend

$$\underline{P}(\lambda_i,\mu_j) = \underline{P}_{i-1,j-1} + \lambda_i(\underline{P}_{i,j-1} - \underline{P}_{i-1,j-1}) + \mu_j(\underline{P}_{i-1,j} - \underline{P}_{i-1,j-1})$$

$$+ \lambda_i\mu_j(\underline{P}_{i,j} - \underline{P}_{i-1,j}) \tag{5}$$

gelegt wird. Bei entsprechender Wahl der Parameter in den Bereichen $0 \leq \lambda_i \leq 1$ und $0 \leq \mu_j \leq 1$ lassen sich nun beliebige Meßpunkte des Pflasters durch (5) ermitteln.

Gegenüber dem linearen Interpolationsverfahren geht das Verfahren der Spline-Interpolation davon aus, über die vier Meßpunkte des Pflasters eine kubische Fläche entsprechend der Beziehung

$$\underline{P}(\lambda,\mu) = \sum_{k=0}^{3} \sum_{l=0}^{3} \underline{A}_{ijkl}\lambda_i^k\mu_j^l \tag{6}$$

zu legen (näheres vgl. [3, 12, 16]).

Das Spline-Interpolationsverfahren gewährleistet zwar einen stetigen Verlauf der Flächennormalen auch in den Raster-Meßpunkten, so daß die Fräserorientierung auf der gesamten interpolierten Fläche definiert ist. Es ist jedoch gegenüber dem linearen Interpolationsverfahren, das durch einen unstetigen Verlauf der Flächennormalen gekennzeichnet ist, außerordentlich rechen- und speicheraufwendig, da für jedes Pflaster 16 Bestimmungsparameter ermittelt und abgelegt werden müssen.

Um quantitative Aussagen über die Leistungsfähigkeit beider Interpolationsverfahren für den betrachteten Anwendungsfall zu gewinnen, wurde auf dem Mutterwerkstück eine Fläche (Kachel) von 190 mm x 190 mm in 20 x 20 äquidistanten Rasterpunkten ($\Delta x = \Delta y = 10$ mm) mit Hilfe einer hochauflösenden Meßmaschine vermessen und auf der Grundlage der erhaltenen Meßdaten beide Interpolationsverfahren angewendet [12].

Wird jeder der 400 Meßpunkte als Stützstelle in die Interpolation einbezogen, so ergeben sich die in den Bildern 2 und 3 ausschnittsweise (40 mm x 40 mm) dargestellten, durch Computergraphik erzeugten Topographien. Die Darstellungen lassen erkennen, daß durch Spline-Interpolation die mikroskopisch glatte Werkstückoberfläche deutlich besser genähert wird, als durch lineare Interpolation. Dies wird auch durch die mittleren arithmetischen Fehler $\overline{\delta z}$ und die maximalen Fehler δz_{max} belegt (Tafel 1).

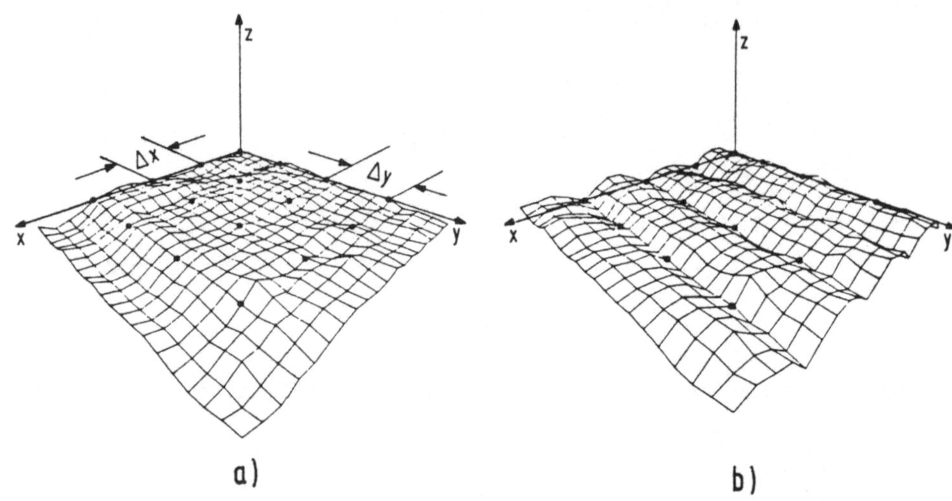

Bild 2: Spline-Interpolation (a) und lineare Interpolation (b)
bei einem Stützstellenabstand von $\Delta x = 10$ mm, $\Delta y = 10$ mm

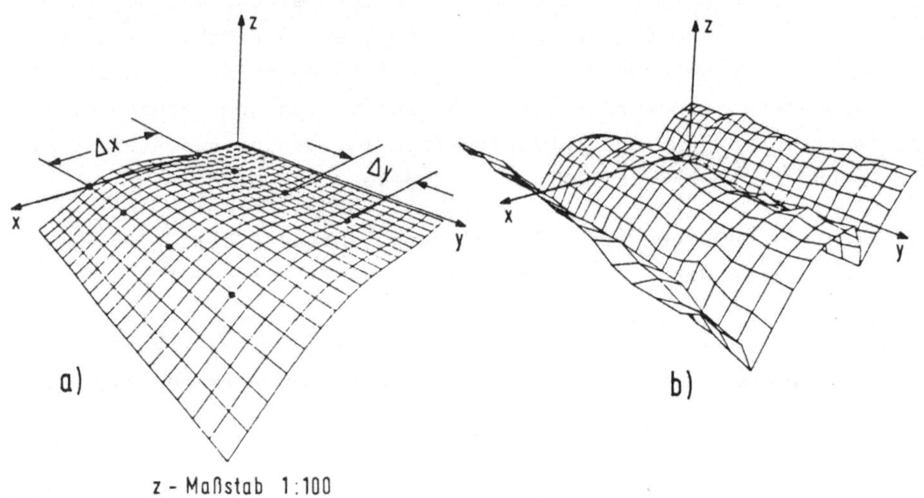

Bild 3: Spline-Interpolation (a) und lineare Interpolation (b)
bei einem Stützstellenabstand von $\Delta x = 20$ mm, $\Delta y = 10$ mm

Interpol. verfahren	Δx [mm]	Δy [mm]	$\overline{\delta z}$ [mm]	δz_{max} [mm]
Linear	10	10	0,025	0,062
Spline			0,013	0,055
Linear	20	10	0,119	0,235
Spline			2,471	10,703

Tafel 1: Interpolationsgüte unterschiedlicher Verfahren bei
Variation des Stützstellenabstandes

Wird hingegen in x-Richtung nur jede zweite Stützstelle in die Interpolation einbezogen, so vergrößert sich $\overline{\delta z}$ und δz_{max} bei linearer Interpolation nur um den Faktor vier, hingegen bei der Splineinterpolation um den Faktor 190 (vgl. Bild 2, 3 und Tafel 1). Die extreme Empfindlichkeit der Interpolationsgüte bezüglich des Stützstellenabstandes bei der Splineinterpolation läßt sich aus der kubischen Ordnung des Näherungspolynoms (6) erklären, die bei zu grober Rasterung zu stark ausgeprägten Extremwerten zwischen den Stützstellen führt (näheres vgl. [2, 16]).

Für den untersuchten Anwendungsfall läßt sich feststellen, daß das Verfahren der linearen Interpolation bei einem Stützstellenabstand von 10 mm sowohl eine ausreichende Beschreibungsgüte gewährleistet, als auch mit vertretbarem Aufwand auf einem Mikrorechnersystem implementiert werden kann.

Wird die Werkstückoberfläche ausschließlich in Pflaster mit geringem Stützstellenabstand unterteilt, so vermittelt das Verfahren der linearen Interpolation keine brauchbare Beschreibung der Flächennormalen, d. h. der Sollorientierung des Fräsers. Das Verfahren ist jedoch auch bezüglich der Orientierung anwendbar, wenn neben der "Feinbeschreibung" der Oberflächenpunkte durch Pflaster noch eine "Grobbeschreibung" der Flächennormalen durch Kacheln vorgenommen wird (Bild 4). Hierzu wird die Werkstückoberfläche in größere, aneinander grenzende Gebiete (Kacheln) geringer Krümmung unterteilt. Jede Kachel setzt sich ihrerseits aus einem Raster von Pflastern zusammen.

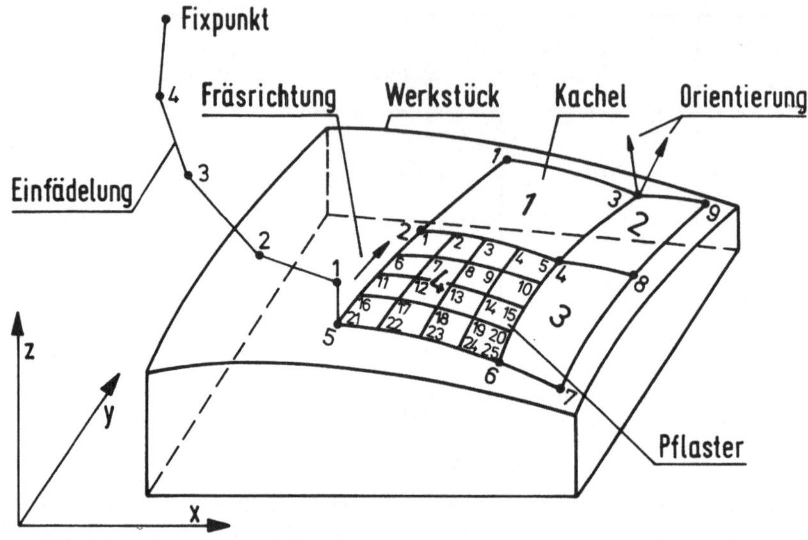

Bild 4: Einlernen der Kachel- und Pflasterkoordinaten

Die Grobbeschreibung der Flächennormalen jeder Kachel läßt sich nun in
analoger Weise durch lineare Interpolation vollziehen, wie die Feinbeschreibung der Oberflächenpunkte eines Pflasters, wenn davon ausgegangen wird, daß die Orientierungen in den vier Eckpunkten jeder Kachel,
z. B. in Form der ersten beiden EULER-Winkel als Meßwerte vorliegen.
Unstetigkeiten der Orientierungen bleiben auf die relativ wenigen Ka-
chelgrenzen beschränkt, d. h. die interpolierten Werte sind kachel-
spezifisch.

2.2 Einlernen der Werkstückoberfläche

Da der IR die Funktion der Werkzeugmaschine übernehmen soll, ist es
naheliegend, den gleichen IR zum Einlernen der Soll-Werkstückoberflä-
che einzusetzen. Dabei wird anstatt des Fräswerkzeuges ein Tastkopf an
der IR-Hand befestigt, der bei Berührung der Oberfläche mit einer definierten Meßkraft ein Meßfreigabesignal auslöst. Aus den genau meßbaren IR-Achsenkoordinaten läßt sich nun durch Vorwärtstransformation
mit Hilfe der IR-spezifischen DENAVIT/HARTENBERG-Matrizen [17] die
Position und Orientierung des Tastkopfes bestimmen.

Der Einlernvorgang der Position- und Fräserorientierung in den Kachel-
knoten mit Hilfe des IR sei an dem in Bild 4 dargestellten Beispiel
veranschaulicht. Zuerst wird die interessierende Oberfläche des Mutter-
werkstückes aufgrund ihrer spezifischen Topologie in vier, zunächst unscharf abgegrenzte Kacheln unterteilt. Anschließend wird der Tastkopf des
IR mit Hilfe des Handsteuerpultes (im kartesischen Steuermode) so in die
unscharf fixierten Knotenpunkte 1, 2, 3 und 4 geführt, daß der Schaft
des Tastkopfes in Näherung mit der Flächennormalen kongruent ist. Die
gemessenen Positions- und Orientierungskoordinaten werden in geeigneten Datenstrukturen gespeichert.

Das Einlernen der angrenzenden Kacheln 2, 3 und 4 unterscheidet sich
vom Einlernen der Kachel 1 dadurch, daß die Positionen der dazugehö-
rigen Knoten 3, 4 und 2 nun bereits fixiert sind, nicht jedoch die
kachelspezifischen Orientierungen. Der IR wird daher die Positionen
dieser Grenzknoten automatisch anfahren. Die Ausrichtung der Orientierung erfolgt jedoch wie bei der Kachel 1 manuell mit Hilfe des Hand-
steuerpults. Die Vorgabe der Fräsrichtung wird für jede Kachel so gewählt, daß eine Minimierung von Leerbewegungen entsteht.

Der Einlernvorgang der Pflasterpositionen kann im Gegensatz zu dem der
Kachelpositionen und Fräserorientierungen vollautomatisch durchgeführt
werden. Er vollzieht sich in ähnlichen Zyklen, wie der spätere Fräsvor-
gang (Bild 4). Ausgehend von einem Fixpunkt wird der Tastkopf über einen kollisionsfreien Einfädelpfad (Punkte 4, 3, 2, 1) nacheinander zu
den einzelnen Stützpunktkoordinaten geführt und in diesen zwecks Messung weich auf die Oberfläche abgesenkt. Dabei entspricht die Bewegungsrichtung der späteren Fräsrichtung und die Tasterorientierung der
des Fräsers.

Nach der Erfassung der Pflasterstützpunkte jeder Kachel in einer geeigneten Datenstruktur, läßt sich für jede Koordinate der Werkstückoberfläche die entsprechende Sollposition und -orientierung des Fräsers
ermitteln.

3. Fräsbahnberechnung

Ausgehend von der linear interpolierten Werkstückoberfläche besteht nun
die Aufgabe,

- die räumliche Bahn und Orientierung des Fräsers beim Bearbeitungsvorgang sowie
- deren Abhängigkeit von der Zeit t

zu ermitteln. Hierbei ist zu berücksichtigen, daß die Flächenpunkte pflasterweise als Funktion der Richtungsparameter λ_i und μ_j, die Flächennormalen hingegen kachelweise als Funktion der Richtungsparameter λ und μ interpoliert werden. Kachel- und Pflaster-Parameter sind entsprechend den Beziehungen (Bild 5)

$$\lambda_i = m\lambda - i + 1$$
$$\mu_j = n\mu - j + 1 \tag{7a}$$

voneinander abhängig. Die Pflaster-Indizes $i=1,\ldots,m$ und $j=1,\ldots,m$ resultieren aus den Kachelparametern entsprechend

$$i = \text{entier } (m\lambda+1)$$
$$j = \text{entier } (n\mu+1). \tag{7b}$$

(Die Funktion entier (ξ) bildet die größte ganze Zahl, die kleiner oder gleich ξ ist). Durch die parametrische Form der Flächenbeschreibung ist es naheliegend, die Fräsbahnen jeder Kachel entlang eines der Richtungsparameter zu wählen. Der jeweils andere Richtungsparameter ist während des Fräsvorganges konstant zu halten. Durch (5), (7a) und (7b) ist dann der Fräspfad entlang einer Zeile geometrisch vollständig beschrieben. Am Ende jeder Fräszeile erfolgt eine kontaktlose Rückfahrt und ein Zeilenvorschub zum Beginn der nächsten Fräszeile.

Die Zeitabhängigkeit des gewählten Fräsparameters hängt von der technologisch erforderlichen Fräsgeschwindigkeit $v(t)$ entlang der Fräszeile ab. Sowohl $v(t)$ als auch der Zeilenvorschub hängen wesentlich von den Eigenschaften des Fräswerkzeuges, des Fräsantriebes sowie des Werkstoffes ab [1, 2, 7].

Die Berechnung der durch $\lambda(t)$ bzw. $\lambda_i(t)$ bestimmten Fräsbahn sei am Beispiel der in Bild 5 dargestellten Kachel, die sich aus mxn Pflastern zusammensetzt, veranschaulicht. Betrachtet werde die von $\underline{A}$ nach $\underline{B}$ führende, d. h. in λ-Richtung verlaufende Fräszeile, die durch den Zeilenparameter μ festgelegt ist. Da jede Kachel voraussetzungsgemäß nur geringe Krümmungen aufweist, ist es sinnvoll, den Verlauf der Fräsgeschwindigkeit nicht für jedes Pflasterprofil sondern über das interpolierte Kachelprofil, d. h. über die mittelnde Verbindungsgerade zwischen $\underline{A}$ und $\underline{B}$ zu legen, die eine Länge von

$$s_{AB} = \sqrt{(x_A-x_B)^2 + (y_A-y_B)^2 + (z_A-z_B)^2} \tag{8}$$

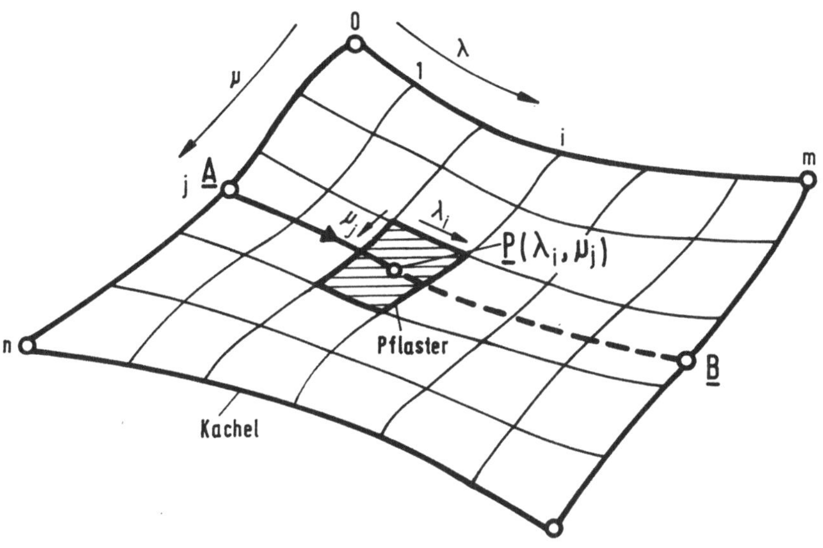

Bild 5: Fräsbahnverlauf auf einer Kachel

aufweist. Bei Annahme einer konstanten Beschleunigungsphase mit $\dot{v} = a_A$, einer Gleichlaufphase mit $v = v_F$ und einer konstanten Bremsphase mit $\dot{v} = a_B$ berechnet sich der Verlauf von $\lambda(t)$ wie folgt.

Es gilt in der Beschleunigungsphase $0 \leq t < t_1$:

$$\lambda(t) = \frac{a_A t^2}{2 s_{AB}} , \tag{9}$$

in der Gleichlaufphase $t_1 \leq t < t_2$

$$\lambda(t) = \frac{1}{s_{AB}} \left(\frac{v_F^2}{2 a_A} + v_F(t-t_1) \right) \tag{10}$$

und in der Bremsphase $t_2 \leq t \leq T$

$$\lambda(t) = \frac{1}{s_{AB}} \left(s_{AB} + \frac{v_F^2}{2 a_B} + v_F(t-t_2) + \frac{a_B(t-t_2)^2}{2} \right) \tag{11}$$

Die Phasenumschaltzeitpunkte t_1, t_2 bzw. Fräsdauer T ergeben sich aus den Beziehungen

$$t_1 = \frac{v_F}{a_A} , \tag{12}$$

$$t_2 = \frac{s_{AB}}{v_F} + \frac{v_F}{2a_A} + \frac{v_F}{2a_B} \tag{13}$$

und

$$T = \frac{s_{AB}}{v_F} + \frac{v_F}{2a_A} - \frac{v_F}{2a_B} \; . \tag{14}$$

Aus dem Verlauf des Fräsparameters $\lambda(t)$ entsprechend den Beziehungen
(8) bis (14) sowie dem Zeilenparameter μ läßt sich nun unmittelbar die
Fräserorientierung auf der Grundlage der bekannten Flächennormalen in
den vier Kacheleckpunkten linear interpolieren. Zur Bestimmung des Bahn-
verlaufes sind noch die pflasterspezifischen Parameterverlaufe $\lambda_i(t)$
bzw. μ_j aus (7) zu ermitteln. Die Fräsgeschwindigkeit entlang der einzelnen Pflasterprofile variiert natürlich leicht gegenüber dem in Bild 6
dargestellten Verlauf aufgrund der Abweichung der Geradenabschnitte von
der mittelnden Verbindungsgeraden von $\underline{A}$ nach $\underline{B}$.

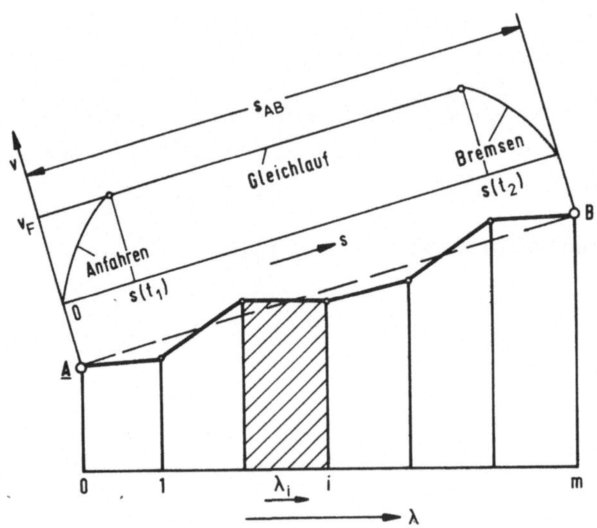

<u>Bild 6:</u> Geschwindigkeitsverlauf entlang der Fräsbahnen

4. Referenzieren des Werkstückkoordinatensystems

Da die Fräsbahn $\underline{P}(\lambda),\mu(t))$ und der Verlauf der Fräserorientierung
$\underline{N}(\lambda(t),\mu(t))$ im Werkstückkoordinatensystem vorliegen, ist eine Transformation in das externe kartesische Koordinatensystem des IR erforderlich
(Bild 7). Das Werkstückkoordinatensystem wird im externen IR-Koordinaten-

system eindeutig durch den Ortsvektor $\underline{r}$ und das orthonormale Dreibein $\underline{u},\underline{v},\underline{w}$ beschrieben, die sich in der (4x4)-DENAVIT/HARTENBERG-Matrix [17,18]

$$\underline{\underline{H}} = \left(\begin{array}{ccc|c} \underline{u} & \underline{v} & \underline{w} & \underline{r} \\ \hline 0 & 0 & 0 & 1 \end{array} \right) \tag{15}$$

zusammenfassen lassen. (Die Vektoren $\underline{u},\underline{v},\underline{w},\underline{r}$ sind im externen IR-Koordinatensystem definiert). Durch einfache Matrizenmultiplikation lassen sich nun sowohl die Fräsbahn gemäß

$$\left(\frac{\underline{P}_{IR}}{1} \right) = \underline{\underline{H}} \left(\frac{\underline{P}}{1} \right) \tag{16}$$

als auch die Fräserorientierung

$$\left(\frac{\underline{N}_{IR}}{1} \right) = \underline{\underline{H}} \left(\frac{\underline{N}}{1} \right) \tag{17}$$

in das externe kartesische IR-Koordinatensystem transformieren. Dabei kennzeichnen $\underline{P}_{IR}$ und $\underline{N}_{IR}$ Fräsbahn und Orientierung im IR-Koordinatensystem.

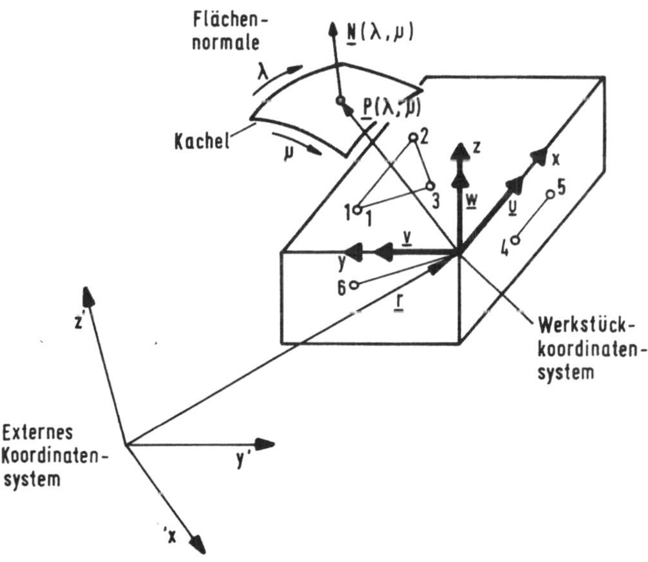

<u>Bild 7:</u> Lage des Werkstückkoordinatensystems im externen IR-Koordinatensystem

Unter praktischen Bedingungen können die Transformationsparameter, d.h. der Ortsvektor $\underline{r}$ und das Dreibein $\underline{u}$, $\underline{v}$, $\underline{w}$ nicht als bekannt bzw. konstant vorausgesetzt werden (z. B. zufällige Verschiebung des Werkstücks). Es ist daher vor jedem Bearbeitungsvorgang eine Referenzierung des Werkstückkoordinatensystems, d. h. eine Bestimmung der Transformationsparameter $\underline{u},\underline{v},\underline{w},\underline{r}$ durchzuführen. Verfügt das Werkstück über drei plan bearbeitete, zueinander orthonormale Bezugsebenen (Quaderecke), so läßt sich der Referenziervorgang mit relativ geringem Aufwand realisieren. Einfachheitshalber sei angenommen, daß die Schnittgeraden der drei Ebenen den Koordinatenachsen x,y,z des Werkstückkoordinatensystems entsprechen.

Zunächst werden drei beliebige Punkte auf der x-y-Ebene, z. B. 1, 2 und 3 auf durch die IR-Hand (mit willkürlicher Orientierung) angefahren, die den Einheitsvektor $\underline{w}$ definieren. Anschließend werden zwei weitere beliebige Punkte auf der x-z-Ebene, z. B. 4, 5 angefahren, die mit der z-Achse den Einheitsvektor $\underline{v}$ festlegen. Damit ist auch $\underline{u}$ festgelegt, das aus dem Kreuzprodukt $\underline{u} = \underline{v}x\underline{w}$ resultiert. Der Ortsvektor $\underline{r}$ ergibt sich schließlich, indem ein beliebiger Punkt 6 in der y-z-Ebene angefahren wird.

Durch das Anfahren von nur sechs beliebigen Punkten in den drei Bezugsebenen des Werkstücks läßt sich also die Transformationsmatrix $\underline{\underline{H}}$ bestimmen.

5. Zusammenfassung

In dem Beitrag wird ein Verfahren zum Einlernen, Abspeichern und Berechnen von Fräsbahnen für rechnergesteuerte Industrieroboter vorgestellt. Das Verfahren der Bahnberechnung wurde für den Industrieroboter KUKA 250 in der Prozeßrechnerhochsprache PEARL programmiert und zusammen mit weiteren Programmen zur Koordinatentransformation und zur digitalen Regelung auf einem Mikrorechnersystem implementiert. Es unterscheidet sich von anderen bekannten Verfahren aus dem Bereich der Werkzeugmaschinentechnik durch folgende Merkmale:

- Es erfordert einen relativ geringen Rechen- und Speicheraufwand.

- Der Einlernvorgang und die Fräsbahnberechnung werden auf ein- und denselben Mikrorechner durchgeführt.

- Die Fräsbahnberechnung erfolgt on-line, d. h. jeder interpolierte Bahnpunkt wird unmittelbar nach seiner Berechnung von dem robotergeführten Fräswerkzeug angefahren.

Die Realisierbarkeit des Verfahrens wurde durch erste experimentelle Untersuchungen mit einem hochtourig (12 000 U/min) drehenden Hartmetallfräser unter Beweis gestellt [19].

6. Literatur

1. Henning, H.: Fünfachsiges NC-Fräsen gekrümmter Flächen, Beitrag zur numerischen Flächendarstellung, Programmierung und Fertigung, ISW-Berichte, Band 16, Springer-Verlag Berlin, Heidelberg, New York, 1976.

2. Schwegler, H.: Beitrag zur Beschreibung und Programmierung von gekrümmten Flächen und deren Fertigung auf numerisch gesteuerten Werkzeugmaschinen, Dissertation Universität Stuttgart, 1972.

3. Henning, H.: Steuerungsinformationen für NC-Fräsmaschinen. Steuerungstechnik Vol. 7 (1974) No. 5 pp.35-36, No. 6, pp.32-35.

4. Ganzenbacher, M., W. Walter: Interaktives grafisches NC-Programmiersystem zur fünfachsigen Fertigung gekrümmter Flächen, Kurzberichte der Hochschulgruppe Fertigungstechnik der Technischen Hochschulen und Universitäten der BRD, HGF (1978) No. 12.

5. Damsohn, H.: Fünfachsiges NC-Fräsen - ein Beitrag zur Technologie, Teileprogrammierung und Postprozessorverarbeitung. ISW-Berichte, Band 14, Springer-Verlag, Berlin, Heidelberg, New York, 1976.

6. Henning, H., H. Ganzenbacher: Neuere Erkenntnisse beim fünfachsigen Fräsen. Z. für industrielle Fertigung, Vol. 66 (1976) pp.259-264.

7. Schmid, D.: Numerische Bahnsteuerung, Beitrag zur Informationsverarbeitung und Lageregelung. ISW-Berichte Band 1, Springer-Verlag, Berlin, Heidelberg, New York, 1972.

8. Becker, P.-J.: Roboter als Werkzeugmaschine. FhG-Berichte (1982) No. 2, pp.34-37.

9. Becker, P.-J., A. Jacubasch and H.-B. Kuntze: On the design of a computer controlled elastic industrial robot, Proc. IASTED Symposium ACI 83 Copenhagen (Denmark), June 28 - July 1, (1983).

10. Kuntze, H.-B., W. Patzelt: Einsatz regelungstechnischer Verfahren für typische Roboteranwendungen, in diesem Band.

11. Henning, H.: Darstellung gekrümmter Flächen durch Approximation von Meßpunkten. Z. für industrielle Fertigung, vol. 64 (1974), pp.676-681.

12. Meisel, K.-H.: Flächeninterpolation - Gegenüberstellung der Interpolation mit bikubischen Splines und einem linearen Ansatz anhand von Meßdaten einer Turbinenschaufel. Interne Technische Notiz A1145, No. 2, am Fraunhofer-Institut für Informations- und Datenverarbeitung (IITB) vom 21.01.1982.

13. Ganzenbacher, M.: Numerische Beschreibung beliebig gekrümmter Flächen mit Hilfe eines interaktiven Bildschirmsystems. Kurzberichte der Hochschulgruppe Fertigungstechnik der Technischen Hochschulen und Universitäten der BRD, HGF (1979) No. 95.

14. Stute, G.; J. Eisinger: Die Fräserbahnabweichung bei der numerisch gesteuerten 5-Achsen-Fräsmaschine, Z. für industrielle Fertigung, Vol. 62 (1972), pp.544-548.

15. Böhm, W.: Zur Approximation von räumlichen Flächen mittels geeigneter Netze. Angewandte Informatik (1975), No. 3, pp.99-103.

16. Späth, H.: Spline-Algorithmen zur Konstruktion glatter Kurven und Flächen. Verlag R. Oldenbourg München-Wien (1973).

17. Meisel, K.-H.: Programmierung und Führung von Roboterbewegungen, in: Fachberichte Messen, Steuern, Regeln, Band 4 "Wege zu sehr fortgeschrittenen Handhabungssystemen", Springer-Verlag, Berlin, Heidelberg, New York (1980), pp.58-76.

18. Luh, J.Y.S.: Conventional Controller Design for Industrial Robots - A Tutorial, IEEE Trans. on Systems, Man and Cybernetic. Vol. SMC-13 (1983) No. 3, pp.298-316.

19. Becker, P.-J.: Aufgabenspezifische Probleme und Lösungen beim Einsatz eines Industrieroboters zum Bearbeiten komplexer Gußstahloberflächen, in diesem Band.